海上风电桩基承载性能宏细观机制

刘俊伟　韩　勃　崔　亮　冯凌云　著

中国建筑工业出版社

图书在版编目（CIP）数据

海上风电桩基承载性能宏细观机制/刘俊伟等著.—北京：中国建筑工业出版社，2022.1（2023.1重印）
ISBN 978-7-112-26820-7

Ⅰ.①海… Ⅱ.①刘… Ⅲ.①海上-风力发电机-发电机组-桩基础-桩承载力-研究 Ⅳ.①TU753.6

中国版本图书馆CIP数据核字（2021）第240117号

本书是在总结作者及其研究团队多年来在海上风电桩基础研究方面取得的研究成果基础上编写而成。

全书共由6章构成，其中第1章为海上风电桩基承载特性研究现状，第2章为循环荷载下典型海洋土的力学特性，第3章为近海风电开口管桩的贯入特性，第4章为近海风电单桩基础的承载特性，第5章为桩-土界面的循环剪切特性，第6章为砂土地基中风电导管架群桩基础的承载特性。

本书展示了海上风电桩基础的研究进展与发展前景，有助于提高海上风电领域的设计和施工水平，可作为海上风电基础工程设计与施工的参考用书。

责任编辑：刘瑞霞　毕凤鸣
责任校对：党　蕾

海上风电桩基承载性能宏细观机制
刘俊伟　韩　勃　崔　亮　冯凌云　著
*
中国建筑工业出版社出版、发行（北京海淀三里河路9号）
各地新华书店、建筑书店经销
唐山龙达图文制作有限公司制版
北京建筑工业印刷厂印刷
*
开本：787毫米×1092毫米　1/16　印张：12½　字数：307千字
2022年2月第一版　2023年1月第二次印刷
定价：**58.00**元

ISBN 978-7-112-26820-7
(38717)

前　言

可再生能源是解决全球能源短缺问题和减少二氧化碳排放量的战略选择，而风力发电是目前发展最迅速、技术最成熟、产业前景最好的清洁能源。与陆地风电相比，海上风电具有风速大、风能产量高、稳定性好、对环境负面影响小、不占用陆地资源等优势，已经成为全球风能开发的主战场。我国海岸线长达 1.8 万 km，可利用海域面积达 300 多万 km^2，50m 水深内风能资源开发量高达 5 亿 kW，发展海上风电具有得天独厚的地理优势。

海上风机基础是海上风力发电机组的重要组成部分，也是风机设计和施工的重点和难点，其造价可达总造价 20%～30%。目前，海上风电最常用的基础形式为单桩基础，约占 65%以上，具有结构形式简单、制造工艺成熟、运输方便、施工难度小等特点，一般适用于水深 30m 以内的海域。对于水深超过该深度但小于 60～70m 的海域，采用导管架群桩基础更为经济。海上环境复杂，风、浪、流等荷载共同作用，如何降低海上风机基础建设成本、改善服役性能、延长安全服役年限是海上风电场建设亟需解决的关键问题。

本书总结了作者及其研究团队多年来在海上风电桩基础研究方面取得的创新研究成果。全书共 6 章，第 1 章介绍海上风电桩基承载特性研究现状，主要包括循环荷载下典型海洋土力学特性、开口管桩贯入特性、单桩承载特性、桩-土界面循环剪切特性、风电群桩承载特性五个方面的研究现状，第 2 章介绍循环荷载下砂性土和淤泥质黏性土的力学特性，第 3 章介绍采用大比尺模型试验和离散元数值模拟研究得到的开口管桩的贯入特性，第 4 章介绍软土地基中刚性单桩在多向荷载作用下的破坏模式，以及砂土地基中开口管桩和闭口桩在水平循环荷载作用下的动力响应，第 5 章介绍桩-土界面的循环剪切特性，包括钢板-标准砂和混凝土-标准砂两种界面的循环剪切特性，第 6 章介绍砂土地基中风电导管架群桩基础的承载特性。青岛理工大学刘俊伟教授和冯凌云副教授负责编写第 3 章、第 4 章 4.2 节、第 5 章和第 6 章；山东大学韩勃教授负责编写第 1 章、第 2 章 2.2 节和第 4 章 4.1 节；英国萨里大学崔亮副教授负责编写第 2 章 2.1 节和第 4 章 4.3 节；全书由刘俊伟教授负责统稿。

在此，对参加本书编写工作、审查工作以及为本书编写提供各方面支持和帮助的所有人员，一并表示感谢。

海上风电桩基础应用发展速度迅速，囿于作者的水平与经验，书中难免存在疏漏或不妥之处，敬请读者批评指正！

作者

2021 年 11 月

目　　录

第1章 海上风电桩基承载特性研究现状

可再生能源是解决全球能源短缺问题和减少二氧化碳排放量的战略选择，而风力发电是目前发展最迅速、技术最成熟、产业前景最好的清洁能源。与陆地风电相比，海上风电具有风速大、风能产量高、稳定性好、对环境负面影响小、不占用陆地资源等优势，已经成为全球风能开发的主战场。

世界风电资源开发主要集中在欧洲，早在 1991 年，丹麦在波罗的海洛兰岛西北沿海建成了世界上第一个海上风电场。自 2016 年 11 月《风电发展“十三五”规划》发布以来，我国海上风电建设进入到全面加速阶段。截至 2019 年 9 月底，我国海上风电累计并网容量超过 500 万 kW，仅次于英国和德国，居世界第三。我国海岸线长达 1.8 万 km，可利用海域面积达 300 多万 km^2，根据发改委能源研究所发布的《中国风电发展路线图 2050》报告，在水深不超过 50m 海域，我国近海风能资源可开发量高达 5 亿 kW，发展海上风电具有得天独厚的地理优势。Rethink Energy 于 2020 年 2 月发布了一份题为《海上风电创造 800 万就业岗位，成为脱碳关键》的报告，其中预测到 2030 年，全球海上风电装机量将从目前的 25GW 增加到 164GW，中国将在 2026 年超过英国，成为全球海上风电装机量最大的国家。届时，中国的海上风电装机量将占亚太地区一半以上，占全球近四分之一。

海上风机基础是海上风力发电机组的重要组成部分，也是风机设计和施工的重点和难点。与陆地环境相比，海洋环境更为恶劣，施工难度更大，技术要求更高。陆地风机基础造价约占总造价的 10%，而海上风机基础造价可达总造价的 20%～30%。大型化、离岸化、深水化是当前海上风电场建设的主导方向，这大大避免了近岸环境噪声和视觉污染，以及航运、渔业等用海冲突，但同时也带来了许多问题，特别是在深远海条件下风机基础的选型与设计，直接关系到风场的建设成本与技术难度。因此，如何降低海上风机基础建设成本、改善服役性能、延长安全服役年限是海上风电机组建造亟需解决的问题，也是推动我国未来海上风能开发的关键。

1.1 循环荷载下典型海洋土力学特性研究现状

海床岩土体在循环荷载下的承载能力是海上风电基础承载能力的关键和重要前提。研究海上风电场典型海洋岩土体的力学特性对于优化海上风电基础设计具有重要意义。关于海洋土的动力特性，主要研究方法包括循环单剪、循环三轴等室内试验以及土单元数值模拟等。海上风电大型单桩以刚性桩为主，在极限侧向荷载作用下，单桩基础将发生绕桩端附近某点旋转的破坏，桩周土体在桩基旋转作用下倾向于发生剪切破坏。因此，国内外学者开展了大量循环直剪试验探索海洋土的动力特性（Nikitas 等，2017）。在砂性海洋土动力特性研究中，部分学者（Cui 等，2019）借助循环直剪仪开展了相关试验，研究了循环荷载下砂土的剪切模量变化规律及与其影响因素间的相关关系；试验结果发现，同等条件下试样的剪切模量和试样密度呈正比关系，而其与应变幅值的关系则恰恰相反。在海上风电基础的模型试验（Lombadi 等，2015）和现场试验（Kühn，2000）中，也发现了这种规律。

相较于循环单剪试验，循环三轴试验能够更为准确地还原桩基周围土体在动力荷载作用下的应力环境，因此，该方法在海洋土动力特性研究中具有广泛的应用。近年来，越来越多的学者开始逐步针对海洋土的动力学特性展开动三轴试验研究。部分学者（刘功勋，2010；曾玲玲等，2009；Lume 等，2006；Zhang 等，2018；Hu 等，2018；Wang 等，2013）研究了海洋土的应力应变与有效应力路径的发展过程，通过室内动三轴试验测试了静态剪切过程或者经历循环荷载后再进行静剪导致的土体强度降低与变形发展规律，在循环荷载的施加过程中应力状态的实时改变有待进一步探索。在海洋土累积应变发展规律方面，目前众多国内外研究者也作了许多有益的研究，并提出多种符合应变发展规律的预测模型。程宇慧等（2015）研究了舟山原状海洋黏土的动强度和动变形，利用 Monismith 提出的累积塑性应变方程对试验中的双幅应变进行模拟，结果发现该模型与试验结果吻合良好。王军等（2008）研究了杭州饱和黏土的塑性应变发展规律，通过对试验数据进行归一化处理，得到累积塑性应变-软化发展模型。Mose 等（2003）研究了印度东海岸海洋土的累积应变发展规律。但现有模型往往只是针对试样在破坏或未破坏状态下的单一适用模型，不能较好地反映出二者应变发展规律的区别。海洋土在循环荷载下的孔隙水压力的变化规律是循环三轴试验中的另一个研究重点。雷华阳等（2003）对滨海地区软黏土在循环荷载作用下的孔压特性进行了研究，并提出孔压发展模型。栾茂田等（2011）针对长江口原状淤泥质软黏土在循环荷载作用下的孔压发展规律展开了研究，指出孔压发展规律满足双曲线模型。此外，部分学者分别就不同地区海洋土在循环荷载下的刚度衰减规律开展了相关研究。朱智荣等（2014）研究了南京浦口区软土在循环荷载下的剪切模量衰减规律，并总结出相适用的剪切模量公式。郭飞等（2018）以不同的荷载波形为对象，研究了天津滨海软土的刚度软化规律，提出用软化指数描述刚度的软化规律。本书第 2 章将以两种典型海洋土为研究对象，探索循环荷载下典型海洋土的力学特性。

1.2 开口管桩贯入特性研究现状

影响海上风电基础承载能力的另一个关键因素是风机基础形式。目前，常见的海上风机基础形式主要有：重力式浅基础、大直径单桩、吸力式桶形基础、三脚架基础、多桶基础、群桩高承台基础和导管架基础等，如图 1.1 所示。其中，大直径单桩（图 1.2）应用范围最广，被用于欧洲 80%以上的海上风电场，也用在我国上海、江苏、浙江、福建、广东等地的多个已建和新建海上风电场。它由焊接钢管制成，壁厚一般控制为桩径的 1%，具有结构形式简单、运输方便、施工难度小的特点，其适用水深范围一般限定为 30m。随着单个风机容量的增加以及海上风电场水深的增加，对基础的海上安装技术和承载稳定性提出了更高要求，导管架基础（图 1.3）也逐渐开始被广泛使用。导管架基础的概念来源于海洋油气工程，一般是由上部的导管架结构、海床中的多根角桩或吸力式桶基组成，其适用水深可达百米以上。2009 年 8 月，导管架基础首次被用于德国 Alpha Ventus 风电场的 6 台海上风机。

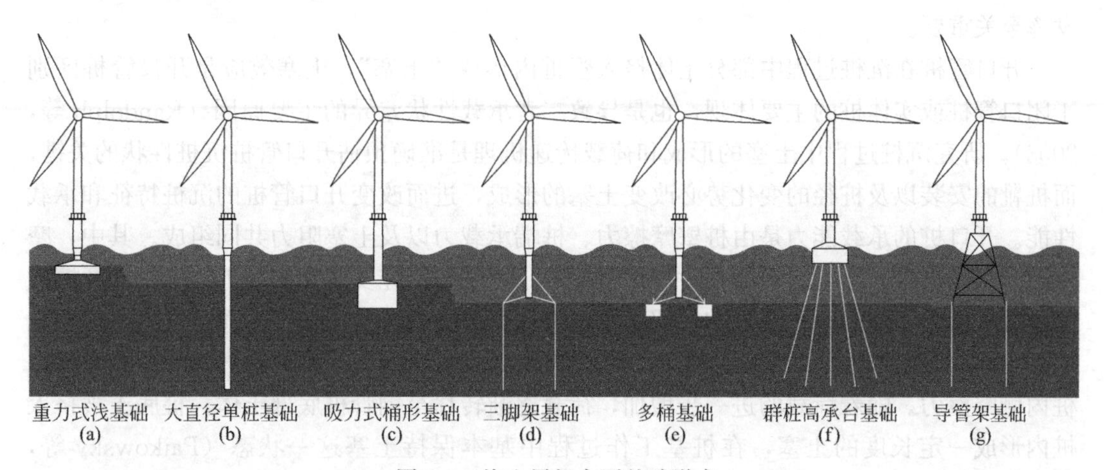

图 1.1　海上风机主要基础形式

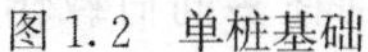

图 1.2　单桩基础

图 1.3　导管架基础

海上风电单桩或导管架基础多采用开口管桩。管桩沉入海床时部分土体挤入桩孔内，形成“土塞-管桩-桩侧土”体系。土塞的动态发展过程复杂，即使对于大直径钢管桩，土塞高度与沉桩深度也并非同步，打桩最后阶段也易发生闭塞现象、出现拒锤等工程问题。

对于层状土，闭塞和开塞可能会发生多次的交替转化，取决于桩端土的阻力与内壁摩阻力的大小关系；尤其对于具有强烈空间强度变异性的复杂海床，土塞效应更为复杂。不同工况时土塞高度不尽相同，形成的桩-土刚度和界面摩擦特性存在差异。目前，关于单一土层中土塞形成及竖向作用机制的研究日趋丰富，针对层状土的土塞效应也逐渐引起国内外的关注。但是，在复杂海洋地质条件下，土塞形成及其对大直径管桩承载特性的影响规律目前仍无定论，尤其对水平承载特性的作用机制还未引起足够的重视。加之，循环荷载下土塞自身也存在弱化效应，土塞弱化效应对大直径管桩动力响应的影响还有待深入研究。因此，明确土塞的形成和荷载传递机理对于海上风电桩基的沉桩特性及后续水平承载力的发挥至关重要。

开口管桩在沉桩过程中部分土体挤入管桩内形成“土塞”，土塞效应是开口管桩区别于闭口管桩或实体桩的主要体现，也是导致二者承载性状差异的主要原因（Randolph 等，2003）。研究沉桩过程中土塞的形成和荷载传递机理是准确预估开口管桩沉桩性状的关键，而桩靴的安装以及桩径的变化势必改变土塞的形成，进而改变开口管桩的沉桩特征和承载性能。开口桩的承载能力是由桩壁摩擦力、桩端承载力以及土塞阻力共同组成。其中，摩擦阻力是由桩身与土塞之间的相对位移引起的。但是，研究发现在实际工程中内外摩擦力的承载机制是不同的。在沉桩的初期阶段，桩外摩擦力随桩身位移自上而下发展，桩顶施加的全部荷载由桩外侧摩擦力承受。在此阶段，尚没有土体挤入钢管桩内部，因此不存在桩内侧摩擦力。随着荷载的进一步增加，荷载逐渐转移至钢管桩底部土体，桩底土被挤入桩内形成一定长度的土塞，在桩基工作过程中基本保持土塞这一状态（Paikowsky 等，1990）。为了揭示桩基荷载传递机理，部分学者（Gavin 等，2007；Randolph 等，1978；Randolph 等，2003）开展了大量相关研究，提出了一些荷载传递理论模型。但是这些模型多基于实心桩的试验提出，对于开口管桩存在一定的不适用性。近期，一些学者（Yu 等，2012；White 等，2000；Lehane 等，2001）开展了土塞效应的室内试验和现场试验，上述工作极大地提高了对开口管桩土塞效应的理解。但是，关于开口管桩的模型分析还较为缺乏，这在一定程度上限制了开口桩的承载力和沉降过程的理论分析预测方法的应用。本书第 3 章将以大比尺模型试验和离散元数值模拟为手段，开展开口管桩的贯入特性研究。

1.3 单桩承载特性研究现状

海上风电机组承受海洋风、浪、流等水平荷载耦合作用，与陆上风电基础相比，服役环境恶劣，失效机理复杂，设计难度大。对于服役期间的海上风机基础，其荷载形式非常复杂，与海上油气平台主要承受竖向荷载不同，海上风电基础在服役期间承受来自上部结构的自重（V）、叶片和塔架传递的风、浪、流等水平荷载（H），以及水平荷载作用产生的巨大倾覆弯矩作用（M），如图 1.4 所示，因此，风机基础在多向荷载作用下的承载力是设计中的重要问题。对于单桩基础，承载力设计主要需考虑风浪作用引起的倾覆弯矩，此时单桩基础处于“V-H-M”三向复合受力状态；对于四桩导管架基础，当倾覆弯矩较大时各个基桩将由“V-H-M”复合承载力向“拉-压”模式转变，即主要通过加载方向前、后基桩的上拔和下压共同抵抗上部结构传递的倾覆弯矩。

如前文所述，单桩基础是最为简单的海上风电基础类型，其设计和施工工艺相对较为简单，易于推广应用和实现产业化，是目前国内外海上风电场应用最为广泛的基础类型（Esteban等，2012）。但是，关于单桩基础在复杂荷载耦合作用下的承载特性和破坏模式尚缺乏统一的认识。海上风电单桩基础同时承受风、波、电流等长期复杂环境荷载，导致基础损坏，严重影响其正常运行（Luengo等，2019）。因此，国内外学者在复杂海洋荷载作用下单桩基础的破坏模式方面开展了大量的研究。现有复杂荷载作用下桩基破坏模式的研究主要集中在不同荷载作用下的极限承载力和桩土相互作用机制两个方面。对于桩基础极限承载力，国内外学者（Matsumoto等，2004；Han等，2015）通过物理模型试验和数值计算，提出了多种确定复杂荷载作用下桩基极限承载力的方法。Sastry等（1999）通过开展均质土体室内模型试验，研究了极限侧向荷载下桩周土体的应力分布情况，并推导了侧向荷载下均质土层极限承载能力的经验公式。在此基础上，一些学者（Liu等，2014；Zormpa等，2018）不再局限于单一荷载下极限承载能力的研究，探索了不同种类荷载的相互作用和对承载能力的影响。Zhukov等（1978）开展了黏土中单桩承载能力现场试验，分析试验结果发现，单桩顶部的竖向荷载对单桩的水平承载能力有一定的提高作用。但是，这一结论在学术界和工程界相关领域引起激烈讨论，以Karthigeyan为代表的一批学者试图通过理论的角度展开讨论，其数值计算得到的结论与Zhukov等人完全相反。上述大量的相关研究结果表明，竖向荷载和水平荷载作用于桩顶时的加载顺序对桩基的承载能力具有一定影响，但复杂荷载下各种荷载耦合方式对桩基承载能力的影响尚缺乏统一认识。针对相关研究的不足，本书第4章将基于数值模拟、模型试验和现场试验开展复杂荷载耦合作用下单桩的承载特性研究。

图1.4　海上风电基础受荷图

1.4　桩-土界面循环剪切特性研究现状

海上风机基础长期服役性能问题突出。风、浪、流等海洋荷载在海上风机服役期间长期存在，其中波浪和风的循环次数可达10^7～10^8量级。由于长期循环荷载作用下基础周围地基土体强度和土-结构接触面强度的弱化等原因，基础可能发生循环累积变形和承载能力改变，从而影响风电机组的正常运行甚至导致整座结构失效破坏。各国风电机组设计规范均要求严格控制风机基础在服役期内的循环累积转角，例如：德国规范规定基础在安装及长期运行下总转角不超过0.5°，英国Thornton Bank海上风电场基础的最大允许循环累积转角为0.25°，我国2007年颁布的《风电场机组地基基础设计规定》FD 003-2007规定轮毂高度大于100m的大型风电机组塔架在服役期内的允许倾斜角度仅为0.17°。此外，风电支撑结构属于动力敏感型体系，如英国风电工程手册中的统计结果（图1.5）所示，其自振频率非常接近涡轮机频率（1P）和叶片穿越频率（2P/3P）以及常规风浪荷载。基础是上部荷载的支撑者，也是决定自振频率的主导因素，因此海上风电基础设计时，要严格保证其自振频率避开环境荷载频率，通常采用“软-刚”（soft-stiff）设计原则使基础自振频率处于 1P 和 3P 频率带之间。

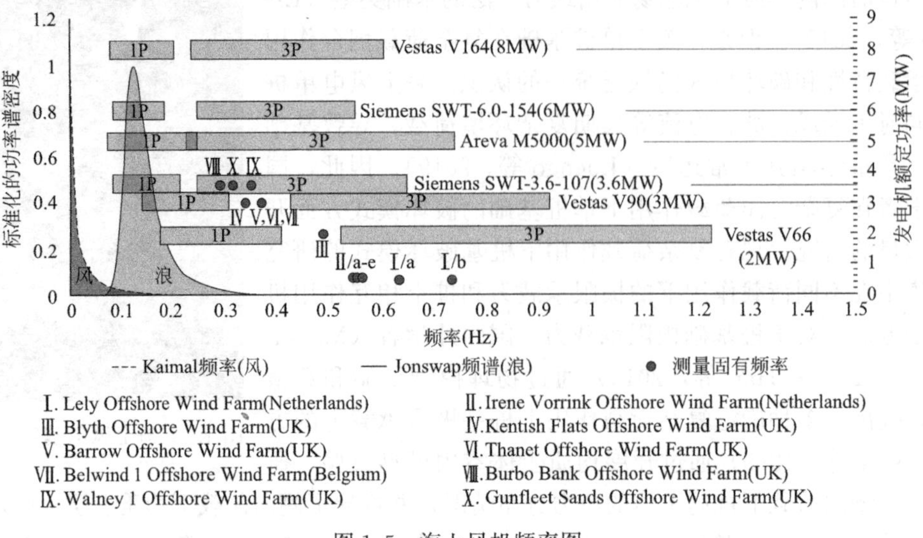

图 1.5　海上风机频率图

然而，长期循环荷载作用，加之风机叶轮转动产生的动力荷载以及叶片通过时产生的动力荷载作用，基础-海床体系发生渐进演变，桩土接触刚度持续变化，支撑体系的自振频率随之改变，可能导致结构与运行设备发生共振进而加速疲劳破坏。例如，荷兰 Lely 风电场运行六年后风机第一阶自振频率从 0.4Hz 增大至风机 1P 频率带（中心频率 0.53Hz），导致该风电场机组服役寿命显著降低。因此，桩-土界面的循环剪切特性是关乎风机基础长期服役性能的关键问题。

风机基础长期在风、海浪等循环荷载作用下服役，桩土接触面刚度的降低容易引起桩-土界面滑动而导致承载力丧失（Randolph，2003）。然而，由于设计循环荷载下的土体动力特性、界面应力条件、桩型等关键动力和岩土因素，目前学术界对桩-土界面弱化机理的认识还不够透彻。为此，部分学者对循环剪切荷载作用下桩-土界面行为进行研究，以便更好地理解桩-土界面弱化机制，并解释循环荷载下桩-土界面条件诱发桩基失效的原理。部分学者采取现场试验（Chow 等，1997；Tsuha 等，2012；Buckley 等，2018 年）和室内模型试验（Rimoy，2013；Li 等，2012；Zhou 等，2019）的方法开展了循环荷载下桩-土界面行为的研究。全尺寸原位试验能够反映土体真实的应力状态，测试结果不受尺度效应或样品扰动的影响。另一方面，室内试验可以定义各种边界条件来模拟不同的桩基问题，结果解释过程更直接。然而，由于成本较高的缺陷，全尺寸现场试验通常只用于实际工程安装前的桩身测试。室内试验具有时间短和成本低的优点，在考虑不同岩土材料、桩型、荷载条件等因素的情况下，采用室内试验可以对桩-土相互作用问题的界面特性进行更加具体的定量研究。一些学者意识到现场试验的局限性，开展了大量的室内试验。然而相关研究成果仍然非常有限，这些工作都集中在单一荷载作用下的桩-土界面特性，关于循环荷载下的桩-土界面特性的研究尚有较大缺失。本书第 5 章将针对现有研究的不足开展桩-土界面的循环剪切特性研究。

1.5　风电群桩承载特性研究现状

虽然单桩基础是目前海上风电场应用最为广泛的基础类型，但其自身存在固有局限——仅适用于浅水区域。单桩基础一般用于水深 30～40m 的海域；对于水深超过该深度但小于 60～70m 的海域，一般使用导管架基础，比如三桩、四桩导管架基础；对于水深达到甚至超过 80～100m 的海域，使用固定式基础已经不能满足经济型或安全性的要求，这时浮式基础是更好的选择。目前，随着近海资源开发殆尽，风电开发商们开始向深远海域挺进，过深的海水会增加投资建设成本，因此，对于较深海域风电基础形式的选用至关重要。当前，行业内把 50m 水深作为“分水岭”，但海上风电行业内具有较大影响力的咨询机构 Xodus 基于相关研究发表了一份报告，颠覆了行业现有认知。该报告认为，目前在 90m 水深范围内，海上风机使用超大型导管架基础比浮式平台基础更为经济。相较单桩基础，海上风机导管架基础可以适应更深的水深，极大地拓宽了可利用风资源的海域面积；相较仍处于试验阶段的浮式基础，导管架基础的技术更为成熟，成本更低，可以在短时间内得到更为快速的推广应用。可以预测，海上风电将要迎来“导管架基础”时代。

目前已有较多研究者对导管架等群桩基础进行了研究探索，Singh 等（1971）通过研究水平循环荷载作用下群桩在砂土地基中的动力响应，得出群桩承台转角和水平位移均会随循环次数的增加而增加，且竖向承载力对其影响较小。Brown 等（1987）开展了双向循环荷载作用下群桩基础在硬黏土中的受力变形现场试验，结果发现在双向循环荷载作用下，桩土之间具有很强的非线性，且群桩基础的最终土抗力衰减比单桩基础更为明显，群桩中前排桩承受荷载大于后排桩，且后排桩承受荷载依次减少。陈三姗等（2013）对水平循环加载下的桩-土相互作用进行了探讨，同样发现水平循环荷载作用下的各排桩荷载分配呈现出“前排大，后排小”的规律。考虑现场试验的难度，国内外学者采用数值模拟和模型试验方式对导管架基础的受荷特性进行了研究。Mostafa 等（2004）利用有限元软件 SACS 在极端风浪荷载下对导管架基础风机的响应进行了详细的参数化分析。Elshafey 等（2009）从模型试验和数值理论的角度研究了导管架基础的动力响应。Mirza 等（2015）运用计算机程序 SEADYN 对北海导管架平台进行数值建模，桩土相互作用考虑 API 规范中的非线性弹簧，发现各桩基顶部的轴力与弯矩存在差异，并且明显受轴向和横向地基反力模量的影响。李光銮等（2012）运用有限元软件分析了水平荷载下现役导管架平台柱基的承载特性。袁志林等（2012）采用非线性有限元分析方法研究了水平荷载下导管架平台桩土之间的相互作用，分析了模型桩的刚度、直径、土质参数中水平土压力系数、剪胀角对桩基承载特性的影响。闫晋辉（2012）利用有限元软件模拟三维非线性桩土相互作用以研究倾斜载荷作用下导管架平台的桩基承载力，研究发现竖向荷载在一定程度上提高了桩基水平承载力，随着竖向荷载的增加，桩顶侧移具有减小趋势，这一结论也被物理模型试验所证实。上述导管架基础的研究采用了数值分析和常重力缩尺模型试验手段。对于常重力缩尺模型试验，模型结构物周围土体应力不准确，难以真实地反映实际岩土体的灾变过程；而对于数值分析，其结果的有效性需要进一步验证。总之，导管架基础在水平静力和循环荷载作用下受力与变形特性的相关研究相对匮乏，本书第 6 章将在现有研究的基础上探索海上风电导管架群桩基础的承载特性。

综上所述，海洋复杂环境荷载作用下的基础-海床土体体系的动力响应特性，是决定海上风电支撑体系服役寿命的关键因素。本书在现有研究现状的基础上，从典型海洋土力学特性、开口管桩贯入特性、单桩承载特性和桩-土界面循环剪切特性四个方面开展了相关研究，为海上风电基础设计、优化提供理论支撑和技术指导。最后，本书针对海上风电发展的前沿领域开展了前瞻性研究，探索了风电群桩的承载特性，为海上风电向深远海发展提供理论支撑和参考。

参考文献

Nikitas G，Arany L，Aingaran S，Vimalan J，Bhattacharya S. Predicting long term performance of offshore wind turbines using cyclic simple shear apparatus [J]. Soil Dynamics and Earthquake Engineering，2017，92：678-683.

Cui L，Bhattacharya S，Nikitas G，Bhat A. Micromechanics of granular soil in asymmetric cyclic loadings：an application to offshore wind turbine foundations [J]. Granular Matter. 2019，21.

Lombardi D，Bhattacharya S，Scarpa F，Bianchi M. Dynamic response of a geotechnical rigid model container with absorbing boundaries [J]. Soil Dynamics and Earthquake Engineering，2015，69：46-56.

Kühn M. Dynamics of offshore wind energy converters on monopile foundations - experience from the Lely offshore wind farm. OWEN Workshop "Structure and Foundations Design of Offshore Wind Turbines" March 1，2000，Rutherford Appleton Lab.

刘功勋. 复杂应力条件下饱和海洋土剪切特性研究 [D]. 大连理工大学，2010.

曾玲玲，陈晓平. 软土在不同应力路径下的力学特性分析 [J]. 岩土力学，2009（5）：1261-1270.

Lunne T，Berre T，Andersen K H，et al. Effects of sample disturbance and consolidation procedures on measured shear strength of soft marine Norwegian clays [J]. Canadian Geotechnical Journal，2006，43（7）：726-750.

Zhang S，Ye G，Liao C，et al. Elasto-plastic model of structured marine clay under general loading conditions [J]. Applied Ocean Research，2018，76：211-220.

Hu X，Zhang Y，Guo L，et al. Cyclic behavior of saturated soft clay under stress path with bidirectional shear stresses [J]. Soil Dynamics and Earthquake Engineering，2018，104：319-328.

Wang J，Guo L，Cai Y，et al. Strain and pore pressure development on soft marine clay in triaxial teses with a large number of cycles [J]. Ocean Engineering. 2013，74：125-132.

程宇慧，侯宏伟. 典型海相软土动强度-应变特性试验研究 [J]. 土工基础，2015（3）：161-165.

王军，蔡袁强. 循环荷载作用下饱和软黏土应变累积模型研究 [J]. 岩石力学与工程学报，2008（2）：331-338.

Moses G G，Rao S N，Rao P N. Undrained strength behaviour of a cemented marine clay under monotonic and cyclic loading [J]. 2003，30（14）：1765-1789.

雷华阳. 天津地区海积软土的孔压模型建立及参数确定 [J]. 吉林大学学报（地球科学版），2003（1）：76-79.

栾茂田，刘功勋，郭莹，等. 复杂应力条件下原状饱和海洋黏土孔压与强度特性 [J]. 岩土工程报，2011（1）：150-158.

朱智荣，郑龙. 循环荷载作用下饱和黏土刚度衰减特性研究 [J]. 水利与建筑工程学报，2014（5）：180-184.

郭飞，程瑾，李智．循环荷载波形变化对天津滨海软土刚度软化特性的影响 [J]. 水工程，2018 (7)：148-154.

Liu J W, Guo Z, Zhu N, et al. Dynamic response offshore open-ended pile under lateral cyclic loadings [J]. Journal of Marine Science and Engineering, 2019, 7 (5) .

Randolph M F, Leong E C, Houlsby G T. One dimensional analysis of soil plugs in pipe piles [J]. Géotechnique, 1991, 41: 587-598.

Randolph M F. Science and empiricism in pile foundation design [J]. Géotechnique, 2003, 53: 847-875.

Paikowsky S G, Whitman R V, Baligh M M. A new look at the phenomenon of offshore pile plugging [J]. Marine Geotechnology, 1990, 8 (3): 213-230.

Gavin K, Lehane B. Base load-displacement response of piles in sand [J]. Canadian Geotechnical Journal, 2007, 44 (9): 1053-1063.

Randolph M F, Wroth C P. Analysis of deformation of vertically loaded piles [J]. Journal of Geotechnical Engineering, ASCE, 1978, 104: 1465-1488.

Randolph M F. RATZ Program Manual: Load transfer analysis of axially loaded piles [D]. Dept. of Civil and Resource Engineering, University of Western Australia: Perth, Australia, 2003.

Yu F, Yang J. Base capacity of open-ended steel pipe piles in sand [J]. Journal of Geotechnical & Geoenvironmental Engineering, 2012, 138 (9): 1116-1128.

White D J, Sidhu H K, Finlay T C R, Bolton M D, Nagayama T. Press-in piling: The influence of plugging on driveability [C]. In Proceedings of the 8th International Conference of the Deep Foundations Institute, New York, NY, USA, 5-7 October 2000, pp. 299-310.

Lehane B M, Gavin K. Base resistance of jacked pipe piles in sand [J]. Journal of Geotechnical & Geoenvironmental Engineering, 2001, 127 (6): 473-480.

Esteban M, and Leary D. Current developments and future prospects of offshore wind and ocean energy [J]. Applied Energy, 2012, 90 (1): 128-136.

Uengo J, Negro V, Garcia-Barba J, et al. New detected uncertainties in the design of foundations for offshore wind turbine [J] s. Renewable Energy, 2018, 131: 667-677.

Matsumoto T, Fukumura K, Kitiyodom P, et al. Experimental and analytical study on behaviour of model piled rafts in sand subjected to horizontal and moment loading [J]. International Journal of Physical Modelling in Geotechnics, 2004, 4 (3): 1-19.

Han B, Zdravkovi L, Kontoe S. The stability investigation of the generalised-a time integration method for dynamic coupled consolidation analysis [J]. Computers and Geotechnics, 2015, 64: 83-95.

Sastry V V R N, and Meyerhof G G. Flexible piles in layered soil under eccentric and inclined loads [J]. Soils and Foundations, 1999, 39 (1): 11-20.

Liu M, Yang M, Wang H. Bearing behavior of wide-shallow bucket foundation for offshore wind turbines in drained silty sand [J]. Ocean Engineering, 2014, 82 (15): 169-179.

Zormpa T E, Comodromos E M. Numerical evaluation of pile response under combined lateral and axial loading [J]. Geotechnical and Geological Engineering, 2017, 36: 793-811.

Zhukov N V, Balov I L. Investigation of the effect of a vertical surcharge on horizontal displacement and resistance of pile columns to horizontal load [J]. Soil Mechanics and Foundation Engineering, 1978, 15 (1): 16-22.

Karthigeyan S, Ramakrishna V, Rajagopal K. Numerical investigation of the effect of vertical load on the lateral response of piles [J]. Journal of Geotechnical and Geoenvironmental Engineering, 2007, 133 (5): 512-521.

Chow F C. Investigations into displacement pile behaviour for offshore foundations [D]. Ph. D. Thesis. Imperial College, University of London, 1997.

Tsuha C, Foray P Y, Jardine R J, et al. Behaviour of displacement piles in sand under cyclic axial loading [J]. Soils and Foundations, 2012, 52 (3): 393-410.

Buckley R M, Jardine R J, Parker D, Schroeder F. Ageing and cyclic behaviour of axially loaded piles driven in chalk [J]. Geotechnique, 2018, 68 (2): 146-161.

Rimoy S P. Ageing and axial cyclic loading studies of displacement piles in sands [D]. Ph. D. Thesis. Imperial College, University of London, 2013.

Li Z, Bolton M D, Haigh S K. Cyclic axial behaviour of piles and pile groups in sand [J]. Canadian Geotechnical Journal, 2012, 49 (9): 1074-1087.

Zhou W J, Wang L Z, Guo Z, et al. A novel t-z model to predict the pile responses under axial cyclic loadings [J]. Computers and Geotechnics, 2019, 112: 120-134.

Singh A, Prakash S. Model pile group subjected to cyclic lateral load [J]. Soils and Foundations, 1971, 11 (2): 51-60.

Brown D A, Reese L C, O'Neill M W. Cyclic lateral loading of a large-scale pile group [J]. Journal of Geotechnical Engineering, 1987, 113 (11): 1326-1343.

陈三姗，陈峰．循环水平荷载作用下的群桩性状分析 [J]. 土工基础，2013，27 (4)：100-103.

Mostafa Y E, El Naggar M H. Response of fixed offshore platforms to wave and current loading including soil-structure interaction [J]. Soil Dynamics and Earthquake Engineering, 2004, 24 (4): 357-368.

Elshafey A A, Haddara M R, Marzouk H. Dynamic response of offshore jacket structures under random loads [J]. Marine Structures, 2009, 22 (3): 504-521.

李光銮，李成军．饱和黏土中导管架平台单桩水平承载力分析 [J]. 石油机械，2012，40 (10)：63-66.

袁志林，段梦兰，陈祥余等．水平荷载下导管架平台桩基础的非线性有限元分析 [J]. 岩土力学，2012，33 (8)：2551-2560.

闰晋辉．倾斜载荷作用下导管架平台桩基承载力分析 [D]. 上海：上海交通大学，2012.

第2章 循环荷载下典型海洋土的力学特性

为了揭示各种荷载条件下海上风机基础与海床地基土体的相互作用机制，最好选取风机基础附近的小区域土体，并在相似应力条件和应力路径条件下进行单元体试验，以期模拟基础周围土体的真实受力状态并得到地基土体的响应。本章采用离散元数值模拟方法分别研究了循环单剪和循环三轴试验条件下砂土地基的响应，分析了砂土的应力-应变关系、剪切模量演变规律等，进而从微观尺度研究了配位数、接触力网络、组构各向异性、主应力旋转等参数，以建立土体微观与宏观特性之间的联系。采用 GDS 三轴试验研究了淤泥质黏土的动力学特性，通过分析土体累积应变、孔隙水压力和刚度衰减特性发展规律，揭示了土体在不同循环应力比和埋深水平下的力学特性，并提出了累积应变和孔压预测模型。

2.1 循环荷载下砂性土动力学特性

当前，大多数海上风力发电机由单桩基础支撑，单桩基础一般为大型钢管桩，桩长通常为 30～40m，直径 3～7m。与海洋结构中的柔性长桩不同，单桩在水平向荷载或倾覆力矩作用下倾向于旋转而不是弯曲破坏。因此，单桩与桩前侧土体单元的相互作用可通过循环直剪试验来表示，如图 2.1 所示（Cui 等，2019）。2.1.1 节详细描述了循环直剪试验中砂性土体的响应。

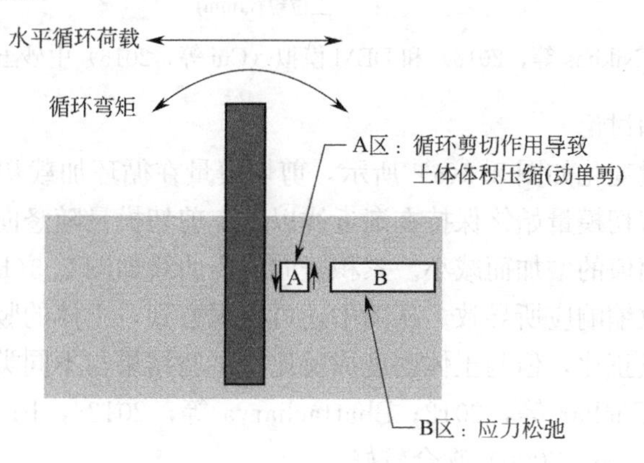

图 2.1　单桩周围土体应力条件示意图（Cui 等，2019）

除了用于浅水深度（通常<30m）的单桩基础之外，导管架基础需要通过沉箱或固定在海底的多桩支撑海上风力发电机。在水平循环荷载作用下，导管架会发生循环摆动/倾斜，导致吸力沉箱或多桩的循环推拉行为，此时土体符合循环三轴试验状态。因此，为了了解土体-基础的相互作用，2.1.2 节详细描述了在循环三轴试验中砂性土的动力响应。

2.1.1 循环单剪条件下砂土的响应

2.1.1.1 室内循环单剪试验研究

（1）循环单剪试验简介

Nikitas 等人（2016）使用 VJ Tech 制造的循环单剪仪测试圆柱形土样。对颗粒级配不佳的 RedHill 110 砂进行测试，其 d_{50}=0.18mm，颗粒分布曲线如图 2.2 所示，该土体被用于模型试验中的地基土体以研究不同类型基础的承载特性（例如，Lombadi 等，2015；Kelly 等，2006）。RedHill 110 砂的相对密度 G_s 为 2.65，最小和最大孔隙比分别为 0.608 和 1.035。按照 ASTM D6528（2007）的建议，土体试样直径为 50mm，高度为 20mm。采用应变控制式加载方式对中密度砂（相对密度 D_r=50%）和密砂（D_r=75%）开展循环单剪试验，并且考虑不同竖向应力（σ=50kPa，100kPa，200kPa）和剪切应变幅值（γ_{max}=0.1%，0.2%，0.5%）的影响。不同的竖向应力代表桩身不同深度处的地基土体，不同的剪切应变振幅代表不同的桩身挠度/转角。

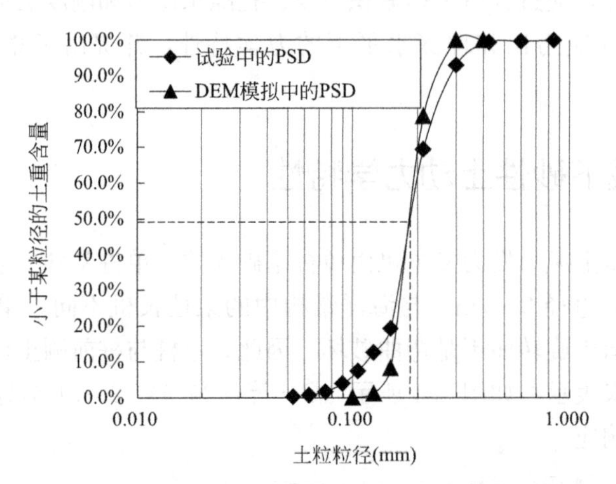

图 2.2 试验（Nikitas 等，2016）和 DEM 模拟（Cui 等，2016）中砂土的颗粒分布曲线

（2）试验结果和讨论

土样的剪切模量变化如图 2.3(a) 所示，剪切模量在循环加载初期迅速增加，随后增加速率逐渐减小，剪切模量始终保持在渐近线以下。剪切模量随竖向应力和相对密度的增加而增加，随应变幅值的增加而减小。累积竖向应变曲线如图 2.3(b) 所示。剪切模量的增加是由于土样的收缩响应所导致。从图中还可以观察到，土体的竖向累积应变与剪切应变幅值和竖向应力成正比，但与土体密度成反比。试验结果与不同类型海上风机基础的模型试验观察结果（Cuéllar 等，2012；Bhattacharya 等，2013a，b；Lombardi 等，2013）及现场测试结果（Kühn，2000）吻合较好。

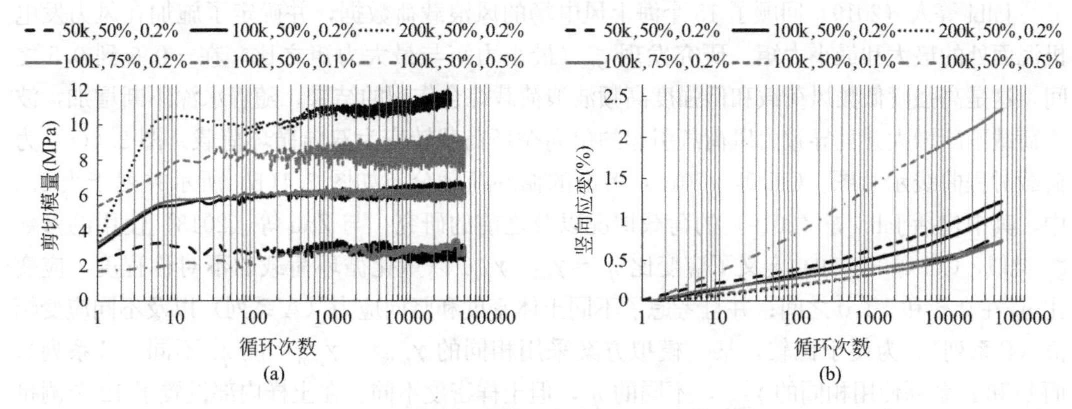

图 2.3　土样的剪切模量变化（Nikitas 等，2016）

（a）剪切模量变化；（b）累积竖向应变

2.1.1.2　DEM 模拟研究

Cui 等人（2019）使用商业 DEM 代码 PFC^{2D}（Itasca，2008）开展了 DEM 离散元数值模拟，循环单剪试验是三维问题，然而上述研究仅模拟了中间样本的一小部分。显然，二维模拟不能准确表示三维土体的特性。但本节不定量再现室内试验结果，而是分析相似的微观机制，因为单剪试验中的主应力和偏主应力都位于二维模拟的加载平面中。

（1）DEM 离散元数值模拟简介

Cui 等人（2019）最初生成的测试样本高约 20mm，宽约 50mm，类似于 Nikitas 等人（2016）试验中的样本大小。它包含 8000 个圆盘，尺寸在 0.1～0.3mm 之间，$d_{50}=0.18$mm，与试验中的 d_{50} 值吻合，土样颗粒级配曲线如图 2.2 所示。需要注意的是，DEM 模拟中的粒径分布范围小于试验中粒径分布范围，这是因为模拟与试验中相同颗粒级配土样所需的计算时间过长。表 2.1 列出了 DEM 模拟中使用的参数取值。两组土样采用半径扩展法生成，对颗粒摩擦系数分别为 $\mu=0$ 和 1.0 的土样采用一维固结法，分别生成相对致密和疏松的土样；然后将颗粒摩擦系数更改为 0.5，使土样再次达到平衡。表 2.1 列出了在两种不同竖向应力（σ）下相对致密和松散土样的最终孔隙比（e）。需要注意的是，由于固结阶段的边界速度不同，松散土样在 50kPa 时的 e 值比在 100kPa 处的 e 值略低。

DEM 数值模拟中的参数取值（Cui 等，2019）　　**表 2.1**

DEM 参数	数值
土颗粒密度	2650kg/m^3
摩擦系数	0.5
土颗粒的法向刚度	8.0×10^7N/m
土颗粒的剪切刚度	4.0×10^7N/m
边界的法向刚度和剪切刚度	4.0×10^9N/m
竖向应力	50kPa，100kPa
孔隙比	致密：0.185（σ=50kPa），0.181（σ=100kPa） 疏松：0.215（σ=50kPa），0.227（σ=100kPa）

Jalbi 等人（2019）回顾了 15 个海上风电场的风浪载荷数据，并确定了施加在风力发电机泥面处的最大和最小力矩。研究发现 ζ_c（最小力矩与最大力矩之比）在−0.5 到 0.5 之间，这是高强度低频风荷载和低强度高频波浪荷载综合作用的结果。随着水深不断增加，波浪荷载不断增大并且导致由风荷载引起的单向循环荷载转变为双向循环荷载。图 2.4(a) 为荷载时程曲线示意图。Cui 等（2019）考虑的循环荷载分布如图 2.4(b) 所示并列于表 2.2 中，其中包括 Jalbi 等（2019）的荷载情况以及之前的研究。与 Zhu 等（2013）使用的参数 ζ_c 类似，Cui 等（2019）定义了应变比 $\eta_c=\gamma_{min}/\gamma_{max}$ 以量化循环荷载的不对称程度，应变比 η_c 在 0.5 和−1.0 之间；并且考虑了不同土体密度和竖向应力（A 系列）以及不同应变幅值（B 系列）。为便于比较，某一模拟方案采用相同的 $\gamma_{max}-\gamma_{min}$，但 η_c 不同（C 系列），而 D 和 E 系列使用相同的 γ_{max}，不同的 η_c，但土样密度不同。在土样内部设置了 12 个测量圆，以测量土样的平均应力、孔隙比和配位数，以下结果是这 12 个测量圆的平均值。

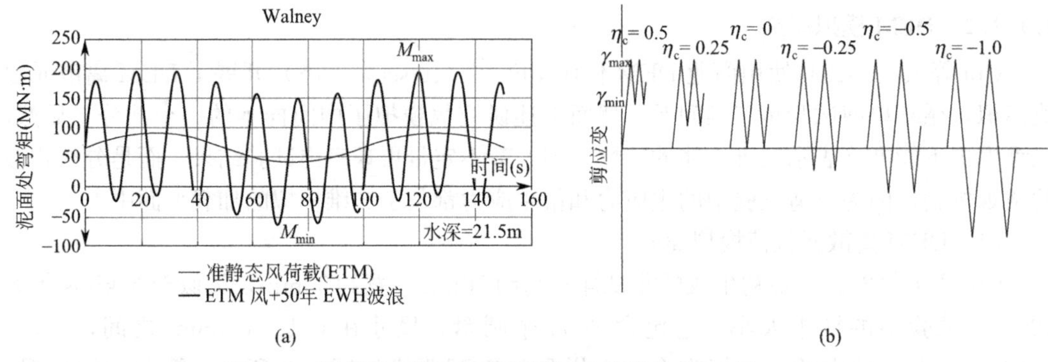

图 2.4　风荷载和波浪荷载及循环荷载模式（Cui 等，2019）

(a) 风荷载和波浪荷载的组合 (b) DEM 模拟中的单向和双向循环荷载模式

DEM 模拟参数取值（Cui 等，2019）　　表 2.2

模拟系列	模拟 ID	(γ_{min}, γ_{max})	σ (kPa)	压实密度
A	A-1	(−0.52%, 0.52%)	50	疏松
	A-2		100	疏松
	A-3*		50	致密
	A-4		100	致密
B	B-1	(−0.10%, 0.10%)	100	致密
	B-2*	(−0.52%, 0.52%)		
	B-3	(−1.04%, 1.04%)		
C	C-1*	(−0.52%, 0.52%) (η_c=−1)	100	致密
	C-2	(−0.29%, 0.75%)(η_c=−0.39)		
	C-3	(0, 1.04%)(η_c=0)		
D	D-1	(−0.92%, 0.92%)(η_c=−1)	100	致密
	D-2	(−0.46%, 0.92%) (η_c=−0.5)		
	D-3	(−0.23%, 0.92%)(η_c=−0.25)		
	D-4	(0, 0.92%)(η_c=0)		
	D-5	(0.23%, 0.92%)(η_c=0.25)		
	D-6	(0.46%, 0.92%)(η_c=0.5)		

续表

模拟系列	模拟 ID	(γ_{min}, γ_{max})	σ (kPa)	压实密度
E	E-1	(−0.92%, 0.92%)(η_c=−1)	100	疏松
	E-2	(−0.46%, 0.92%)(η_c=−0.5)		
	E-3	(−0.23%, 0.92%)(η_c=−0.25)		
	E-4	(0, 0.92%)(η_c=0)		
	E-5	(0.23%, 0.92%)(η_c=0.25)		
	E-6	(0.46%, 0.92%)(η_c=0.5)		

* 同一模拟。

(2) 宏观尺度的 DEM 模拟结果分析

在循环加载过程中，剪应力-剪应变曲线形成滞回曲线。对称双向加载（A、B、C 系列）的应力-应变关系相似，E 系列的结果如图 2.5 所示。当 η_c 从 0.5 下降到 −1.0（即从单向加载转向对称双向加载）时，应力-应变关系表现出不同的变化趋势。当 η_c=0.5 时，剪应变发生一半的逆转，剪应力在第一个循环中减小到略高于零的正值；随着循环加载的进行，γ_{max} 和 γ_{min} 处的剪应力均逐渐减小。因此，尽管 γ_{max} 和 γ_{min} 均为正值，但

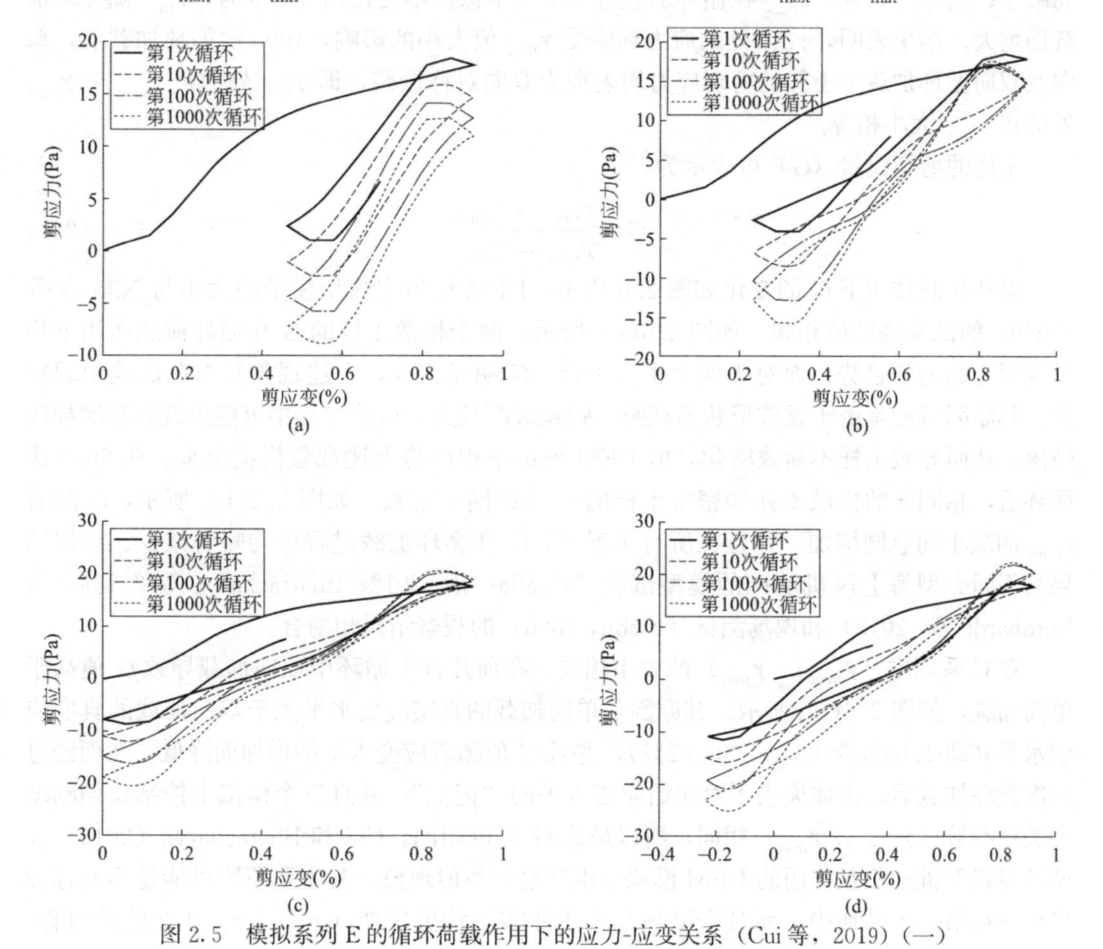

图 2.5　模拟系列 E 的循环荷载作用下的应力-应变关系（Cui 等，2019）（一）
(a) η_c=0.5；(b) η_c=0.25；(c) η_c=0.0；(d) η_c=−0.25

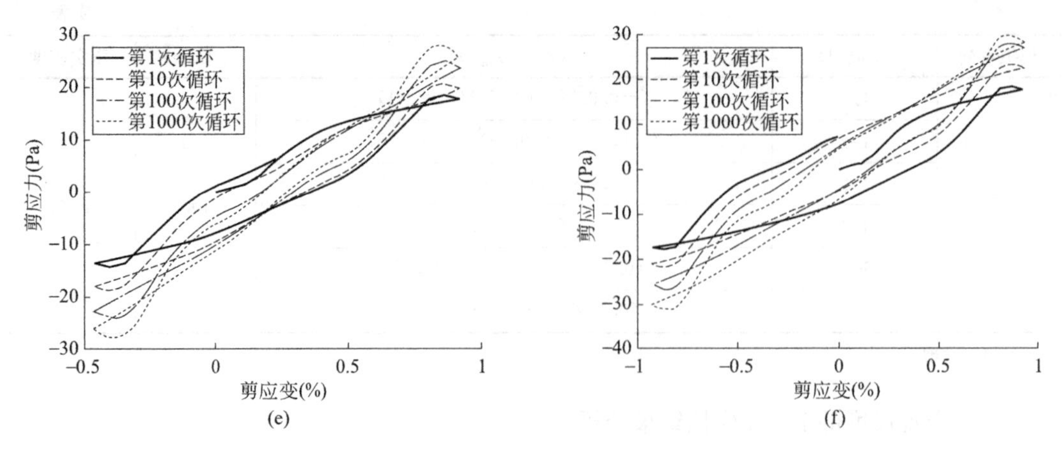

图 2.5　模拟系列 E 的循环荷载作用下的应力-应变关系（Cui 等，2019）（二）

(e) $\eta_c=-0.5$；(f) $\eta_c=-1.0$

γ_{min} 处的负 τ_{min} 与 γ_{max} 处的正 τ_{max} 值基本相同。随 η_c 的减小，τ_{min} 随 γ_{min} 的减小而减小，尽管 γ_{max} 保持不变，但 τ_{max} 的变化趋势却大不相同。当 $\eta_c>0$ 时，τ_{max} 随循环加载而减小；当 $\eta_c=0$ 时，τ_{max} 在循环加载过程中几乎保持不变；当 $\eta_c<0$ 时，τ_{max} 随循环加载而增大。结果表明，γ_{max} 处的应力响应受 γ_{min} 值大小的影响，1000 次循环加载后，单向及双向循环加载下土体的剪切应力均表现为双向对称振荡，即 γ_{min} 处的负 τ_{min} 与 γ_{max} 处的正 τ_{max} 大小相等。

土样的剪切模量（G）可表示为：

$$G=\frac{\tau_{max}-\tau_{min}}{\gamma_{max}-\gamma_{min}} \tag{2.1}$$

循环荷载作用下 G 的变化如图 2.6 所示。DEM 模拟中剪切模量的大小与 Nikitas 等（2016）的试验测试值相同。如图 2.6(a) 所示，两个松散土样的 G 在循环荷载作用下均呈现明显的增加趋势；而对于两个密实土样，G 明显减少，上述现象并未在试验中观察到。其原因可能是由于颗粒形状不规则，颗粒级配较大，试验过程中可能出现颗粒磨损或破碎，从而导致土样不断致密化，但 DEM 模拟中难以将上述现象模拟出来。在 6000 次循环后，相同 σ 的松散土样和密实土样的 G 接近同一常数。如图 2.6(b) 所示，G 随着 γ_{max} 的减小而急剧增加，并且在所有工况下，G 在循环加载过程中均略有减少。模拟结果与不同类型海上风机基础的模型试验（Cuéllar 等，2012；Bhattacharya 等 2013a，b；Lombardi 等，2013）和现场测试（Kühn，2000）的观察结果相吻合。

在 C 系列中（$\gamma_{max}-\gamma_{min}$）的大小相同，在前几百个循环中双向加载导致 G 值高于单向加载，如图 2.6(c) 所示。其原因是单向加载的真实应变水平大于双向加载的真实应变水平（即 1.04%>0.75%>0.52%），并且 G 值随着应变水平的增加而降低。然而经过多次循环加载后，土体失去了对初始应变水平的“记忆”，并且三个模拟中控制长期刚度的关键参数（$\gamma_{max}-\gamma_{min}$）相同，所以最终 G 值也相同。Cui 和 Bhatacharya（2016）在循环荷载下桩土相互作用的 DEM 模拟中也观察到类似现象，其主要原因可能是不对称性只出现在第一个循环中，而其余循环是关于非零平均剪应变 $(\gamma_{max}+\gamma_{min})/2$ 的伪对称。伪对称荷载逐渐消除了第一个循环中非对称荷载引起的不同土体响应，土样达到循环稳

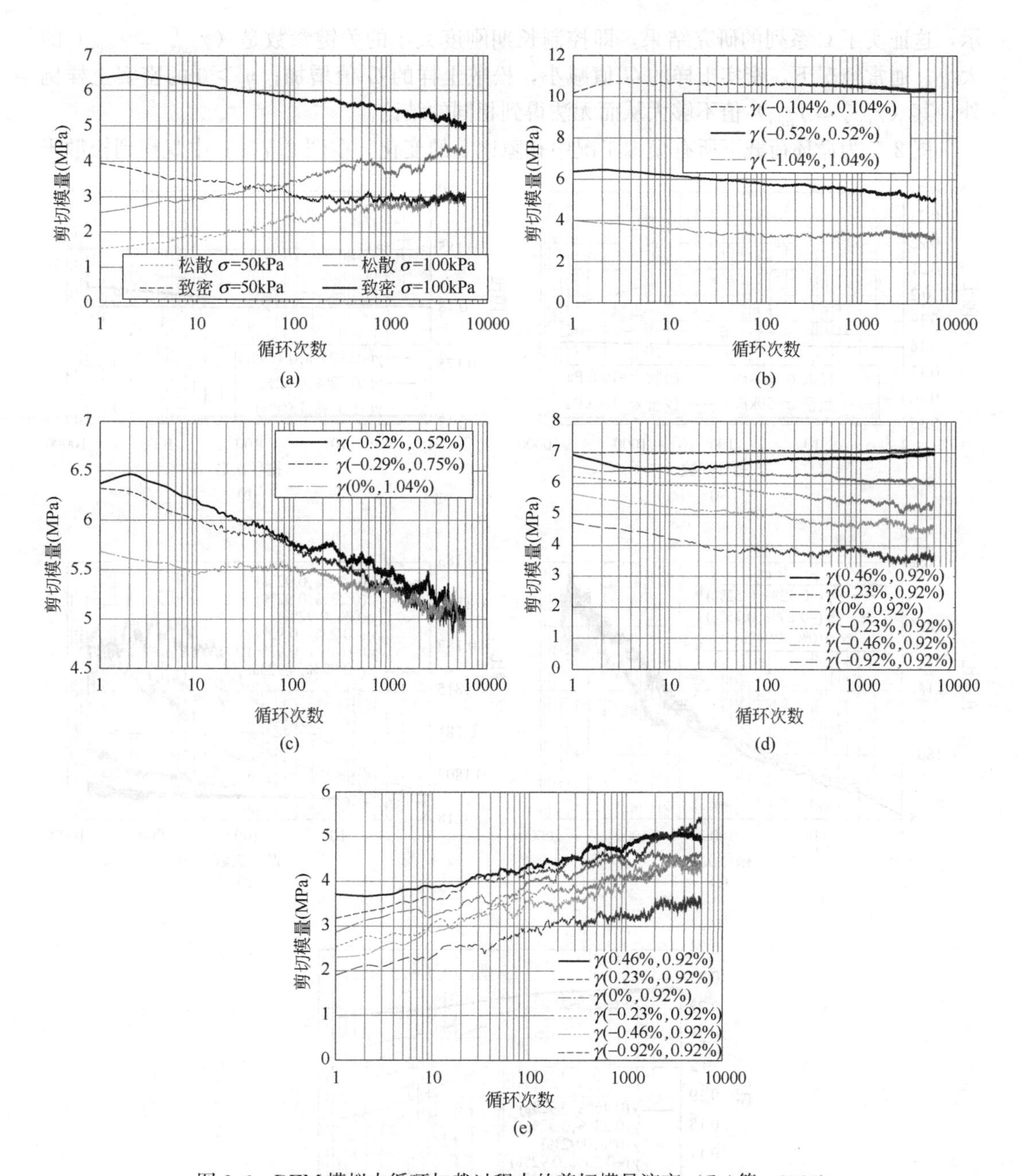

图 2.6　DEM 模拟中循环加载过程中的剪切模量演变（Cui 等，2019）

(a) 竖向应力 σ 和密度的对比，其 $\gamma=(-0.52\%,\ 0.52\%)$-A 系列；

(b) 应变幅值的对比 γ_{max}（致密土样，$\sigma=100$kPa)-B 系列；

(c) 荷载对称性的对比（致密土样，$\sigma=100$kPa)- C 系列；

(d) 荷载对称性的对比（致密土样，$\sigma=100$kPa)-D 系列；

(e) 荷载对称性的对比（松散土样，$\sigma=100$kPa)-E 系列

定状态，响应中心移动到非零平均剪应变，土样之间没有明显差异。在 D 和 E 系列中随着 η_c 值的降低，G 随着（$\gamma_{max}-\gamma_{min}$）幅值的增大而明显减小，如图 2.6(d) 和 (e) 所

示，这证实了C系列的研究结果，即控制长期刚度大小的关键参数是（$\gamma_{max}-\gamma_{min}$）的大小。通常情况下，密实土样的$G$值减小，松散土样的$G$值增加；$\eta_c>0$的密实土样例外，其（$\gamma_{max}-\gamma_{min}$）值不够大从而无法得到相同的结论。

图2.7为循环荷载下所有模拟工况中孔隙比e的变化。在图2.7(a）中观察到松散土

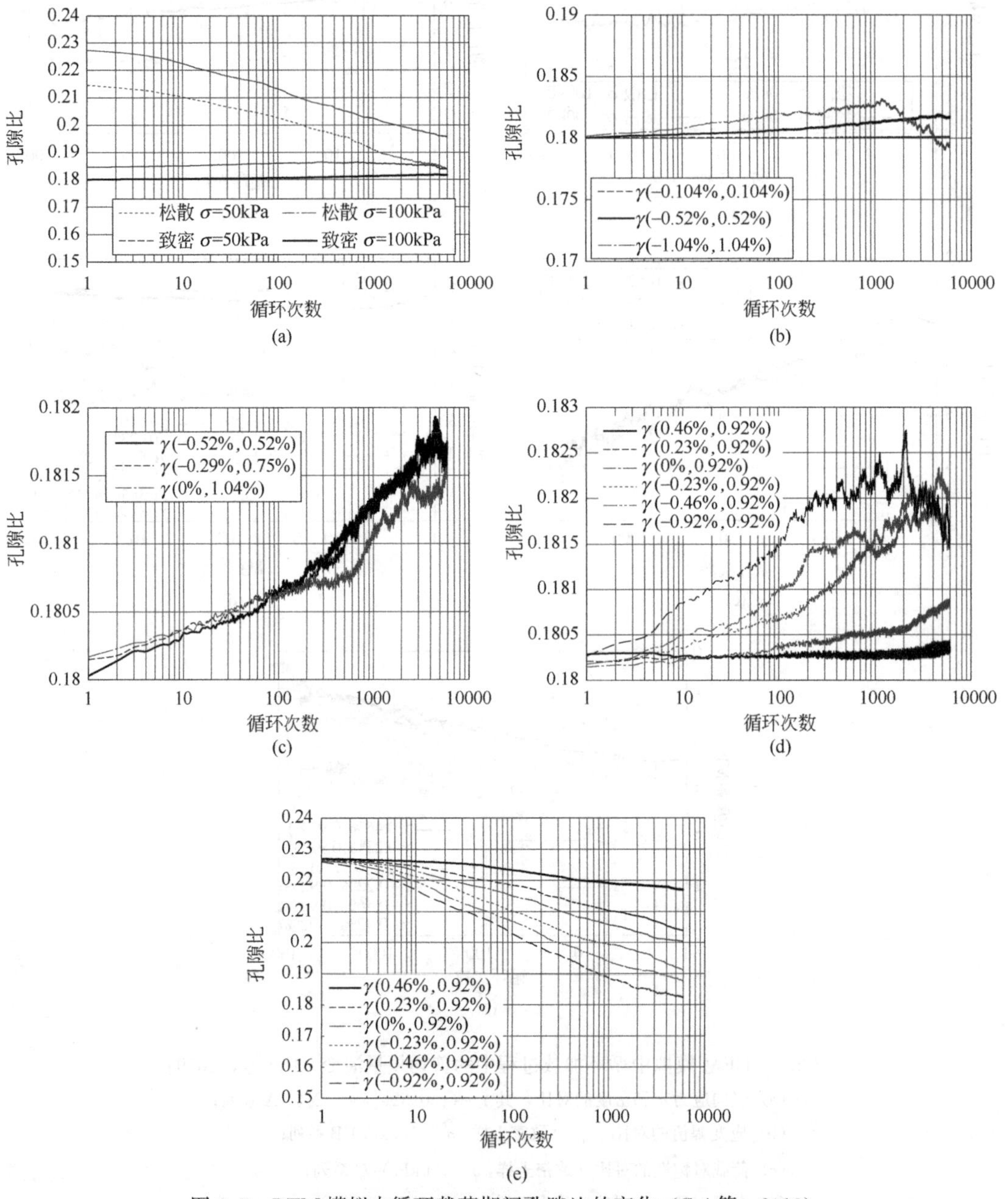

图2.7 DEM模拟中循环载荷期间孔隙比的变化（Cui等，2019）

(a) 竖向应力σ和密度的对比，其$\gamma=(-0.52\%, 0.52\%)$-A系列；

(b) 应变幅值的对比γ_{max}（致密土样，$\sigma=100$kPa)-B系列；

(c) 荷载对称性的对比（致密土样，$\sigma=100$kPa)-C系列；

(d) 荷载对称性的对比（致密土样，$\sigma=100$kPa)-D系列；

(e) 荷载对称性的对比（松散土样，$\sigma=100$kPa)-E系列

样的 G 值增加可能是土样致密化（即 e 的减少）所致。密实土样的 G 值明显减少，但只略微膨胀。G 值显著降低还有其他原因，本文后面将作进一步探讨。此外，在 $\sigma=50\text{kPa}$ 时，两个土样的 e 值相同，这与两者 G 值相同相一致。但在 $\sigma=100\text{kPa}$ 时松散土样的 e 值仍高于密实土样，这也与两者 G 值的比较结果一致。如图 2.7(b) 所示，在 γ_{max} 较大时，密实土样在初始阶段的膨胀程度略大，但当 $\gamma_{max}=1.04\%$ 时，土样先膨胀后轻微收缩。从后面的单调单剪试验（图 2.13）中可以看出，这主要是因为土样在 2%时的剪切应变处接近破坏，因此在循环加载时土样受到明显的扰动并重新排列。从图 2.7(c) 中的 C 系列观察到，具有相同（$\gamma_{max}-\gamma_{min}$）值但不同 η_c 值的三组模拟中孔隙比的差异非常小，但随着 D/E 系列（$\gamma_{max}-\gamma_{min}$）值的增加，孔隙比减小/增加更为明显，如图 2.7(d)、(e) 所示。这再次证实了控制土样响应的是（$\gamma_{max}-\gamma_{min}$）而非 η_c。

(3) DEM 模拟-微观机制

上述观察到的宏观应力应变响应以微观尺度（颗粒尺度）机制为基础，Cui 等 (2019) 详细研究了微观尺度的参数，包括配位数、接触力网络、组构各向异性、主应力旋转等，以建立微观与宏观机制之间的联系。

①配位数（N_c）

配位数（N_c）是每个颗粒周围接触的平均数，它与土样内部的应力水平有密切关系 (Cui 等，2007)。图 2.8 给出了四个土样在不同试验条件下循环加载过程中 N_c 的变化曲线。图 2.8(a) 表明，初始低 N_c 对应于初始低剪应力 [因此图 2.6(a) 中的 G 值偏低]。两个松散土样 G 的增加与 N_c 的增加有关，密实土样 G 的减少与 N_c 的减少一致。当 G 值相等时，配位数也相同。图 2.8(b) 表明，随着 γ_{max} 的增大，N_c 随着循环次数的增大而减小得更快，与 G 的减少相匹配。图 2.8(c) 表明，在相同的（$\gamma_{max}-\gamma_{min}$）下，由于 γ_{max} 的增大，N_c 的初始值最小，$\eta_c=0$（单向加载）；但经过 100 个循环后，三个 η_c 对应的 N_c 减小到相似值，这与图 2.6(c) 中 G 的变化趋势一致。图 2.8(d) 表明，对于 $\eta_c>0$，N_c 没有显著变化；但当 $\eta_c\leqslant 0$ 时，随着其减小 N_c 降低更为显著，这与图 2.6(d) 中 G 和图 2.7(d) 中 e 的观察结果一致。随着循环荷载的增加，E 系列的 N_c 均显著增加，但不同 η_c 之间的差异不明显。

综上所述，可知：e 越小（土体越密实），N_c 越高，进而导致更高的应力水平和 G 值。

②组构

组构用来量化接触力方向的空间分布。组构各向异性可以影响颗粒土的材料性能 (Cui 和 O'Sullivan，2006；Li 等，2014)。因此，分析循环加载条件下土体组构的演变具有重要意义。有关组构的各种定义可以参考文献 Cambou (1998)。本文采用傅里叶近似法 (Rothenburg 和 Bathurst，1989)，该方法将每弧度接触方向的分布量化为：

$$E(\theta)=\frac{1}{2\pi}[1+a\cos 2(\theta-\theta_a)] \tag{2.2}$$

式中，a 为定义组构各向异性大小的参数；θ_a 为主组构的方向。对于各向同性土样，$a=0$，$E(\theta)=1/2\pi$，这是一个每弧度均匀分布 $1/2\pi$ 的圆。

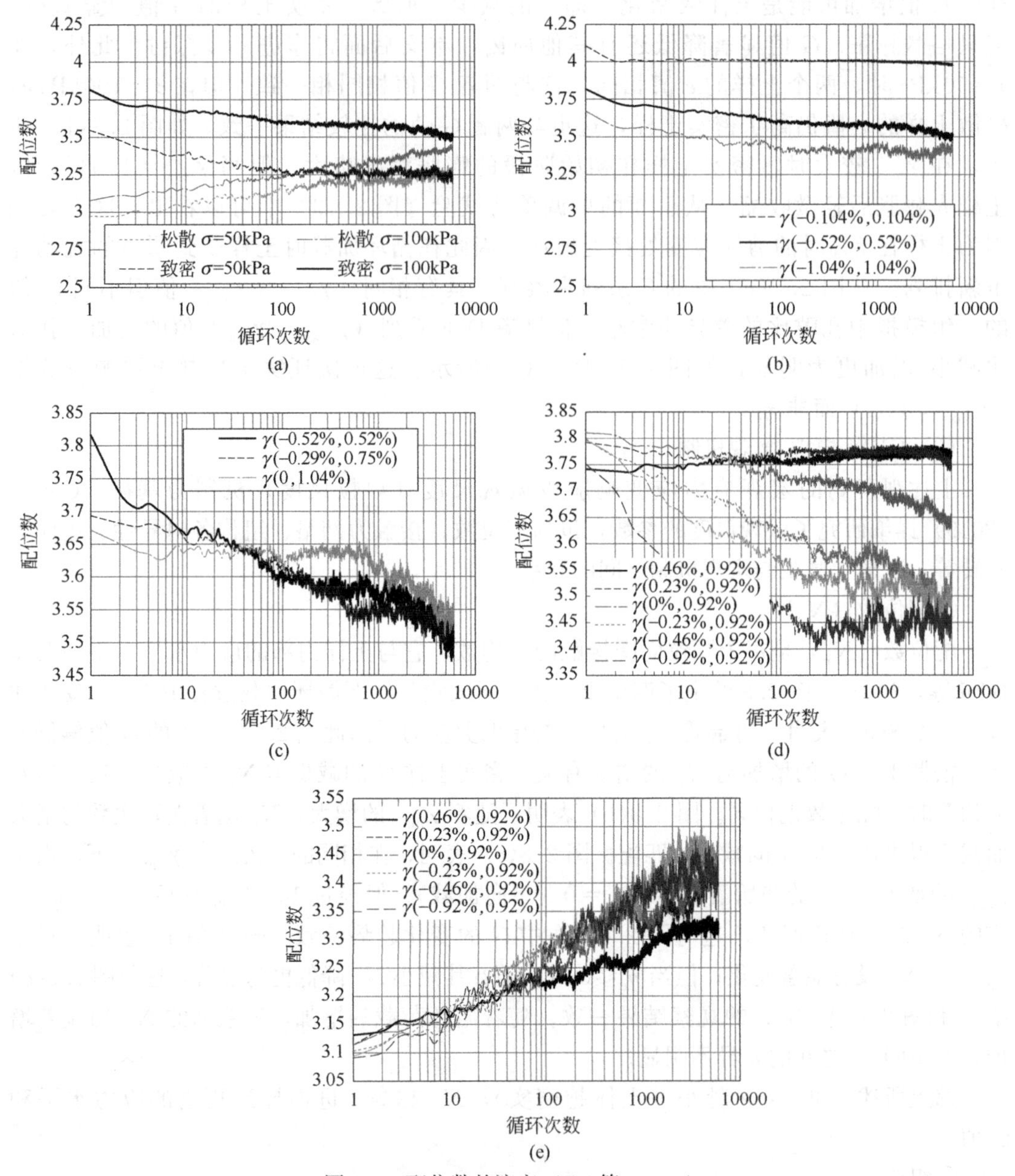

图 2.8　配位数的演变（Cui 等，2019）

(a) 竖向应力 σ 和密度的对比，其 $\gamma=(-0.52\%,\ 0.52\%)$-A 系列；
(b) 应变幅值的对比 γ_{max}（致密土样，$\sigma=100$kPa)-B 系列；
(c) 载荷对称性的对比（致密土样，$\sigma=100$kPa)-C 系列；
(d) 载荷对称性的对比（致密土样，$\sigma=100$kPa)-D 系列；
(e) 载荷对称性的对比（松散土样，$\sigma=100$kPa)-E 系列

图 2.9 所示为 $\sigma=100$kPa 时密实土体颗粒接触法线方向的空间分布柱状图。傅里叶近似函数用红色椭圆表示，长轴表示组构的主方向（θ_a）。初始土样的主组构方向为 92°。剪切至最大应变（0.52%或 0.3°）时，主组构方向旋转至对角线方向（$\theta_a\approx130.0°$）；当剪切至最小应变（−0.52%或−0.3°）时，主组构方向旋转至垂直对角线方向（$\theta_a\approx40.0°$）。需要注意的是，土样边界仅旋转 0.6°，但主组构方向旋转约 90°。

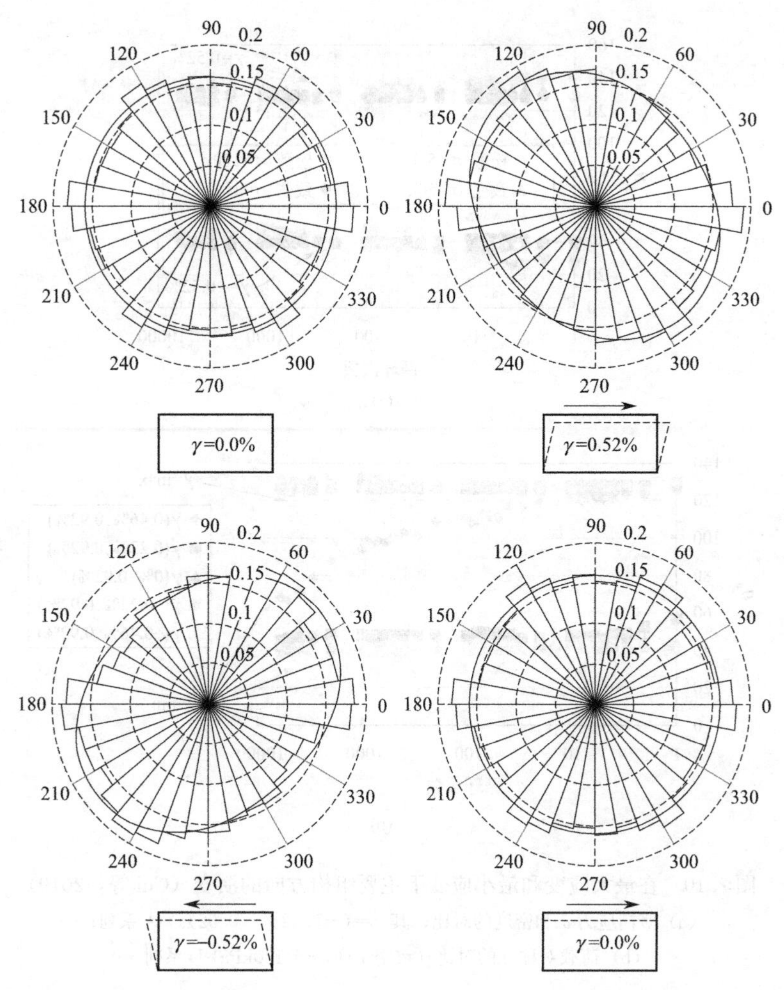

图 2.9　接触法线的空间分布（$\gamma_{max}=0.52\%$和 $\sigma=100$kPa 的致密土样）(Cui 等，2019)

A 和 D 系列在 γ_{max} 和 γ_{min} 处 θ_a 的变化如图 2.10 所示，其他系列显示出与 A 系列相似的趋势，此处不再赘述。四个土样在 $\gamma=0$ 时的初始 θ_a 为 83°（松散，$\sigma=50$kPa）、165°（松散，$\sigma=100$kPa）、80°（密实，$\sigma=50$kPa）和 92°（密实，$\sigma=100$kPa）。从图 2.10(a) 可以看出，松散土样中的 θ_a 旋转速度较慢。对于 $\sigma=50$kPa 的松散土样，γ_{max} 处 θ_a 从 110°开始旋转，较大循环次数下逐渐增加到 130°；而对于 $\sigma=100$kPa 的松散土样，γ_{max} 处的 θ_a 从 140°左右开始缓慢下降到 130°。对于两个密实土样，γ_{max} 处的 θ_a 在第一个加载循环中达到 130°，并保持在 130°。γ_{min} 处 θ_a 的旋转呈现相似的趋势：松散土样中 θ_a 的旋转速度缓慢，直到达到 40°；密实土样中的 θ_a 在第一个循环即可达到 40°。在其他模拟系列中，θ_a 的旋转随 γ_{min} 和 η_c 的变化不明显，但 D-6 的 $\eta_c=0.5$ 工况例外：γ_{min} 处的 θ_a 没有像其他模拟那样减小到 40°，而是保持 130°大约 10 个循环，然后在 6000 个加载循环后缓慢降低到 65°。

式(2.2) 中的 a 通过组构各向异性的大小进行量化。之前研究（Cui 和 O'Sullivan，2006；Li 等，2014）已经证明，较大的各向异性程度可以产生较高的剪应力。如图 2.9 所示，a 与红色椭圆的长宽比有关。在 γ_{max} 时，长轴沿 130°，短轴沿

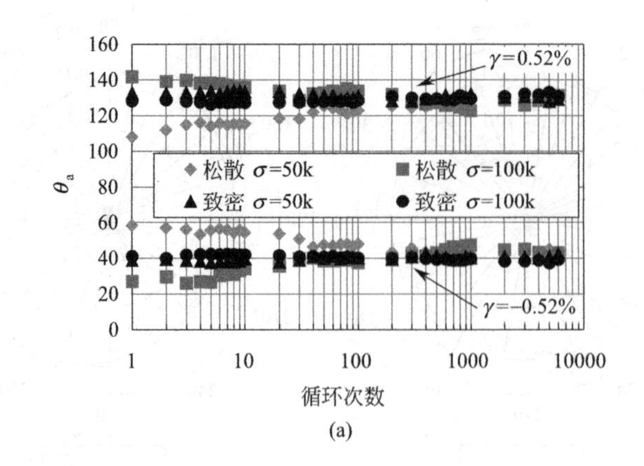

(a)

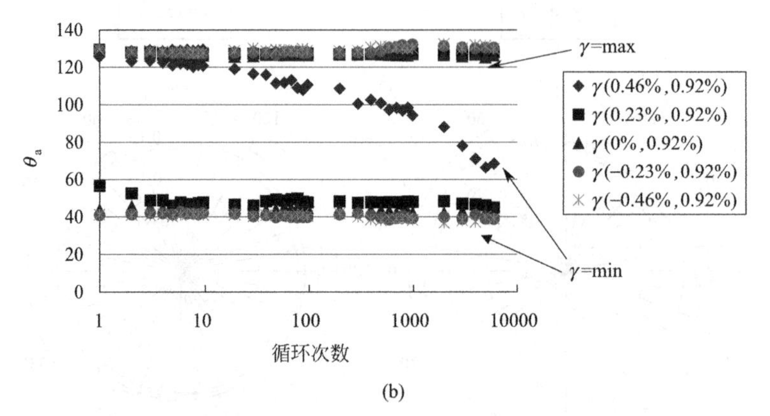

(b)

图 2.10　在最大应变和最小应变下主要组构方向的演变（Cui 等，2019）

(a) 竖向应力 σ 和密度的对比，其 $\gamma=(-0.52\%, 0.52\%)$-A 系列；

(b) 荷载对称性的对比（致密土样，$\sigma=100$kPa)-D 系列

40°；在 γ_{min} 时，长轴和短轴交换位置。因此，组构各向异性从 γ_{max} 到 γ_{min} 的变化可以通过沿一个主方向轴长的变化或 $a_{max}+a_{min}$ 来量化。另外，组构各向异性是剪应力大小的指标，而 G 由 $(\tau_{max}-\tau_{min})/(\gamma_{max}-\gamma_{min})$ 确定，因此，$a_{max}+a_{min}$ 可以作为相同水平 $(\gamma_{max}-\gamma_{min})$ 的 G 的指标。图 2.11 给出了五个模拟系列中 $a_{max}+a_{min}$ 的变化。从图 2.11(a) 中可以明显看出，密实土样的 $a_{max}+a_{min}$ 明显下降，这与土样的 G 明显下降趋势一致；松散土样的 $a_{max}+a_{min}$ 明显增加，与 G 的增加相吻合［图 2.6(a)］。随 γ_{max} 的增加，各向异性程度急剧增加［图 2.11(b)］，反映出剪应力水平的增加，然而当 $(\gamma_{max}-\gamma_{min})$ 也显著增加时 G 呈减小趋势。C 系列中，$(\gamma_{max}-\gamma_{min})$ 保持不变，因此当 $\eta_c=0$ 时 $a_{max}+a_{min}$ 在前 100 个循环中低于其他两种情况，随后达到与其他两种情况相似的值［图 2.11(c)］，这与该系列 G 的趋势一致［图 2.6(c)］。在 D 和 E 系列中，$a_{max}+a_{min}$ 随着 η_c 的降低而增加，进而导致 $(\tau_{max}-\tau_{min})$ 增加（图 2.5）；然而，由于 $(\gamma_{max}-\gamma_{min})$ 随着 η_c 的降低而增加，得到的 G 实际上呈减小趋势。因此，G 的变化是各向异性程度和应变幅值变化的综合结果，在 D 和 E 系列中，应变幅值的影响大于各向异性程度影响。

③主方向的旋转

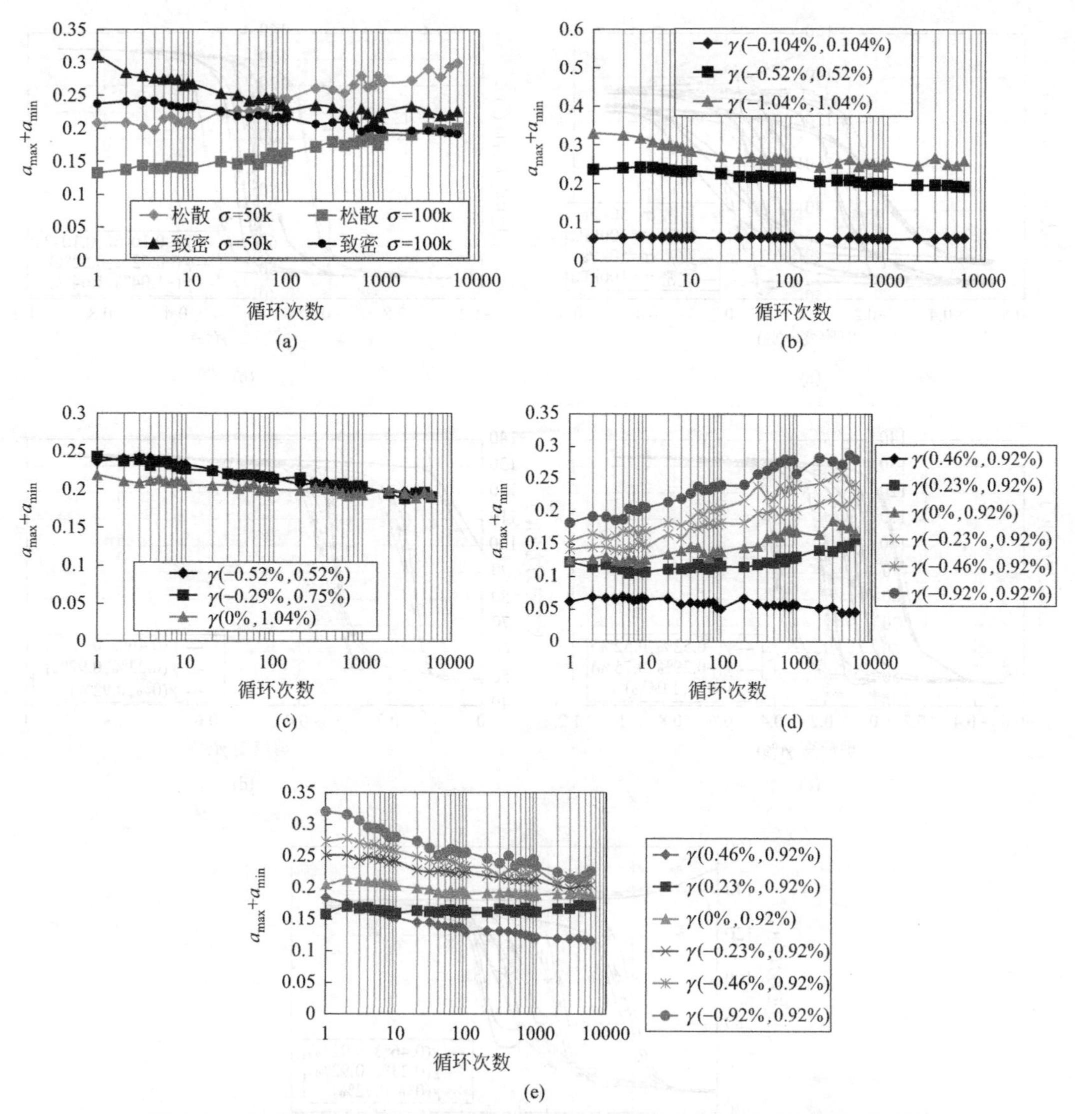

图 2.11　最大应变和最小应变之间的组构各向异性大小差异（Cui 等，2019）

(a) 竖向应力 σ 和密度的对比，其 $\gamma=(-0.52\%，0.52\%)$-A 系列；

(b) 应变幅值的对比 γ_{max}（致密土样，$\sigma=100$kPa)-B 系列；

(c) 荷载对称性的对比（致密土样，$\sigma=100$kPa)-C 系列；

(d) 荷载对称性的对比（致密土样，$\sigma=100$kPa)-D 系列；

(e) 荷载对称性的对比（松散土样，$\sigma=100$kPa)-E 系列

在 DEM 模拟中监测了试样在循环加载过程中的平均应力，得到了其主应力和主应力方向。结果表明，在 γ_{max} 处的主应力方向和主组构方向的水平倾角相似。图 2.12 为前三个循环中主应力方向的旋转情况，$\sigma=100$kPa 时松散土样的初始主方向近似为水平方向，而其余三个土样近似为垂直方向。在前三个循环中，$\sigma=50$kPa 时松散土样的主方向旋转速度较其他三个土样缓慢，如图 2.12(a) 所示。不同 γ_{max} 的主方向旋转在最大和最小应变下达到相同值，但在较大 γ_{max} 时形成更大的环形，如图 2.12(b) 所示。除了 $\sigma=50$kPa 的松散土样外，对于图 2.12(a)～(c) 所示对称双向加载的其余土样，在加载（卸载）阶段，大部分主方向旋转发生在约 $\gamma_{max}/2(\gamma_{min}/2)$ 处。在应变范围（$\gamma_{min}/2$，$\gamma_{max}/2$）外，

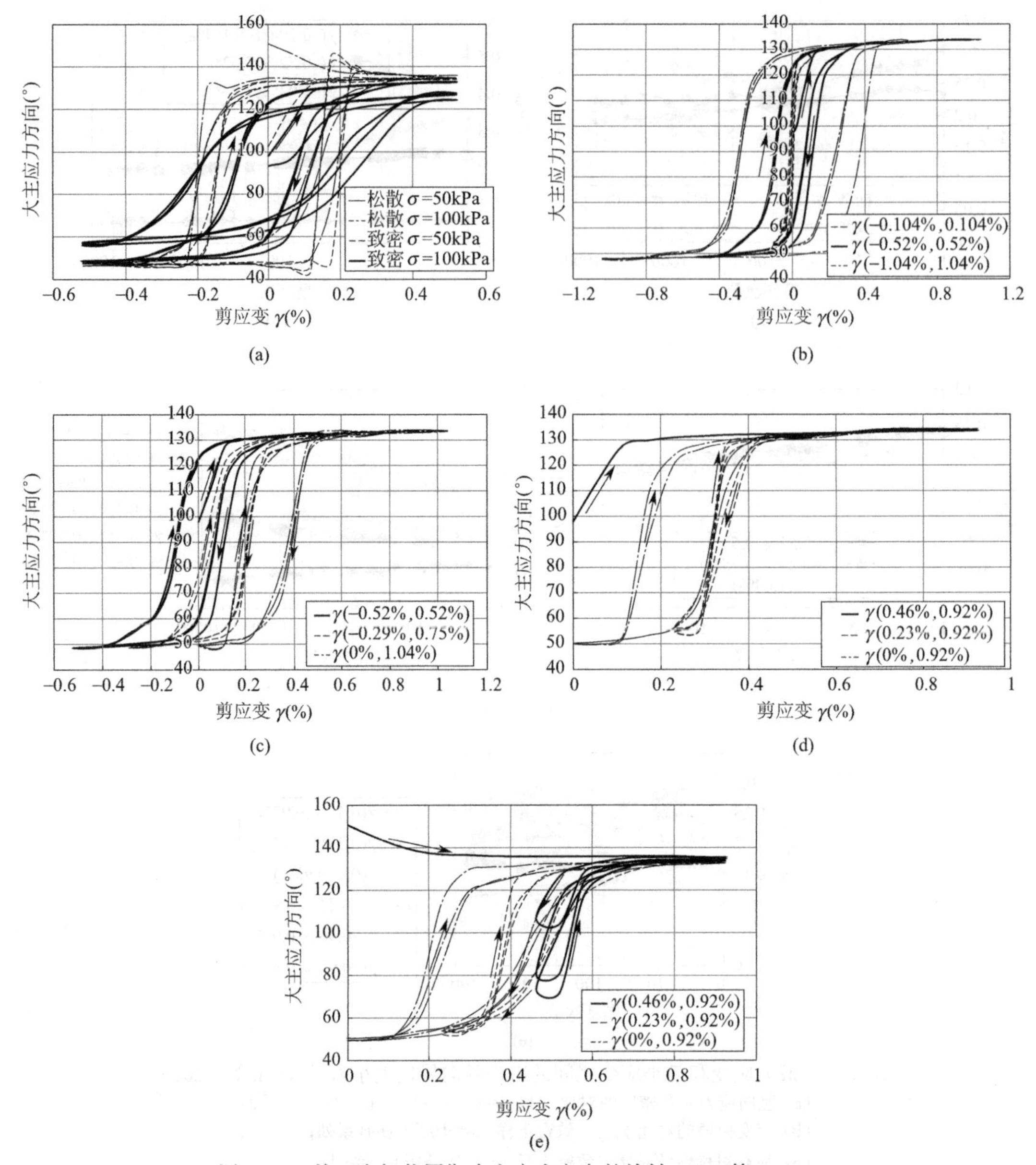

图 2.12 前三个加载周期中主应力方向的旋转（Cui 等，2019）

(a) 竖向应力 σ 和密度的对比，其 $\gamma=(-0.52\%, 0.52\%)$-A 系列；

(b) 应变幅值的对比 γ_{max}（致密土样，$\sigma=100$kPa)-B 系列；

(c) 荷载对称性的对比（致密土样，$\sigma=100$kPa)-C 系列；

(d) 荷载对称性的对比（致密土样，$\sigma=100$kPa)-D 系列；

(e) 荷载对称性的对比（松散土样，$\sigma=100$kPa)-E 系列

主方向基本保持不变。因此，D 和 E 系列中 $\eta_c>0$ 的主方向旋转表现出一定的特征。特别是在模拟 D-6 中，$\eta_c=0.5$，由于 $\gamma_{min}=0.5\gamma_{max}$，在初始循环加载改变方向前，主方向的旋转尚未开始。因此，主方向在前三个循环中保持在约 130°，如图 2.12(d) 中的黑色曲线。该土样的主方向旋转在 10 个循环后逐渐开始，并在 6000 次加载循环结束时接近 80°。主应力方向的延迟旋转与组构主方向的延迟旋转一致，如图 2.10(b) 所示。在模拟 E-6

（η_c=0.5 的松散土样）中，由于土样相对松散，颗粒运动和重新排列有较大空间，即使 γ_{min} 仅为 $0.5\gamma_{max}$，但主方向从第一个周期即发生旋转，幅度较小，如图 2.12(e) 所示。但方向-应变环的形状仍与大多数模拟不同：模拟 D-6 和 E-6 未观察到加载方向在 γ_{min} 变化时的旋转延迟。这是因为与其他较低 γ_{min} 的模拟一样，主方向仍稳定在 γ_{min} 上。

（4）循环荷载对 p-y 曲线的影响及临界状态分析

在海上风机单桩设计中，单桩周围的土体可用一系列独立弹簧代替（Zhang 和 Andersen，2017），弹簧对单桩的反力由 p-y 曲线确定。p-y 曲线可以通过转换 τ-γ 曲线得到。因此，有必要分析 τ-γ 曲线（p-y 曲线）在循环荷载下的变化规律。

图 2.13 为 σ=50kPa 和 100kPa 时的原始密实和松散土样（无循环荷载）的归一化 τ-γ 曲线，以及在单向单剪试验中剪切应变达到 γ=52%时 e 的变化过程。从图中可以看出，密实土样具有更高的初始刚度和峰值应力比。在较低竖向应力 σ 下，初始孔隙比 e 相似的土样峰值应力比和初始刚度略高。密实土样孔隙比响应表现出明显扩张，最终接近临界孔隙比，而松散土样表现出轻微的扩张。比较图 2.14(b) 和图 2.7(a)，观察到松散土样在循环加载过程中变密实，孔隙比接近于密实土样孔隙比，但不是临界孔隙比。对四个土样进行了 6000 次对称循环加载，剪切应变幅值 $\gamma=\pm0.52\%$，之后再对其进行相似的单调单剪试验。单调单剪试验中的应力-应变和体积响应如图 2.14 所示，由于循环加载使土样密度近似相等，四个土样的应力-应变响应和体积响应无明显差异。

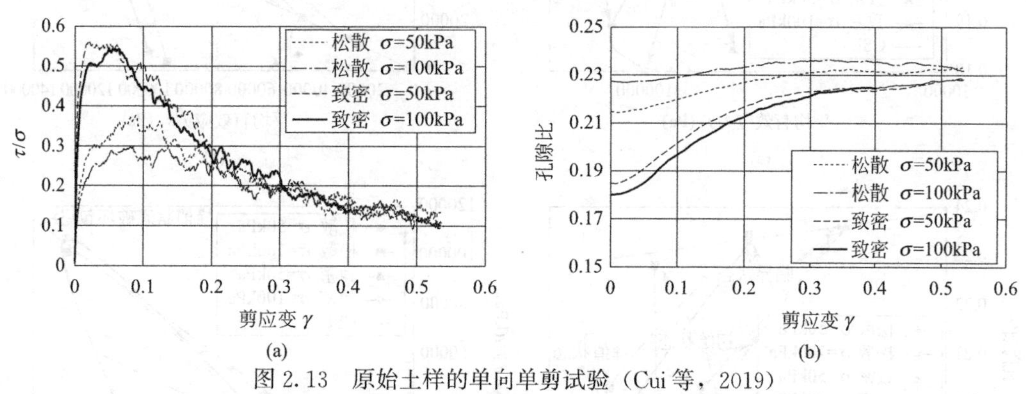

图 2.13　原始土样的单向单剪试验（Cui 等，2019）

（a）原始土样的应力应变行为；（b）原始土样的孔隙比的演变

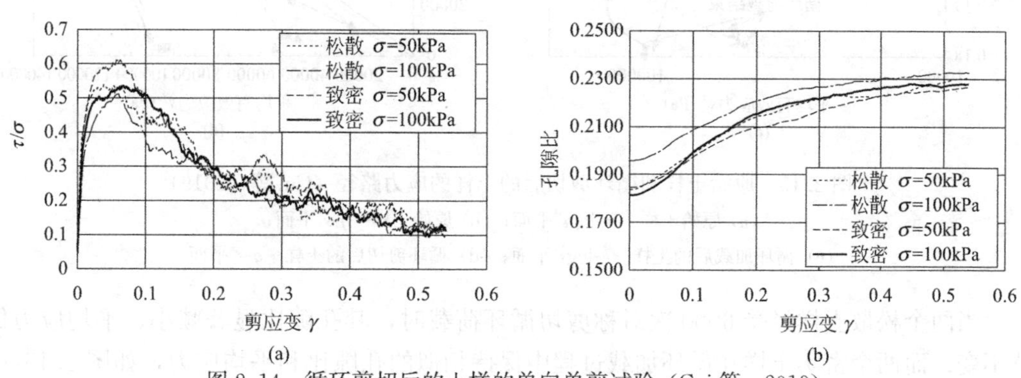

图 2.14　循环剪切后的土样的单向单剪试验（Cui 等，2019）

（a）应力应变行为；（b）孔隙比的演变

为更好地理解峰值和临界状态下应力比与孔隙比的关系，图 2.15 绘制了八个模拟工况的应力路径以及临界状态线（CSL），其中平均应力 $s'=(\sigma_1'+\sigma_2')/2$，偏应力 $q=\sigma_1'-\sigma_2'$，σ_1'、σ_2' 为主应力。通过在临界状态下对八个模拟工况的 e-logs'值或 q-s'值进行最小二乘拟合，即可得到临界状态线。可以观察到，一个相对松散土样（$\sigma=100$kPa）的孔隙比刚好低于临界状态孔隙比，而另一松散土样（$\sigma=50$kPa）的孔隙比则进一步低于临界状态孔隙比［图 2.15(a)］，两个密实土样的孔隙比值远低于临界状态孔隙比。在单剪试验中，土样平均应力首先随孔隙比的小幅度增大而增大到峰值，然后随孔隙比的进一步增加而显著降低，直至达到临界状态线。可以看出，$\sigma=100$kPa 的松散土样与松散砂土的响应相似，$\sigma=50$kPa 的松散土样与中砂的响应相似，两个密实土样的表现类似于非常密实的砂。如图 2.15(b) 所示，由于初始孔隙比不同，四个土样达到的峰值破坏包络线也不同。

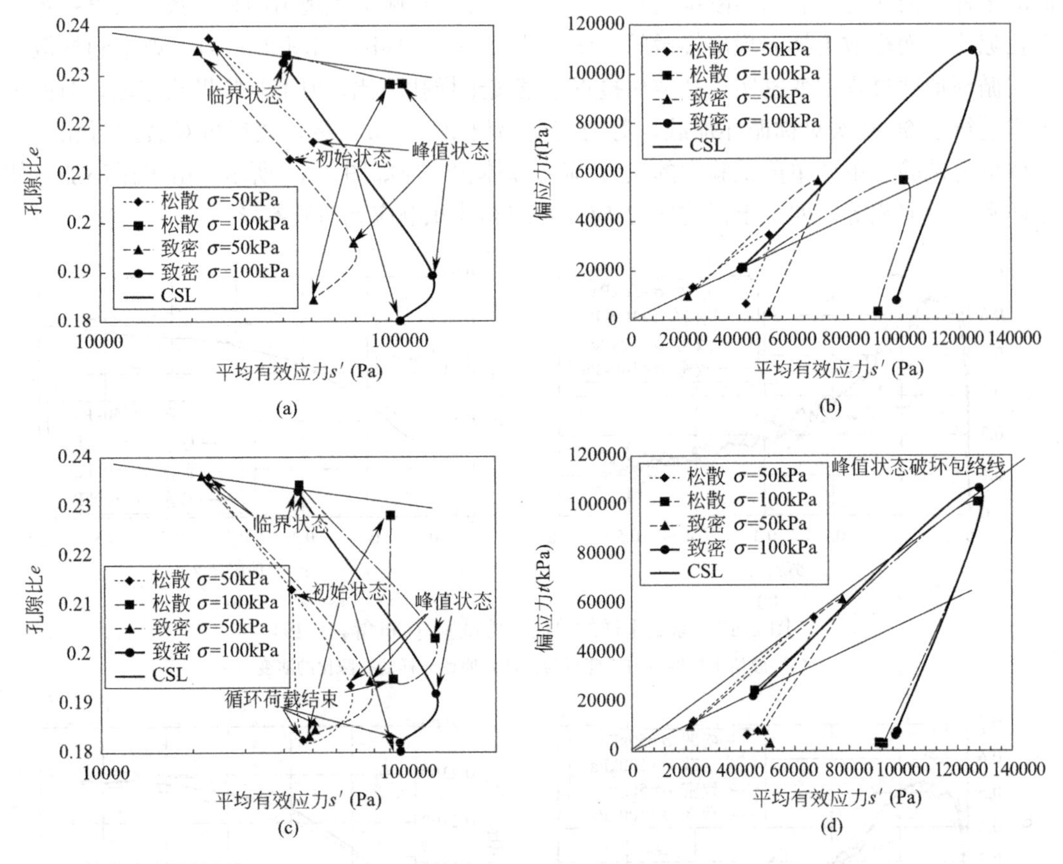

图 2.15　原始土样和循环剪切后的土样的应力路径（Cui 等，2019）

(a) 原始土样— e-logs'平面；(b) 原始土样—q-s'平面；

(c) 循环加载后的土样—e-logs'平面；(d) 循环剪切后的土样—q-s'平面

当两个松散土样经受 6000 次对称剪切循环荷载时，其孔隙比显著减小，平均应力保持不变；而两个密实土样在循环加载过程中保持相似的孔隙比和平均应力，如图 2.15(c) 所示。当循环剪切土样进行单剪试验时，四个土样的响应相似：由于孔隙比相似，均达到相同的峰值破坏包络线，然后向临界状态线移动，如图 2.15(d) 所示。因此，循环加载使土样状态点与临界状态线之间的距离相等。根据临界状态土力学理论，土的状态与临界状态线之间的距离决定了土体的响应，因此，四个土样在循环加载后表现出非常相似的响应。

2.1.2　循环三轴条件下砂土的响应

土体在循环荷载下的力学响应对基础的承载特性至关重要，国内外学者对此开展了大量研究，并提出了分析现场尺度边值问题的本构模型。循环荷载下土体响应的复杂性主要是由于土体的颗粒性质所致。由于传统实验室测试的局限性，大部分试验研究通过对代表性样品进行外部测量来考虑整体材料响应。虽然这种宏观尺度方法对于提高我们对土体力学特性理解有很大帮助，但理解构成宏观复杂性的基本粒子尺度相互作用也是有价值的。DEM离散元数值模拟已经被证明其在研究土体循环响应方面的适用性，O'Sullivan等人（2008）使用DEM方法开展循环荷载作用下土体响应的微观力学特性研究。

O'Sullivan等人（2008）将一系列相对简单的应变控制式循环三轴试验与离散元方法（DEM）模拟相结合，以定量研究DEM模型捕捉颗粒材料循环响应的能力。在验证DEM模型准确性基础上，同时考虑宏观尺度响应和颗粒尺度相互作用，通过参数研究揭示了循环荷载幅值对土样力学特性的影响。

2.1.2.1　室内试验和DEM模拟简介

（1）循环三轴剪切试验

许多研究人员通过考虑“简单”的颗粒材料（比如钢球、玻璃球），来深入了解土体响应。O'Sullivan等（2008）在80kPa真空条件下使用干燥的25级铬钢球组件模拟地基土体开展室内剪切试验。由于这些球体的制造具有严格的公差（在制作过程中，球体直径和球形度被控制在7.5×10^{-4}mm以内），故可以在数值模型中精确再现颗粒的几何形状。钢球组件是一种理想的材料，被用作模拟土体颗粒。根据制造商Thomson Precision Ball的测量，球体材料密度为7.8×10^{3}kg/m^{3}，剪切模量为7.9×10^{10}Pa，泊松比为0.28。O'Sullivan等（2004）测量的等效球体的颗粒间摩擦系数为0.096，而Cui（2006）在一系列倾斜测试中测得的球面边界系数为0.228。

试验中考虑了两种试样类型，均匀试样为半径为2.5mm的球体，而非均匀样本为半径为2mm、2.5mm和3mm的球体混合物，混合比例为1∶1∶1。试样直径为101mm，高度为203mm。通过使用真空技术将胶乳膜密封在圆柱形模具内部来制备样品，然后使用长轴漏斗放置球体，在试样制备过程中轴身高度增加了5倍。均匀试样的孔隙比为0.612，不均匀试样的孔隙比为0.603。代表性试样如图2.16(a)所示。

O'Sullivan等（2008）采用应变控制式开展三轴剪切试验，轴向应变（压缩时）先增加到1%，然后减小到0%。由于设备限制，每次试验的应变循环次数设为15次，并且以0.0333mm/s的速率通过升高和降低底部边界的方式实现循环加载。在所有工况下，轴向应变的幅值均为1%（循环加载的频率为每分钟0.5个循环）。在顶部固定边界上测量施加到试样上的竖向力。

（2）DEM模拟

O'Sullivan等人（2008）进行的DEM模拟采用了Cui等人（2007）提出的混合边界测试环境。在“混合边界”模拟中采用三种不同类型的边界条件［参见图2.16(b)］；使用刚性的平面表面来模拟顶部和底部压板，使用“应力控制膜”来模拟在实验室中侧向封闭试样的胶乳膜，并且使用了一组两个正交的竖向周期边界，故在模拟中仅需要考虑轴对称试样的一个区段。因此，该方法使用三轴单元的轴对称性质来降低DEM模拟的计算成本。该方法唯一显著的缺点是在致密或胶结砂土的三轴试验中无法捕获通过试验观察到峰值后的单一剪切带。这一限制与所述研究的背景无关，因为材料相对疏松并且所考虑的应力水平低于该材料单调剪切试验中的峰值应力。为了模拟密封试样的柔性乳胶膜，使用“应力控制膜”施加围压。数值“膜”是通过沿着样品的外表面识别“膜球”而形成的。如图2.16(c)所示，使用球体质心的Voronoi图来计算应该施加到每个膜球上的力，以达到在实验室中施加的围压。通过将围压与围绕球体质心的Voronoi多边形面积相乘来计算施加到每个“膜球体”的力。在该测试环境中，通过循环刚性顶部边界来施加竖向（偏向）载荷。

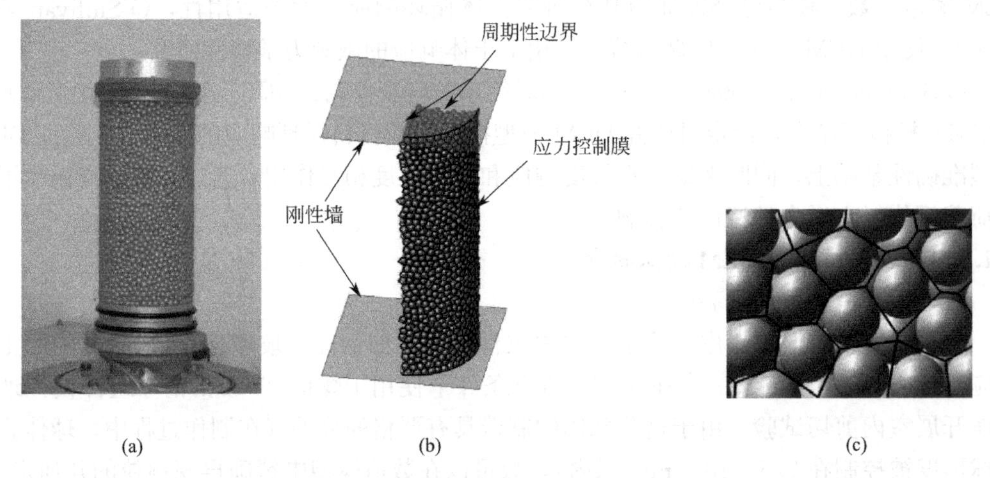

图2.16　实验室和模拟中的样本配置示意图（O'Sullivan等，2008）
（a）代表性的实验室测试样品；（b）用于DEM分析的代表性“虚拟”样本（标明了边界条件）；
（c）用于模拟DEM分析中的膜的Voronoi图的子图

均匀试样DEM模拟生成的“虚拟”四分之一圆柱样品半径为50mm，高度为200mm，孔隙比e为0.615，由3852个半径为2.47mm的球体组成。采用与均匀试样类似的方法制备非均匀试样，其中含有与非均匀物理试验相同的球体混合物。非均匀试样含有3464个非均匀球体，孔隙比为0.604（物理试验$e=0.603$）。

考虑到DEM模拟的输入参数，使用弹性Hert-Mindlin接触模型（Lin和Ng，1997）来模拟接触，采用Mindlin（1949）提出的无滑移切向接触模型计算剪切接触力。该模型的输入参数是剪切模量（7.9×10^{10}Pa）和泊松比（0.28）。直接输入O'Sullivan等人（2004）测量的等效球体的平均球间摩擦系数0.096，证实了随机填充球体的模拟结果对早期试验中获得的摩擦值的小分布不敏感。在模拟过程中，没有在系统中施加额外（数值）阻尼。由于采用的中心偏差时间积分系统是非耗散的［参见O'Sullivan和Bray（2001）］，系统中的能量耗散通过摩擦滑动和颗粒之间的接触丧失来实现。数值模拟采用比例密度值（7.8×10^{12}kg/m^3）。采用密度缩放增加临界时间步长，并降低DEM模拟的计算成本（参见Thornton，2000；O'Sullivan等，2004）。为达到准静态条件，DEM模拟中的加载速率比试验速率小100倍以达到准静态状态。

2.1.2.2　试验循环结果与 DEM 模拟结果的比较

对于循环三轴研究，图 2.17(a) 给出了实验室观测到的宏观尺度响应与未经过面积修正的均匀试样 DEM 模拟结果二者之间的比较，而非均匀试样的对比如图 2.17(b) 所示，偏应力由围压归一化。在循环加载过程中观察到的滞回曲线是颗粒材料循环加载的典型现象，表明发生了能量耗散。在第一个加载周期中同时考虑两个试样，土样响应在某种程度上表现为双线性，在 ε_a=0.25%之前表现为相对刚性的响应（刚度减小），而在 ε_a=0.25%和 ε_a=1.00%之间的刚度响应明显较小。在随后的加载循环中未观察到这种明显的刚度变化，因为加载过程中试样响应的形状随循环的不同而变化。对于第二个加载周期，两个试样的初始应力比约为−0.33，但是在此周期中 ε_a=1.00%时的应力比与在第一个周期中 ε_a=1.00%时的应力比相似，即第二个周期中每个试样的总体平均刚度均高于第一个周期（刚度的差异与下面试样组构的变化有关）。

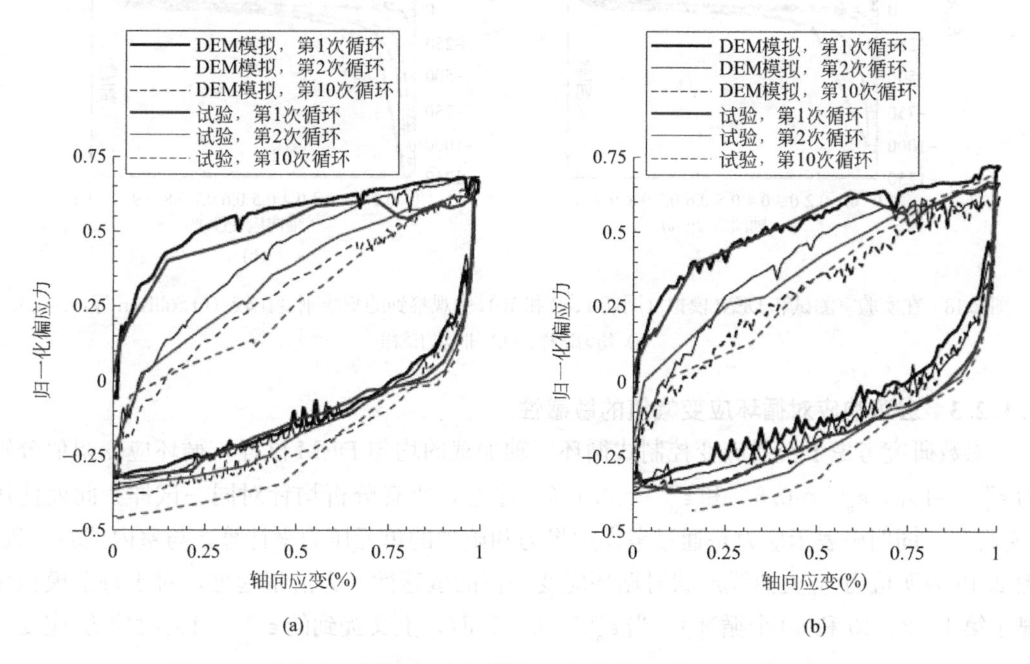

图 2.17　在实验室测试和 DEM 模拟（未进行面积校正）中观察到的宏观尺度响应的比较（O'Sullivan 等，2008）

(a) 均匀试样；(b) 非均匀试样

在卸荷阶段，应力比在卸荷开始时迅速下降，在 ε_a 值介于 0.8%和 0.9%之间时达到 0。对于三个荷载循环，卸载过程中刚度的降低均呈现双线性，在 ε_a=0.9%之前观察到相对刚性的响应，而在 ε_a=0.9%和 ε_a=0%之间观察到的刚度响应较小。卸荷结束时的应力比（ε_a=0%）随循环荷载的增加而略微降低，对于不均匀试样，上述降低不明显。室内试验和数值模拟之间获得了良好的定量一致性，应力比在 ε_a=1%时非常相似。

均匀和非均匀试样在实验室和 DEM 模拟中得到的割线刚度之间的比较如图 2.18 所示。在这两种情况下，割线刚度（Esec）均通过围压进行归一化，而 Esec 使用当前加载循环开始时的应力和应变条件作为起点来计算。DEM 数值模拟相对准确地捕捉到了刚度随应变增加而降低的现象。考虑到加载循环，数值模拟结果表明随着循环次数的增加，刚度随轴向应变的增加而降低的速率也有所降低，而这在室内试验中并未观察到。在第一个循环中卸载时的刚度-应变曲线的形状与随后的循环显著不同，并且在室内试验和 DEM 模拟中均观察到了这种趋势。

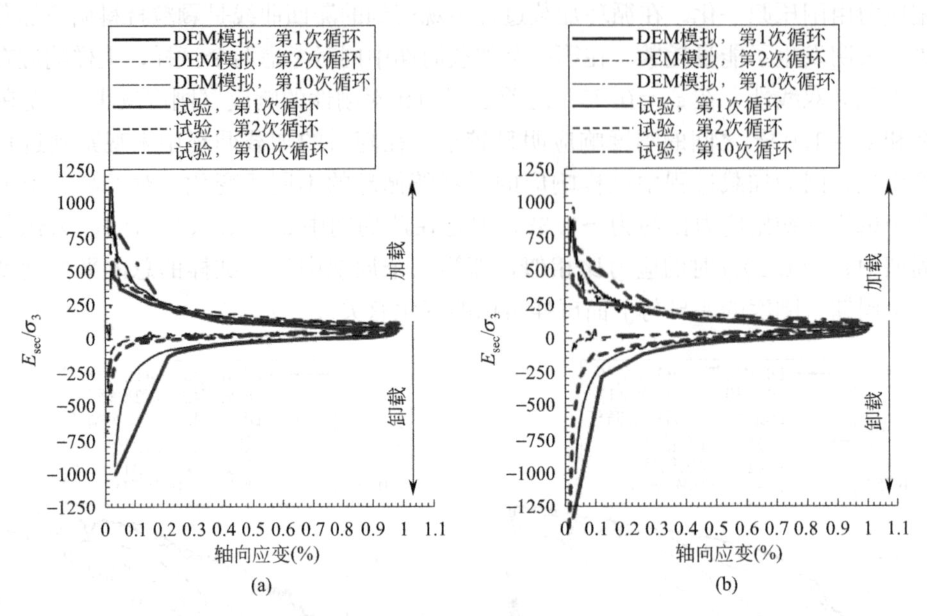

图 2.18 在实验室测试和 DEM 模拟（周期 1、2 和 10）中观察到的割线刚度比较（O'Sullivan 等，2008）

(a) 均匀试样；(b) 非均匀试样

2.1.2.3 宏观响应对循环应变幅值的敏感性

参数研究考虑了经受应变控制式循环三轴加载的均匀 DEM 试样，循环应变幅值分别为 $\varepsilon_a^{max}=1\%$，$\varepsilon_a^{max}=0.5\%$ 和 $\varepsilon_a^{max}=0.1\%$。注意，所有分析均针对同一试样。此处使用“宏观”一词明确表示应力是通过考虑边界力和施加的单元压力来计算，与室内试验一致。图 2.19 表明应力-应变曲线形状对循环应变幅值的敏感性（为清楚起见，对于每个模拟仅显示第 1、2、10 和 50 个循环）。当 $\varepsilon_a^{max}=0.5\%$ 时，上文提到的 $\varepsilon_a^{max}=1\%$ 时应力-应变关

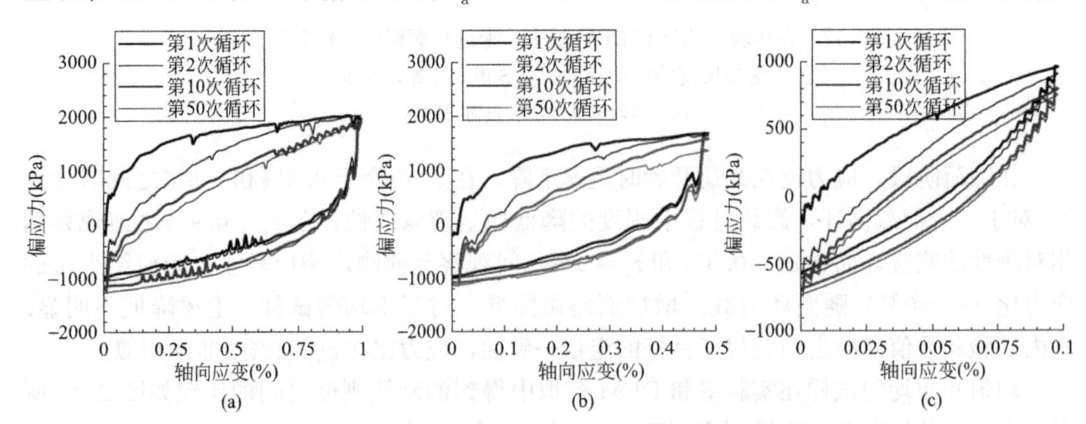

图 2.19 在 DEM 模拟中，均匀球形试样的宏观试样响应对循环应变幅值的敏感性（考虑循环 1、2、10 和 50）（O'Sullivan 等，2008）

(a) 最高应变－1%；(b) 最高应变－0.5%；(c) 最高应变－0.1%

系在第一个循环时的双线性响应再次出现，而在 $\varepsilon_a^{max}=0.1\%$较低循环应变幅值时，刚度的减小更平滑，后续循环中的响应形状与第一个周期中观察到的响应类似。峰值偏应力随着最大应变幅值的减小而减小。

在 DEM 模拟中，监测循环过程中多个参数在每个循环开始 $\varepsilon_a=0\%$、每个循环的 $\varepsilon_a=\varepsilon_a^{max}$、加载阶段的中点和卸载阶段的中点时的变化规律。使用以下约定将所得数据绘制为循环数 n（从 $n=1$ 开始）的函数；对于给定周期 n，在点 $n-1$ 处绘制 $\varepsilon_a=0\%$时的数据，在点 $n-0.75$ 处绘制 $\varepsilon_a=0.5\varepsilon_a^{max}$（加载）时的数据，在点 $n-0.5$ 绘制 $\varepsilon_a=\varepsilon_a^{max}$ 时的数据，在点 $n-0.25$ 处绘制 $\varepsilon_a=0.5\varepsilon_a^{max}$（卸载）时的数据。如图 2.20 所示，在轴向应变 $\varepsilon_a=\varepsilon_a^{max}$、$\varepsilon_a=0.5\,\varepsilon_a^{max}$ 和 $\varepsilon_a=0\%$时的偏应力均随着循环荷载的施加趋于减小。对于 $\varepsilon_a^{max}=1\%$和 $\varepsilon_a^{max}=0.5\%$工况，$\varepsilon_a=\varepsilon_a^{max}$ 处的偏斜应力持续逐渐减小。相较之下，当 $\varepsilon_a=0$ 和 $\varepsilon_a=0.5\varepsilon_a^{max}$ 时（加载和卸载时），在前 3 个循环中偏应力显著降低，然后随着循环加载的进行偏应力逐渐减小。对于 $\varepsilon_a^{max}=0.1\%$工况，在最初的 10 个循环中 $\varepsilon_a=\varepsilon_a^{max}$ 处偏应力显著降低，而在随后的 40 个循环中，应力的降低逐渐平缓。对于此工况，与其他两个模拟工况一样，相较于 $\varepsilon_a=\varepsilon_a^{max}$，$\varepsilon_a=0.5\,\varepsilon_a^{max}$ 处的偏应力减小更为明显。如图 2.17 所示，加载过程中偏应力值的减小导致滞回曲线面积减小，并且随着加载的继续，每个循环中耗散的能量也会减少。

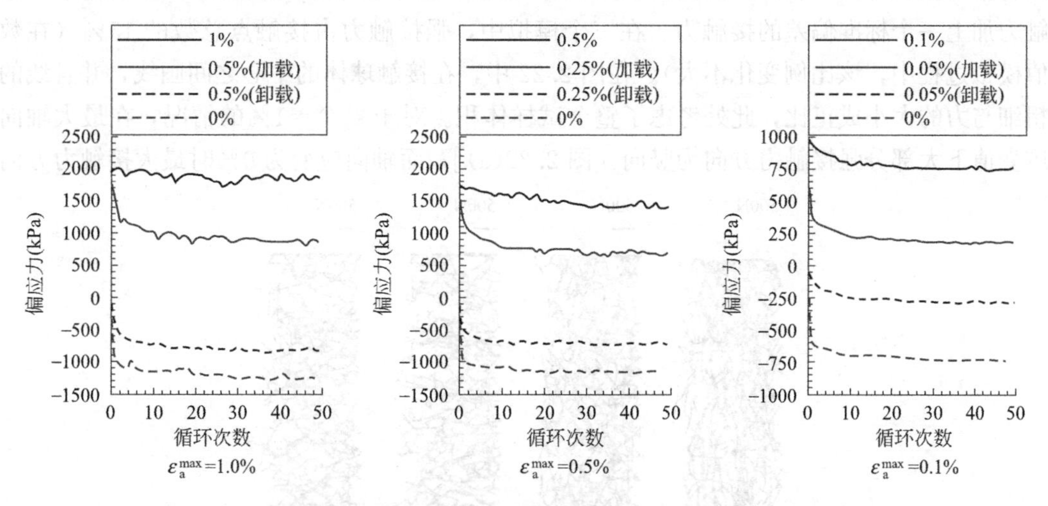

图 2.20　循环荷载的 DEM 模拟中宏观尺度响应对应变幅值的敏感性与荷载循环次数的关系（O'Sullivan 等，2008）

图 2.21 给出了所考虑的三种模拟工况在第 1 个、第 2 个和第 10 个循环中的归一化割线刚度（E_{sec}/σ_3）的变化曲线。从图中可见，刚度作为应变的函数，在随后的循环周期中变化没有明显差异（即在第 10 个循环中观察到的响应与在第 50 个循环中观察到的响应没有区别）。在低应变水平下（图 2.21，$\varepsilon_a^{max}=0.1\%$），响应中观察到的波动是 DEM 模型中表示接触的流变模型中接触弹簧的弹性所致。刚度的变化对应于应力-应变曲线中观察到的微小波动（图 2.17）。这些微小的波动对整体响应的影响很小，可忽略不计。在物理颗粒材料中不会观察到上述响应，因此需要采用耗散接触模型研究颗粒材料在较小应变下的响应。

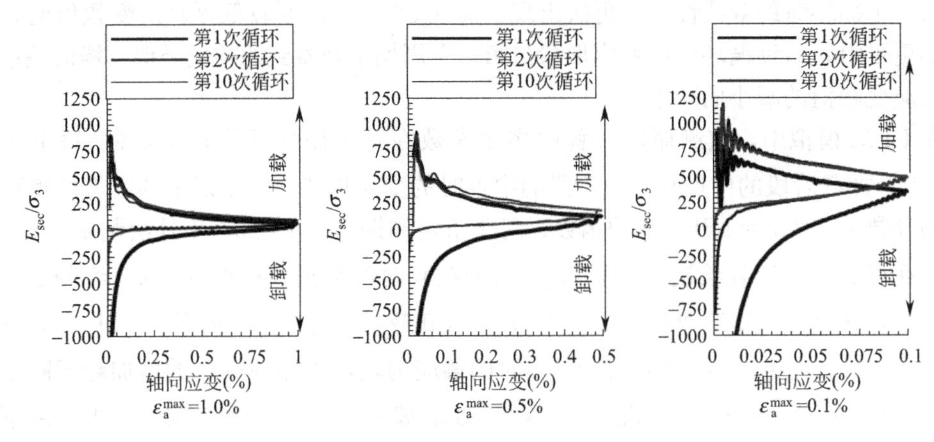

图 2.21　三个模拟（周期 1、2 和 10）的割线刚度随应变的变化
（O'Sullivan 等，2008）

2.1.2.4　循环加载过程中微尺度参数的演变

（1）接触力网的演变

对于 $\varepsilon_a^{max}=1\%$和 $\varepsilon_a^{max}=0.1\%$的模拟，在第 50 个周期的中间和结束处，接触力网络图和指示接触力大小和方向的曲线如图 2.22 所示，图中仅考虑强接触力，即超过平均接触力加上一个标准偏差的接触力。在三个模拟中，强接触力占接触点总数的 15%（在数值模拟过程中，该比例变化不大）。在图 2.22 中，在接触球体的中心之间画线，并且线的粗细与力的大小成正比，此处考虑了整个试样体积。对于 $\varepsilon_a^{max}=1\%$的情况，在最大轴向应变值下大部分强接触力方向为竖向［图 2.22(a)］，而轴向应变为 0%时最大接触力方向

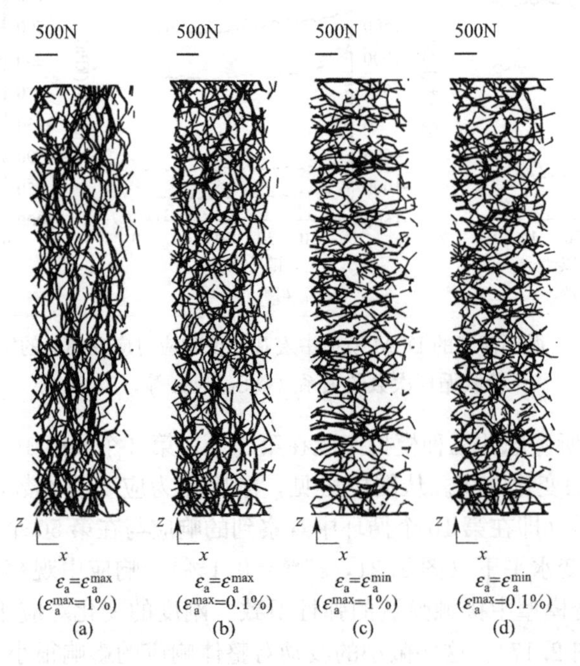

图 2.22　均匀试样在第 50 个循环中最大和最小应变水平下的接触力网
（仅考虑力>平均力+ 1 标准偏差）（O'Sullivan 等，2008）

为水平向［图 2.22(c)］。在 ε_a^{max} =0.1%时，虽然接触力也明显与最大主应力的方向一致［图 2.22(b)］，但是在应变幅值较小情况下，在 ε_a =0%处接触力网中的各向异性不明显［图 2.22(d)］。

考虑到接触力网的复杂性及其三维几何形状，如图 2.23 所示的接触力网络图只能定性评估通过材料传递应力的接触网的布置。通过图 2.23 和图 2.24 提供的极坐标柱状图可以对接触力开展定量评估。由于试样是轴对称的，因此只需要考虑系统的一个象限即可绘制柱状图。正如轴对称系统所预期，接触力方向在水平面上大致均匀分布，因此本书仅考虑竖向投影。柱状图中每个 10°范围都已被阴影化，阴影程度表示该范围中的平均接触力大小，并通过所考虑应变水平的总平均接触力进行归一化。因此，这些图既表示了系统中接触力的方向，又表示了在每个方向上传递力的相对大小。

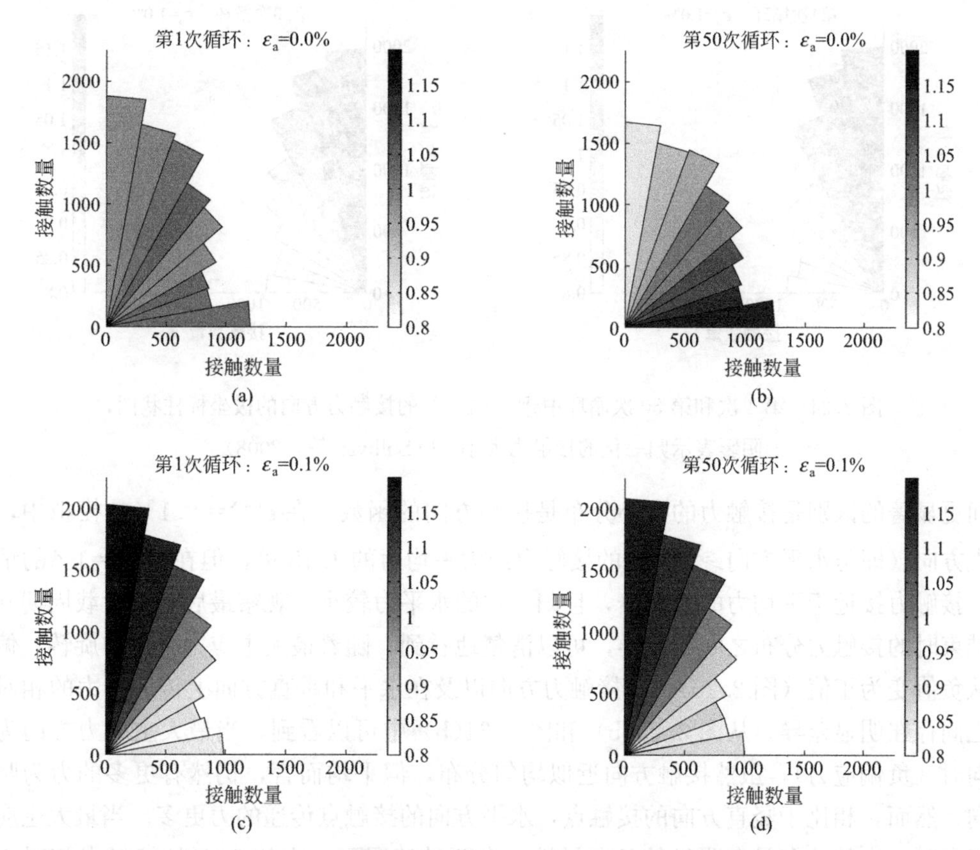

图 2.23　第 1 次和第 50 次循环中接触力方向的极坐标柱状图，其中 ε_a^{max} =0.1%，阴影表示归一化的接触力大小（O'Sullivan 等，2008）

图 2.23 和图 2.24 分别考虑了 ε_a^{max} =0.1%和 ε_a^{max} =1%的模拟中试样的所有接触，在两个图中均考虑了第一次和最后一次循环开始和结束时的接触力分布。首先，比较接触力方向的分布；最初，由于试样生成方法的缘故，竖直方向（即水平方向的倾斜度超过 45°）比水平方向的接触法线更多。在两种模拟中，ε_a = ε_a^{max} 时接触方向的各向异性更加明显，与 ε_a^{max} =1%的模拟相比，ε_a^{max} =0.1%的模拟具有更多的水平方向接触。两种模拟

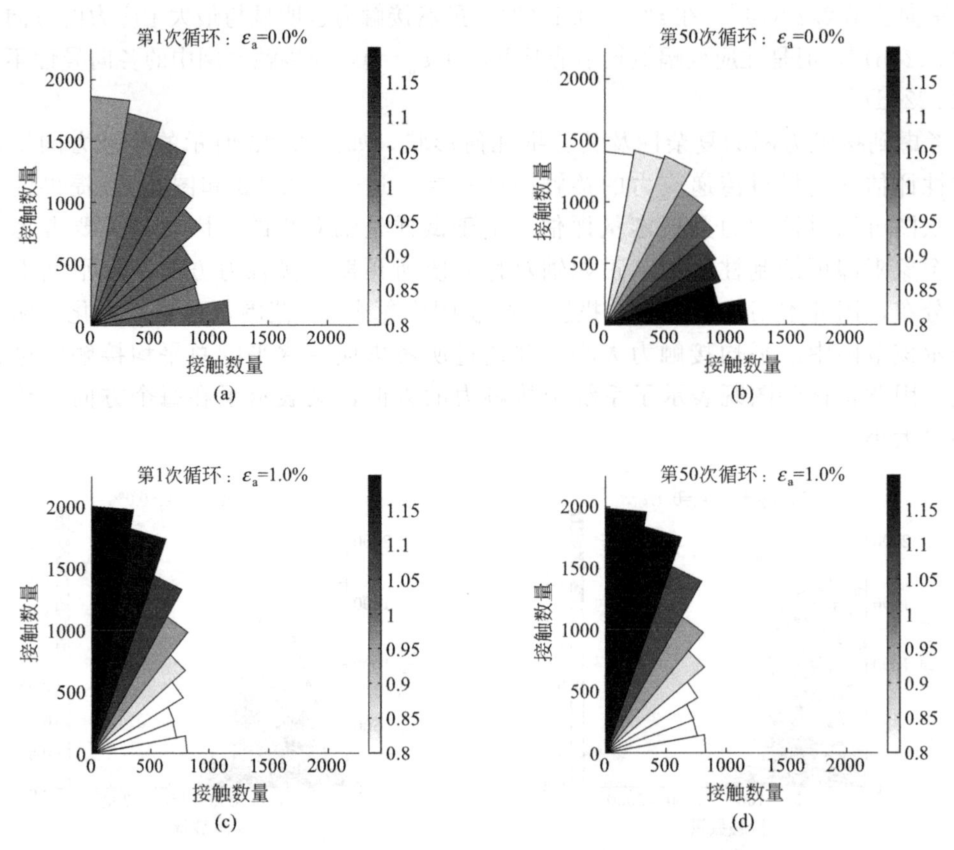

图 2.24　第 1 次和第 50 次循环中$\varepsilon_a^{max}=1.0\%$的接触力方向的极坐标柱状图，阴影表示归一化的接触力大小（O'Sullivan 等，2008）

之间更显著的区别是接触力的大小分布是接触方向的函数。在$\varepsilon_a^{max}=0.1\%$的模拟中，沿竖直方向（即与水平方向＞80°）的接触力约为平均力的 1.15 倍，但在$\varepsilon_a^{max}=1\%$的情况下，接触力接近于平均力的 1.2 倍，且归一化的水平力较小。观察最后一个荷载周期开始和结束时的接触力分布之间的差异，可以清楚地看到，随着最大主应力方向的旋转，偏应力从负值变为正值（图 2.20），在接触力方向以及在水平和垂直方向上传递的力的相对大小之间存在明显差异。从图 2.23(b) 和图 2.24(b) 中可以看到，当最大主应力方向为水平向时（负偏应力），虽然接触方向近似均匀分布，但平均而言，仍然有更多的力为竖直方向。然而，相比于竖直方向的接触点，水平方向的接触点传递的力更多。当最大主应力为竖向时，力的分布具有明显的各向异性。在两种情况下，大约 70%的接触点相对于水平方向的夹角超过 50°。

（2）组构张量分析

对于球形颗粒，组构张量可表示为

$$\Phi_{ij}=\frac{1}{2N_c}\sum_{k=1}^{N_c}n_i^{(k)}n_j^{(k)} \tag{2.3}$$

式中，N_c 为接触点的数量；n_i 为第 i 个方向上单位分支向量的分量，分支向量是将两个接触粒子的质心相连的向量。可以通过考虑组构张量的特征值和特征向量来计算主值 Φ_1、Φ_2 和 Φ_3 以及组构张量的主方向。偏斜组构（$\Phi_1-\Phi_3$）量化了微观结构的各向异性［另请参见 Thornton（2000）以及 Cui 和 O'Sullivan（2006）］。对于这三个模拟，首先考虑试样中的所有接触点，然后仅考虑强接触点（即接触力超过平均力＋1标准偏差的接触点）来计算组构张量。

图2.25给出了整体各向异性（即考虑所有接触的 $\Phi_1-\Phi_3$）在三个数值模拟过程中的演变规律。对比图2.25和图2.20，可以看出偏应力的变化与组构各向异性的演化之间存在明显的联系。首先考虑在0%应变下的偏斜组构，初始 $\Phi_1-\Phi_3$ 几乎为零，表明是各向同性组构，与初始各向同性应力条件相对应。比较 $\varepsilon_a^{max}=1\%$ 和 $\varepsilon_a^{max}=0.5\%$ 的两个模拟，对于 $\varepsilon_a^{max}=0.5\%$ 的模拟，$\varepsilon_a=\varepsilon_a^{max}$ 处偏应力的降低更为明显（图2.20），这与偏斜组构的明显降低相对应（图2.25）。当 $\varepsilon_a=0\%$ 时，对于所有三个模拟，偏应力在初始加载周期均显著降低（即幅度增加），这与各向异性显著增加相对应。还要注意的是，即使 $\varepsilon_a=\varepsilon_a^{max}$ 处的偏应力大于 $\varepsilon_a=0\%$ 处的偏应力，但在三个模拟中随着循环荷载的施加，$\varepsilon_a=0\%$ 处的偏斜组构均超过了 $\varepsilon_a=\varepsilon_a^{max}$ 处的偏斜组构。随着循环荷载的增加，组构变化比偏应力的变化更加明显。这表明组构不仅取决于偏应力，而且还取决于试样的先前加载。显然，随着循环加载的进行，偏斜组构仍在继续发展，并且在50次循环后仍未达到稳定状态，即使当 $\varepsilon_a^{max}=0.1\%$ 时也是如此。

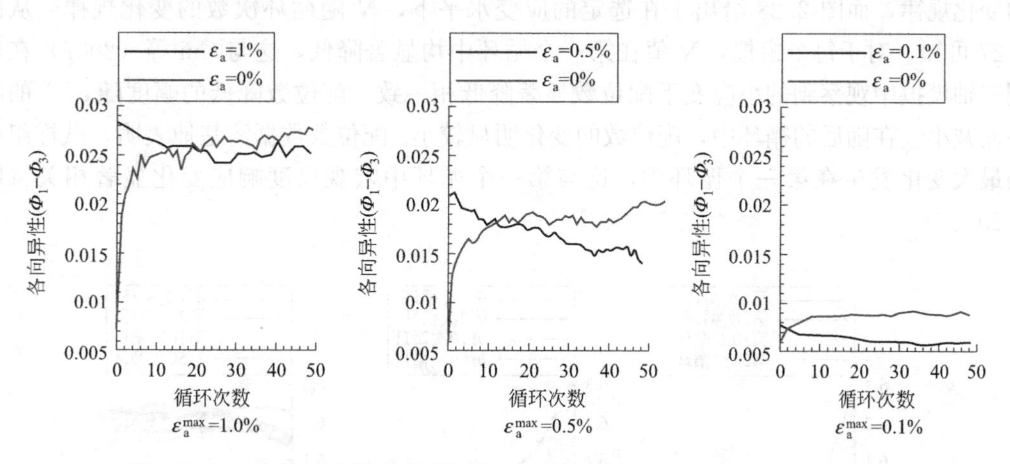

图2.25 50次循环过程中试样组构各向异性的演变（O'Sullivan等，2008）

认识到接触力网中存在显著的非均匀性，并考虑到二维DEM分析中观察到的强力链，因此重新评估组构张量，只考虑了传递最大接触力的接触（即超过平均接触力加上一个标准偏差的力）。上述情况下的偏斜组构，即"强力"偏斜组构，如图2.26所示。按照Thornton（2000）提出的机械配位数定义，组构张量的计算也仅考虑了接触，其中在接触点相交的每个球体具有两个或更多接触，然而与图2.25中显示的值相比，偏向组构在任何一个模拟中都没有明显变化。然而，与图2.25所示的整体偏斜组构相比，图2.26中所示的强力偏斜组构明显与图2.20中的应力数据更紧密相关。$\varepsilon_a=0\%$ 处的偏斜组构永远不会超过 $\varepsilon_a=\varepsilon_a^{max}$ 的强力偏斜组构，而随着循环荷载的增加，强力偏斜组构的变化与循环荷载增加时偏斜应力的变化更为相似。

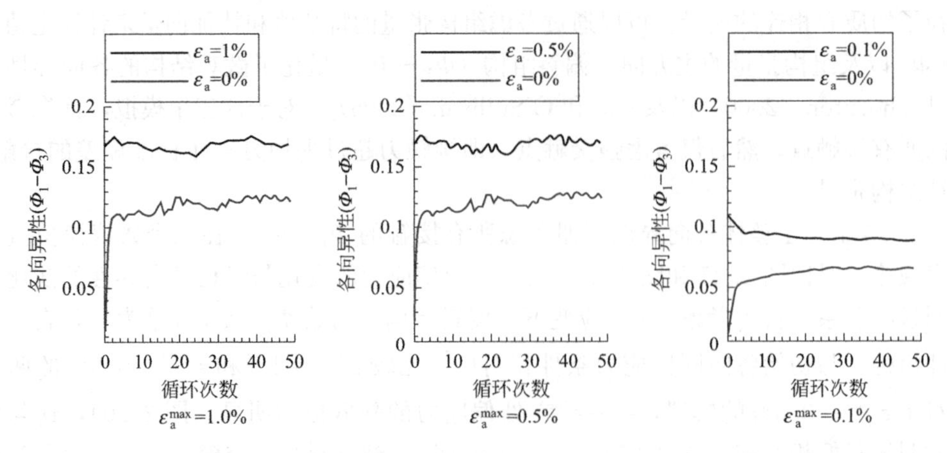

图 2.26　试样强力组构各向异性在 50 个荷载循环中的演变

（仅考虑力＞平均力＋1 标准偏差）（O'Sullivan 等，2008）

（3）配位数的演变

配位数可表示为：

$$N=2N_c/N_p \tag{2.4}$$

式中，N_c 为接触数；N_p 为颗粒数。图 2.27 给出了在选定的循环次数下，N 随轴向应变的变化规律，而图 2.28 给出了在选定的应变水平下，N 随循环次数的变化规律。从图 2.27 可知，对于每个模拟，N 值在第一个循环中均显著降低，这与 Cui 等（2007）在单调三轴模拟中观察到的小应变下配位数显著降低相一致。配位数降低的幅度随 ε_a^{max} 的减小而减小。在随后的循环中，配位数的变化明显较小。配位数数据清楚地表明，试样组构的最大变化发生在第一个循环中，这与第一个循环中宏观尺度响应变化显著相关（图 2.20）。

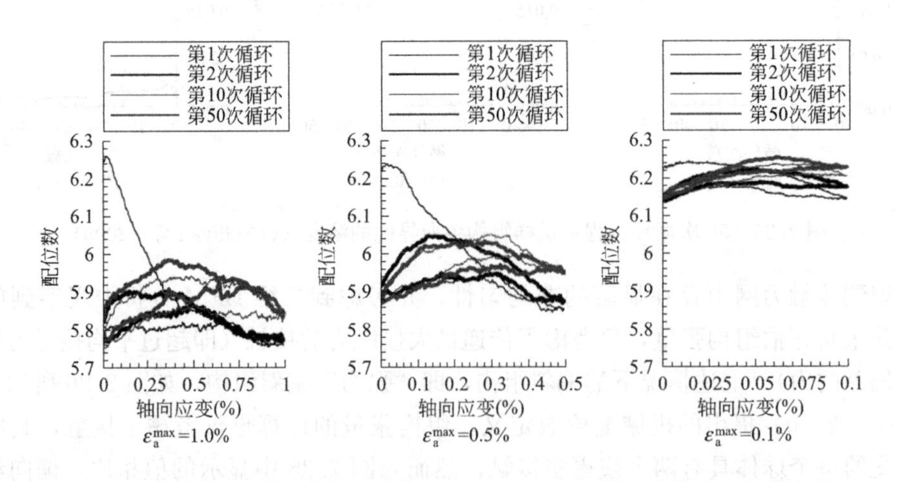

图 2.27　不同循环荷载振幅（周期 1、2、10 和 50）的配位数与应变的变化

（O'Sullivan 等，2008）

有趣的是，观察到最大配位数出现在加载阶段 ε_a 接近 $0.5\varepsilon_a^{max}$ 时，而不是在 ε_a 最大时。从图 2.28 中可以看出，在初始加载周期（大约 5 个）之后，随着循环加载的继续，

配位数趋于增加。N 的值可能与所观察到的宏观尺度响应有关，在加载的第一个循环中 $\varepsilon_a=0\%$处 N 的显著降低与偏应力的显著降低相对应。如上所述，随着循环加载的继续，滞回曲线的面积会略有减小，能量将通过摩擦以及颗粒松散的接触而耗散。比较三个模拟中第 2 次和第 50 次循环的配位数与轴向应变的变化，在给定的加载循环中，随着循环次数的增加，断开和重新形成的接触点数量没有明显减少。

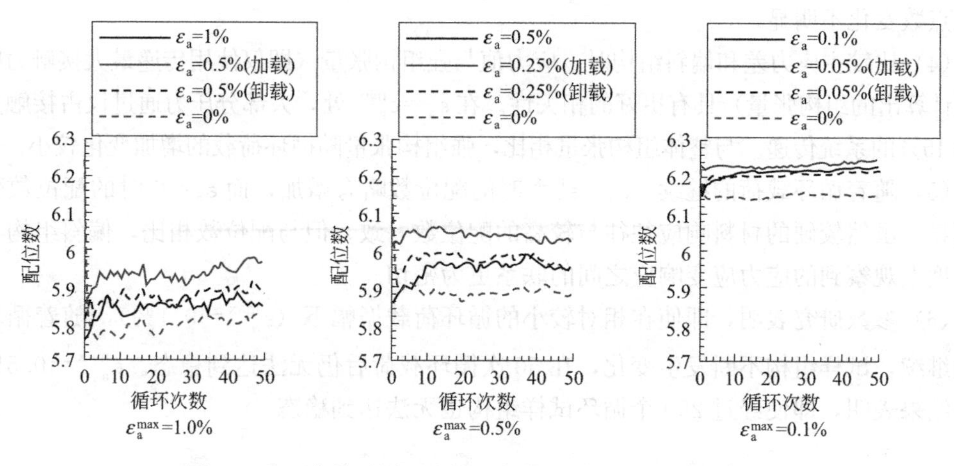

图 2.28　配位数随循环次数的变化（O'Sullivan 等，2008）

2.1.3　小结

基于 Nikitas 等人（2016）进行的循环单剪试验和 Cui 等人（2019）进行的 DEM 模拟，得出以下结论：

（1）松散土样的剪切模量在初始加载循环中由于土体的致密化而迅速增大，当孔隙比接近某一常数时，其增大速率减小；DEM 中密实土样的剪切模量降低，但膨胀不是主要原因。

（2）剪切模量随竖向应力和相对密度的增加而增加，随应变幅值的增加而减小。相同竖向应力和应变幅值下，密实土样和松散土样的剪切模量和孔隙比最终趋于一致。剪应力水平和剪切模量随配位数和组构各向异性的增加而增大。

（3）在松散土样中，组构主方向和主方向的累积旋转发生缓慢，但在密实土样的第一个循环中即达到最终值。在每个对称加载循环中，大部分主方向旋转发生在 $\gamma_{min}/2$ 和 $\gamma_{max}/2$ 之间。当边界发生逆转后主方向旋转的反转存在延迟，振动幅值低且试样在 γ_{min} 未稳定的 $\eta_c=0.5$ 工况例外。

（4）加载不对称仅影响前数百次循环中的土体行为，决定土体响应的参数是（$\gamma_{max}-\gamma_{min}$）而不是荷载的不对称性。

（5）循环加载引起的土体应力-应变特性（即 p-y 曲线）很大程度上取决于初始相对密度以及状态点与临界状态线之间的距离。

基于室内循环三轴试验和 O'Sullivan 等人（2008）进行的 DEM 模拟，得出以下结论：

（1）随着循环载荷的施加，使用宏观参数计算得出的偏应力有所降低，并且降低趋势在初始加载循环中最为明显。

（2）土体应力-应变曲线的割线刚度经历初始增加之后，最大应变值处的割线刚度基本保持恒定，而在 $\varepsilon_a=0.5\varepsilon_a^{max}$ 处的割线刚度明显降低。

（3）接触力方向和大小的分布反映了宏观应力状态。在循环加载过程中，接触力大小有明显的重分布，其中承受最大力的接触点趋于最大主应力方向。在最大主应力方向上的接触点数变化不明显。

（4）比较主应力差和偏斜组构时，应力值与强组构张量（即仅使用传递最大接触力的接触点计算出的组构张量）具有更好的相关性。在 $\varepsilon_a=\varepsilon_a^{max}$ 处，大部分压力通过仅占接触点总数的 15%的系统传递。与整体组构张量相比，强组构张量随循环荷载的增加变化较小。

（5）随着循环载荷的继续，$\varepsilon_a=\varepsilon_a^{max}$ 时的配位数略有增加，而 $\varepsilon_a=0$ 时的配位数变化不明显。虽然较硬的材料响应往往与较高的配位数一致，但与配位数相比，偏斜组构与宏观尺度上观察到的应力应变响应之间的联系更为密切。

（6）参数研究表明，即使在相对较小的循环荷载振幅下（$\varepsilon_a^{max}=0.1\%$），随着循环荷载的继续，试样组构不断发生变化，在 50 次循环载荷后仍无法达到稳态。$\varepsilon_a^{max}=0.5\%$的模拟结果表明，即使经过 200 个循环试样组构也无法达到稳态。

2.2 循环荷载下渤海淤泥质黏土动力学特性

2.2.1 莱州湾淤泥质黏土基本力学特性研究

本次试验于渤海海域山东省潍坊市昌邑市的一座海上风电场进行现场取样，取样地层为地表以下 2～11m 的软土层，该土样为莱州湾一带常见的淤泥质软黏土。

该土质中含有一定量的有机物，经检测有机物含量约为 2.14%，同时土中含有少量贝壳等杂质。土体呈棕黑色，含水量较高，土质较软，并带有咸腥味。试验中按照标准化取样要求取样，试样高约 30cm，直径约 10cm，如图 2.29 所示。

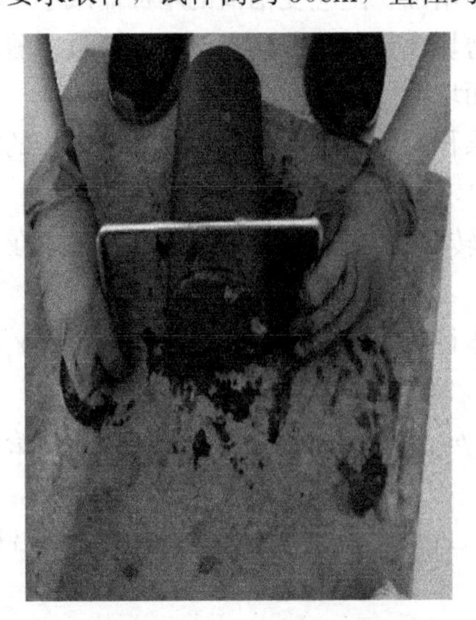

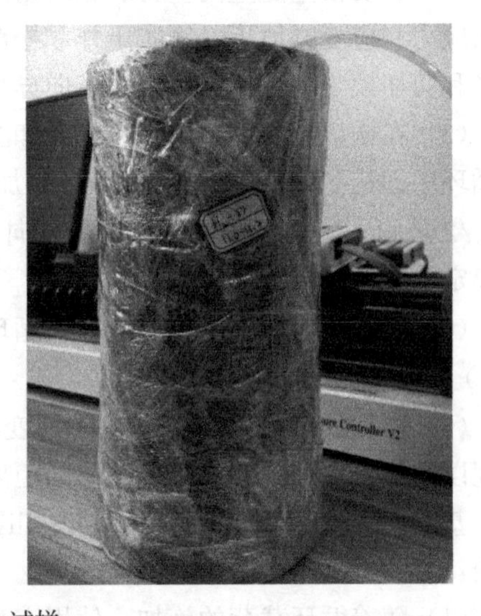

图 2.29 原状土试样

取样时，采用钻机静压取样的方法，在海底布设钻孔，泥浆护壁钻进，用敞口的薄壁取样器进行取样。取样现场以静压的方式，利用推土器轻轻推出土样，并将土样装入铁皮样桶中，外部蜡封保存，整体装入垫有泡沫的木箱中运回实验室，尽可能减少对原状土样的扰动。运回实验室后，先在铁皮样桶外部喷一层水膜，随后用胶带封缠，放置在实验室阴凉处保存，以减少原状土样水分的散失。为获取原状海洋黏土的各项基本力学性质指标，根据《土工试验方法标准》GB/T 50123—2019 进行以下多种基本土力学试验。

2.2.1.1　颗粒分析试验

采用密度计法对试验用土进行颗粒级配的分析，如图 2.30 所示。该方法适用于粒径小于 0.075mm 的土，试验结果如图 2.31 所示。

图 2.30　颗粒级配测定

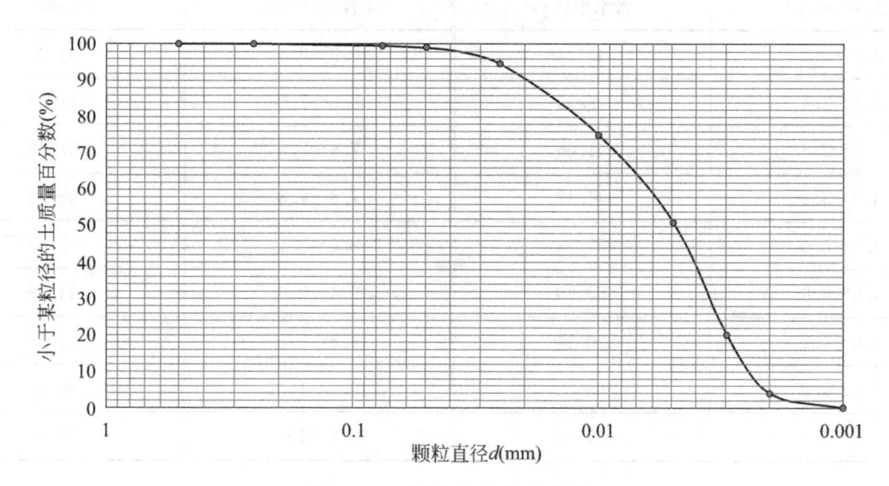

图 2.31　颗粒大小分布曲线

经计算，该土样的不均匀系数 $C_u=\dfrac{d_{60}}{d_{10}}=2.4$，土的曲率系数 $C_c=\dfrac{(d_{30})^2}{d_{60}\,d_{10}}=0.8167$，属于级配不良的土样。

2.2.1.2 含水率试验

采用烘干法测定原状土样的含水率，如图 2.32 所示。试验测得原状土的含水率为 41.8%～58.3%，如表 2.3 所示。

图 2.32 含水率试验

原状土试样的含水率统计 **表 2.3**

土样埋深(m)	含水率(%)	土样埋深(m)	含水率(%)
2.0～2.2	46.14	6.2～6.4	64.90
2.2～2.4	45.55	6.8～7.0	47.36
2.6～2.8	41.06	7.6～7.8	57.66
3.0～3.2	44.42	7.6～7.8	58.26
3.4～3.6	55.53	8.2～8.4	57.07
3.6～3.8	60.60	9.4～9.6	44.78
4.0～4.2	50.14	9.6～9.8	51.55
5.0～5.2	63.72	10.0～10.2	46.58
5.2～5.4	56.61	10.6～10.8	45.41

2.2.1.3 液塑限试验

采用液塑限联合测定仪获取土的液塑限，如图 2.33 所示。试验过程与具体步骤参考

《土工试验方法标准》GB/T 50123—2019。

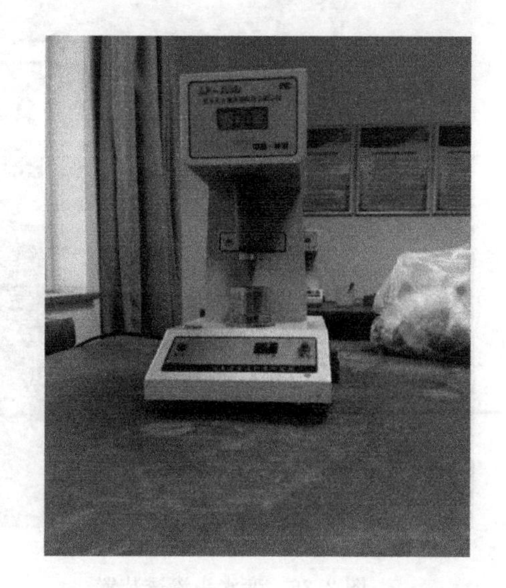

图 2.33 液塑限联合测定仪

试验结束后绘制圆锥下沉深度与含水率的关系曲线，如图 2.34 所示。其中塑限为圆锥下沉深度 2mm 所对应的含水率，液限为圆锥下沉深度 17mm 所对应的含水率。由试验结果可得，该试验土样的液限为 50.63%，塑限为 23.5%，塑性指数为 27.13，属于高液限黏土。

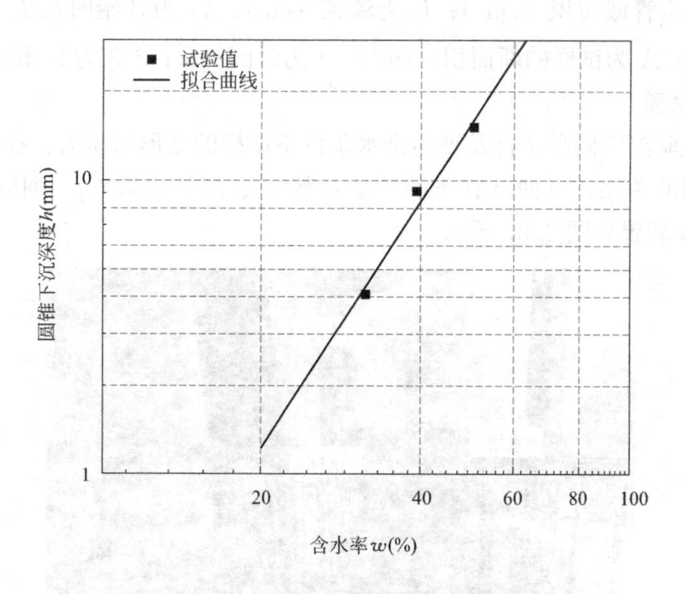

图 2.34 圆锥下沉深度-含水率关系

2.2.1.4 变水头渗透试验

由于本次试验所用土样为黏质土，故采用变水头渗透试验来测定土的渗透系数，所用渗透仪如图 2.35 所示，试验装置见图 2.36。

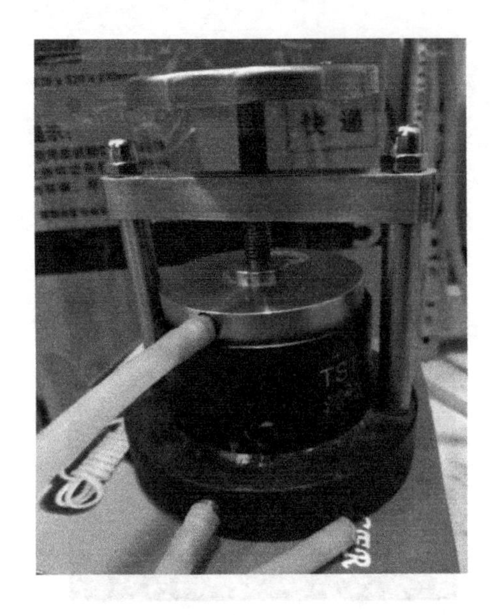

图 2.35　渗透仪

图 2.36　变水头渗透装置

参考《土工试验方法标准》GB/T 50123—2019 给出的变水头渗透试验操作步骤，渗透系数的计算公式如式(2.5) 所示，计算得该土的渗透系数为 10^{-8}m/s，渗透系数较低。

$$k_T = 2.3\frac{aL}{At}\lg\frac{h_1}{h_2} \tag{2.5}$$

式中，a 为变水头管截面积（cm^2）；L 为渗径（cm）；h_1 为开始时水头（cm）；h_2 为终止时水头（cm）；A 为试样的断面积（cm^2）；t 为时间（s）；2.3 为 ln 和 lg 的换算系数。

2.2.1.5　固结试验

通过固结试验测定侧限条件及轴向排水条件下试样的变形与压力、孔隙比和压力的关系、变形和时间的关系，以便计算土的压缩系数 a_v、压缩指数 C_c、回弹指数 C_s、压缩模量 E 等，试验装置如图 2.37 所示。

图 2.37　固结试验装置图

试验采用饱和试样，加压等级依次为 50kPa、100kPa、200kPa、300kPa、400kPa、600kPa、800kPa、600kPa、400kPa、200kPa、100kPa、50kPa、100kPa、200kPa、300kPa、400kPa、600kPa、800kPa、1600kPa，在每级压力下固结 24h 后读数，按照式（2.6）计算试样的初始孔隙比 e_0：

$$e_0=\frac{\rho_w G_s(1+0.01w_0)}{\rho_0}-1 \tag{2.6}$$

式中，G_s 为土粒的相对密度；ρ_w 为水的密度（g/cm^3）；ρ_0 为试样的初始密度（g/cm^3）；w_0 为试样的初始含水率（%）。

按照式(2.7) 计算各级压力下固结稳定后的孔隙比 e_i：

$$e_i=e_0-(1+e_0)\frac{\Delta h_i}{h_0} \tag{2.7}$$

式中，e_i 为某级压力下的孔隙比；Δh_i 某级压力下试样高度的变化（cm）；h_0 为试样的初始高度（cm）。

试验的测量结果见表 2.4。

固结试验记录表　　表 2.4

压力(kPa)	读数(mm)	孔隙比e_i	压力(kPa)	读数(mm)	孔隙比e_i
50	0.601	1.289	100	4.780	0.796
100	1.504	1.182	50	4.617	0.815
200	2.778	1.032	100	4.662	0.810
300	3.470	0.951	200	4.785	0.795
400	3.955	0.893	300	4.892	0.783
600	4.689	0.807	400	4.971	0.773
800	5.120	0.756	600	5.119	0.756
600	5.107	0.757	800	5.287	0.736
400	5.059	0.763	1600	6.305	0.616
200	4.924	0.779			

按照式(2.8) 计算某一压力范围内的压缩系数 a_v：

$$a_v=\frac{e_i-e_{i+1}}{p_{i+1}-p_i} \tag{2.8}$$

土的压缩性一般由 100～200kPa 区间内对应的压缩系数来判定。经计算，该试验土的压缩系数为 1.50MPa^{-1}，属于高压缩性土。绘制孔隙比与压力的关系曲线（e-p 曲线），如图 2.38 所示。

2.2.1.6　静三轴试验介绍

（1）试验仪器介绍

所用试验仪器为英国 GDS 生产的动三轴试验仪，该仪器通过 GDS 动态三轴试验系统的动态加载模块实现对试样施加不同频率的荷载，同时监测试样孔隙水压力的变化情况，

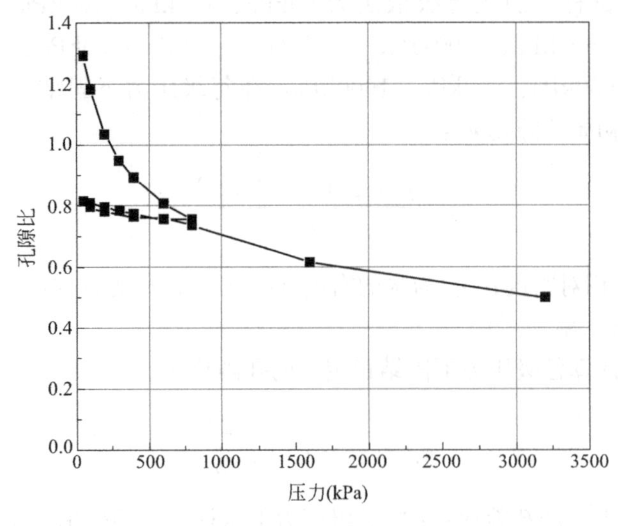

图 2.38 e-p 曲线

可用以模拟海洋、交通、地震工程等实际荷载。该仪器主要由四部分组成：GDS 控制软件系统、四通道数据采集系统、反压控制器和三轴压力室，如图 2.39 所示。该仪器最大轴向力 5kN，加载频率为 0.1～5Hz，单向振动，内置 5kN 水下荷重传感器（精度 1%满量程输出），1MPa 孔隙水压力传感器（精度为 0.15%满量程输出），可以提供力控制或者位移可控制式的循环加载方式，同时该仪器可以实时记录孔压等数据，根据横截面积的变化绘制应力路径发展情况。

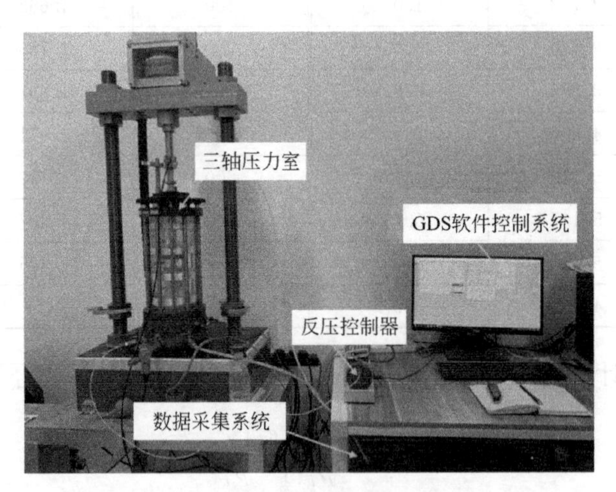

图 2.39 GDS 动三轴试验仪

（2）试验过程与方法

试验所用土样全部为原状土样，采用原状土切样器切取，按照标准化制样要求进行制样，试样的尺寸为直径 50mm，高度 100mm。首先，使用钢丝锯切去多余的泥浆护壁部分，待基本成型后再使用刮土刀将试样的四周刮平，切削过程中边切削边旋转，尽量使试样表面光滑，并减少对试样的扰动，切削过程如图 2.40 所示。

将切好的试样装入饱和器中，饱和器的内壁抹一层油，以便于后期脱模，避免土样受

图 2.40　试样切削过程

损。再将饱和器放入真空抽气桶中，抽真空装置如图 2.41 所示。根据《土工试验方法标准》GB/T 50123—2019，至少对土样抽气 2.5h，之后关闭真空泵，通过桶内外的压力差将无气水缓慢压入真空桶中，直至水面淹没试样，留以后期使用，如图 2.42 所示。

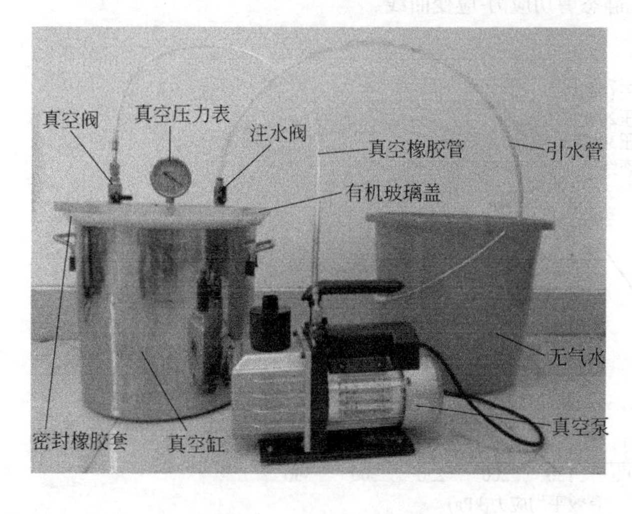

图 2.41　抽真空装置

图 2.42　真空饱和试样

静三轴试验主要为获取土的基本静力学参数，故静态试验的方案共计包含三组工况，围压分别为 100kPa、200kPa 和 300kPa，在三组围压下分别对试样进行静态不排水剪切试验，获取该类土的抗剪强度参数。

(3) 静三轴试验结果分析

试验过程中观察到三组试样的应力应变曲线并未出现明显的峰值，根据《土工试验方法标准》GB/T 50123—2019 中的规定，若试样的应力-应变曲线中没有明显的破坏点，则当试样的轴向应变达 15%～20%时视为破坏。由静三轴试验可得：$c=11.86$kPa，$\varphi=$

31.2°。试验加载过程中的应力-应变曲线如图 2.43 所示，图 2.44 为试样加载过程中的应力路径。

由图 2.43 可以看出，当围压较小时，试样的应力-应变曲线呈软化现象，增大围压后，软化现象不明显。由图 2.44 所示的应力路径曲线可以看出，不同围压下的试样破坏点位于同一条过原点的直线上，该线即为临界状态线（CSL）。试验加载过程中，随着超孔压的累积，试样的有效应力持续减小，应力路径从右向左发展，直至试样破坏。

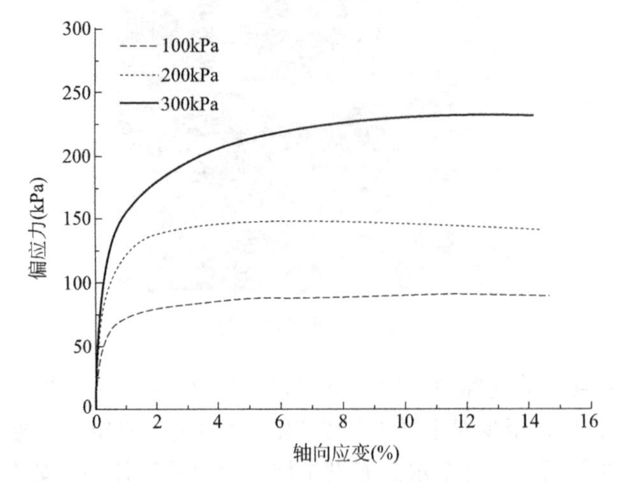

图 2.43　静态剪切应力-应变曲线

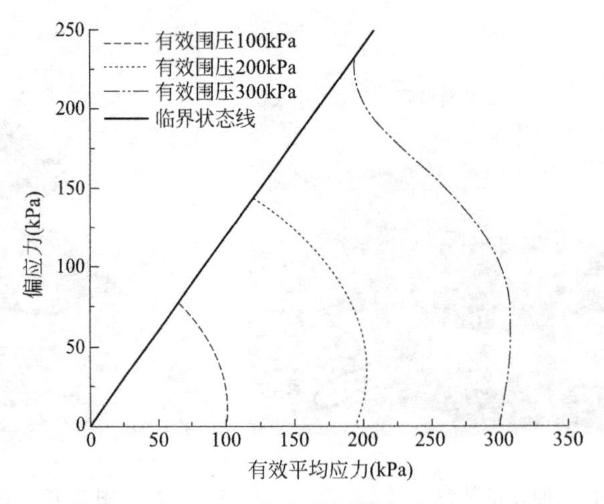

图 2.44　静态剪切应力路径

2.2.2　波浪循环荷载下饱和原状海洋土的动力特性分析

2.2.2.1　试验方法与内容

动态试验所用的试验土样与试验仪器与 2.2.1.6 节中的静态试验一致，故不再赘述。因为本试验所用试样均为原状试样，对于不同埋深的试样，其固结压力由其所在的埋深决定。考虑到试验所用原状土均取于海面以下，采用土的浮重度计算土的自重应力。固结压力的计算公式为：

$$P=h\times g\times(\rho_1'+\rho_2'+\rho_3'+\rho_4'+\rho_5') \tag{2.9}$$

式中，h 为每层土的埋深（m）；$\rho_1'\sim\rho_5'$ 为从上至下每层土的浮密度（kg/m^3）。

由式(2.9）计算所得的每层土的固结压力如表 2.5 所示。

不同土层的固结压力　　**表 2.5**

土体埋深(m)	固结压力(kPa)	土体埋深(m)	固结压力(kPa)
2	15	8	55
4	25	10	70
6	40		

动态试验过程中，首先将不同土层抽真空饱和后的试样按照其所在位置的固结压力进行加压固结，固结阶段结束的标准通常有两方面：①试样的孔隙水压力降低至与反压相等；②试样的反压体积下降趋于一定值。如图 2.45 和图 2.46 所示。

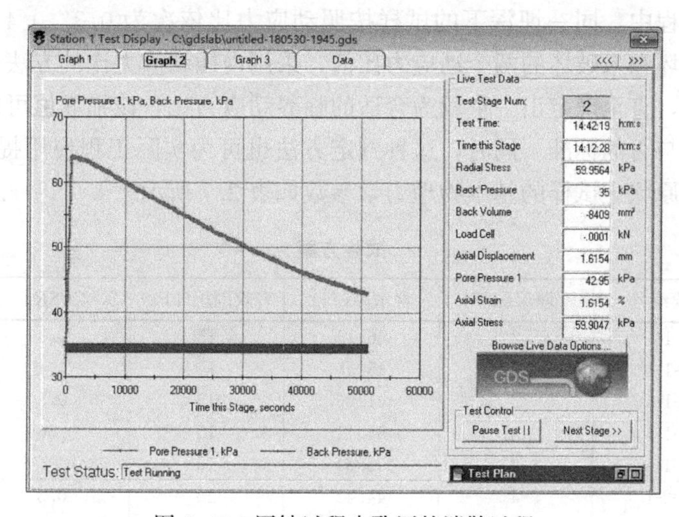

图 2.45　固结过程中孔压的消散过程

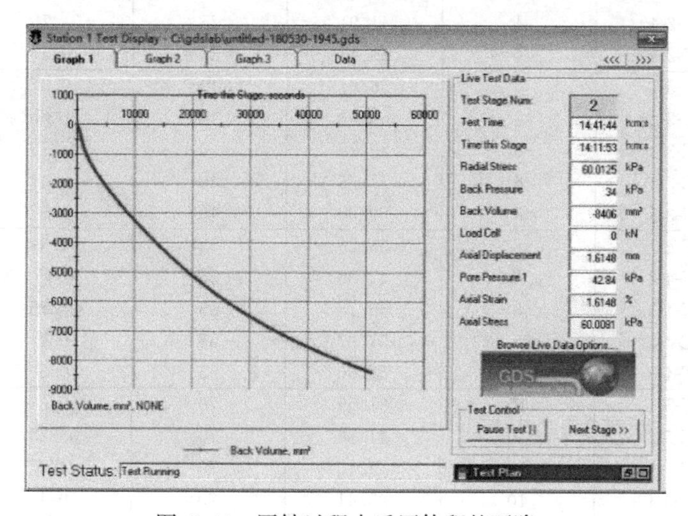

图 2.46　固结过程中反压体积的下降

固结结束后按照试验方案设定的动应力比，计算所施加的循环荷载幅值，对试样施加不同大小的循环荷载，观察试样在不同程度循环荷载作用下的破坏程度，试验方案如表 2.6 所示。本试验分为试验 A 和 B 两组。其中，试验 A 组以动应力比（*CSR*）为变量，研究不同动应力比（*CSR*）下的各个埋深试样的动力特性发展规律；试验 B 组以埋深为变量，研究在相同数值循环荷载作用下，不同埋深（不同的有效围压）试样的动力特性发展规律。

试样的动应力比（*CSR*）的定义为动态循环荷载作用下动偏应力与有效围压的比值[67]，如式(2.10) 所示：

$$CSR=\frac{\sigma_{\mathrm{d}}}{\sigma_{\mathrm{c}}} \tag{2.10}$$

式中，σ_{d} 为循环荷载幅值，σ_{c} 为试样所受的有效围压值。

本书的试验方案如表 2.6 所示，所设定动应力比的大小取值范围为 0.3～0.5，该范围能够涵盖试样从未破坏状态到破坏状态的变化过程。由于原状土试样的数量有限，在整组试验进行的过程中，同一埋深下的试样按照动应力比依次为 0.3、0.4 和 0.5 的顺序，选定使得试样破坏和未破坏的两个动应力比值，采用内插动应力比的方法，逐次缩小动应力比的取值范围，直至确定出一个较为合适的临界动应力比，该临界值可以作为判断某一埋深下试样破坏与否的标准。同时，这种判定方法也可为实际工程应用提供有效的参考。试验中所用各个原状土试样的基本物理力学参数如表 2.7 所示。

试验方案 **表 2.6**

试验组别	试验编号	埋深(m)	含水率(%)	有效围压(kPa)	*CSR*	循环振幅(kPa)
A 组	C-1-1	2	46.14	15	0.3	4.5
	C-1-2	2	45.55	15	0.4	6.0
	C-1-3	2	41.06	15	0.5	7.5
	C-1-4	2	54.11	15	0.665	10.0
	C-1-5	2	53.64	15	0.7475	11.2
	C-2-1	4	44.42	25	0.3	7.5
	C-2-2	4	55.53	25	0.4	10.0
	C-2-3	4	55.69	25	0.45	11.3
	C-2-4	4	41.91	25	0.475	11.9
	C-2-5	4	50.14	25	0.5	12.5
	C-3-1	6	56.61	40	0.3	12.0
	C-3-2	6	60.64	40	0.35	14.0
	C-3-3	6	39.29	40	0.375	15.0
	C-3-4	6	47.36	40	0.4	16.0
	C-3-5	6	60.60	40	0.5	20.0
	C-4-1	8	58.26	55	0.3	16.5
	C-4-2	8	47.96	55	0.35	19.5
	C-4-3	8	56.78	55	0.375	20.6
	C-4-4	8	57.07	55	0.4	22.0
	C-4-5	8	57.66	55	0.5	27.5
	C-5-1	10	51.55	70	0.3	21.0
	C-5-2	10	41.36	70	0.325	22.8
	C-5-3	10	47.40	70	0.35	24.5
	C-5-4	10	45.41	70	0.4	28.0
	C-5-5	10	46.58	70	0.5	35.0

续表

试验组别	试验编号	埋深(m)	含水率(%)	有效围压(kPa)	CSR	循环振幅(kPa)
B组	C-6-1	2	47.72	15	0.83	12.5
	C-6-2	4	50.14	25	0.50	12.5
	C-6-3	6	48.72	40	0.31	12.5
	C-6-4	8	56.91	55	0.23	12.5
	C-6-5	10	46.88	70	0.18	12.5

原状土样的物理性质　　**表 2.7**

试验编号	埋深(m)	w(%)	ρ(g/cm^3)	ρ_d(g/cm^3)	e_0	w_L(%)	w_P(%)	IP	G_s
C-1-1	2	46.2	1.72	1.18	1.337	39.2	20	19.2	2.75
C-1-2	2	45.8	1.75	1.20	1.283	34.8	18.7	16.1	2.74
C-1-3	2	41.8	1.83	1.29	1.123	38.1	19.6	18.5	2.74
C-1-4	2	49.6	1.71	1.14	1.415	44.1	21.4	22.7	2.76
C-1-5	2	41.5	1.81	1.28	1.15	38.9	19.9	19.0	2.76
C-2-1	4	44.6	1.76	1.22	1.259	40.8	20.4	20.4	2.7
C-2-2	4	55.3	1.68	1.08	1.551	45.0	21.7	23.3	2.76
C-2-3	4	66.4	1.60	0.96	1.415	44.1	21.4	22.7	2.75
C-2-4	4	47.4	1.75	1.19	1.325	45.2	21.7	23.5	2.76
C-2-5	4	50.5	1.72	1.14	1.415	47.2	22.3	24.9	2.76
C-3-1	6	50.2	1.72	1.15	1.41	44.7	21.6	23.1	2.76
C-3-2	6	47.5	1.76	1.19	1.313	48.1	22.5	25.6	2.75
C-3-3	6	56.6	1.68	1.07	1.582	55.7	24.8	31.0	2.77
C-3-4	6	41.8	1.8	1.27	1.166	40.5	20.3	20.2	2.75
C-3-5	6	42.1	1.8	1.27	1.171	40.6	20.4	20.2	2.75
C-4-1	8	57.3	1.67	1.06	1.60	50.8	23.3	27.5	2.76
C-4-2	8	58.3	1.66	1.05	1.637	47.8	22.5	25.3	2.75
C-4-3	8	57.3	1.67	1.06	1.60	49.2	22.9	26.3	2.76
C-4-4	8	52.8	1.71	1.12	1.466	48.0	22.5	25.5	2.76
C-4-5	8	48.8	1.73	1.16	1.374	46.7	22.1	24.6	2.76
C-5-1	10	46.7	1.74	1.19	1.319	39.2	20.0	19.2	2.75
C-5-2	10	45.3	1.76	1.21	1.27	42.5	20.9	21.6	2.75
C-5-3	10	51.5	1.71	1.13	1.445	44.9	21.6	23.3	2.76
C-5-4	10	46.7	1.75	1.19	1.314	43.8	21.3	22.5	2.76
C-5-5	10	50.2	1.72	1.15	1.41	43.5	21.2	22.3	2.76
C-6-1	2	46.1	1.75	1.20	1.296	42.3	20.9	21.4	2.75
C-6-2	4	41.9	1.79	1.26	1.172	36.7	19.2	17.5	2.74
C-6-3	6	53.8	1.67	1.09	1.533	42.0	20.8	21.2	2.75
C-6-4	8	49.0	1.74	1.17	1.355	40.3	20.3	20.0	2.75
C-6-5	10	50.2	1.72	1.15	1.410	44.7	21.6	23.1	2.76

该试验施加的循环荷载波形为正弦波，波形如图 2.47 波浪荷载示意图所示。根据之前的研究者针对莱州湾一带的水文环境研究资料显示，该海域春夏秋冬四个季节的波浪平均周期依次为 1.4～3.2s，1.6～3.3s，1.7～3.7s 和 2.1～3.9s，另有赵鑫提出该海域平均周期在 2.5～3.8s 之间，最大周期在 8.0～13.0s 之间。故本书经综合考虑，循环荷载的周期定为 3.5s。

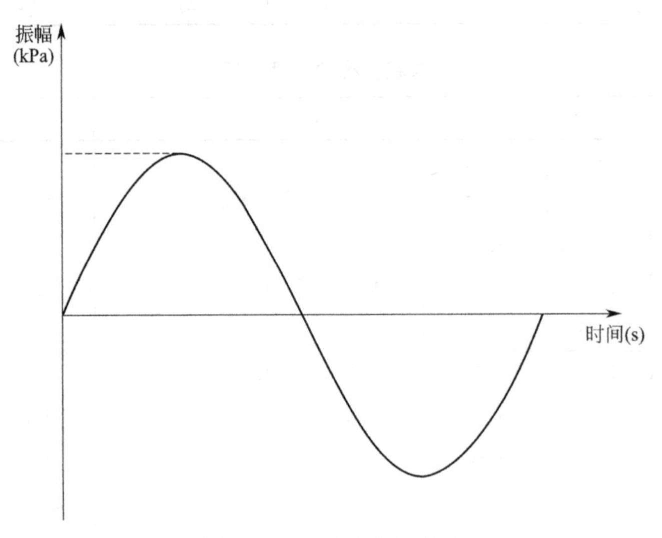

图 2.47 波浪荷载示意图

2.2.2.2 GDS 动三轴试验结果分析

本节通过一系列循环动三轴试验，揭示了莱州湾一带淤泥质黏土的动力循环特性，包括土样的应力应变和应力路径形式等，揭示了不同动应力比（*CSR*）和埋深下原状海洋土的循环加载行为。进一步对试样在累积应变、孔隙水压力、模量和阻尼比等方面的发展规律进行研究，总结试样在以上各个方面的力学特性。其中重点研究了试样介于破坏和非破坏状态之间的临界状态。此外，根据试验结果，得出了每组埋深下的临界 *CSR* 值，这为淤质软土海上风机单桩基础在周期性波浪荷载作用下的动力稳定性评价和设计提供了重要的参考。

（1）原状海洋土在循环荷载作用下的应力应变发展规律

试验以动应力比和埋深为两组变量，进行了 30 组动三轴试验，试验工况如表 2.6 所示。由于埋深为 2m 的试样埋深较浅，试验中施加的围压较小，进而循环振幅也较小，故在 5 级不同程度的循环荷载下（循环振动次数均超过 10000 次）试样均未受到破坏，故本文仅给出埋深分别为 4m、6m、8m 和 10m 的试样在不同动应力比下的动力特性发展规律。整理汇总每组试验的数据，绘制试样的应力-应变曲线。图 2.48 给出了埋深分别为 4m、6m、8m 和 10m 时不同动应力比下的试样应力-应变曲线。为了具有代表性，每个埋深下分别给出了 3 组具有代表性的动应力比，分别对应着试样未破坏、试样破坏和试样介于二者之间的 3 个工况。

观察图 2.48 中所示的 12 组图，可以得出以下规律：

①同一埋深下，随着动应力比的增大，试样的破坏程度不断加剧，当动应力比较小时，试样受到的循环荷载较小，相比于所施加的有效围压水平，该循环荷载不足以使试样

发生较大的累积变形。试样在经受加载与卸载的过程中，土体始终都能承受与试验开始时相同大小的循环荷载，且当试验结束时（在本种情况下，试样一般经受超过10000次的循环荷载），试样所发生的累积应变较小，通常不足0.5%，如图2.48(d)、(g)、(j)所示的三组不同埋深下动应力比为0.3所对应的试验结果。从图中可以看出，当动应力比较小时，试样的应力应变滞回曲线呈“梭形”，随着振次的累加，滞回曲线右移，但滞回曲线的形状和面积并无明显变化，说明试样在经受循环加载的过程中，土体结构没有受到明显

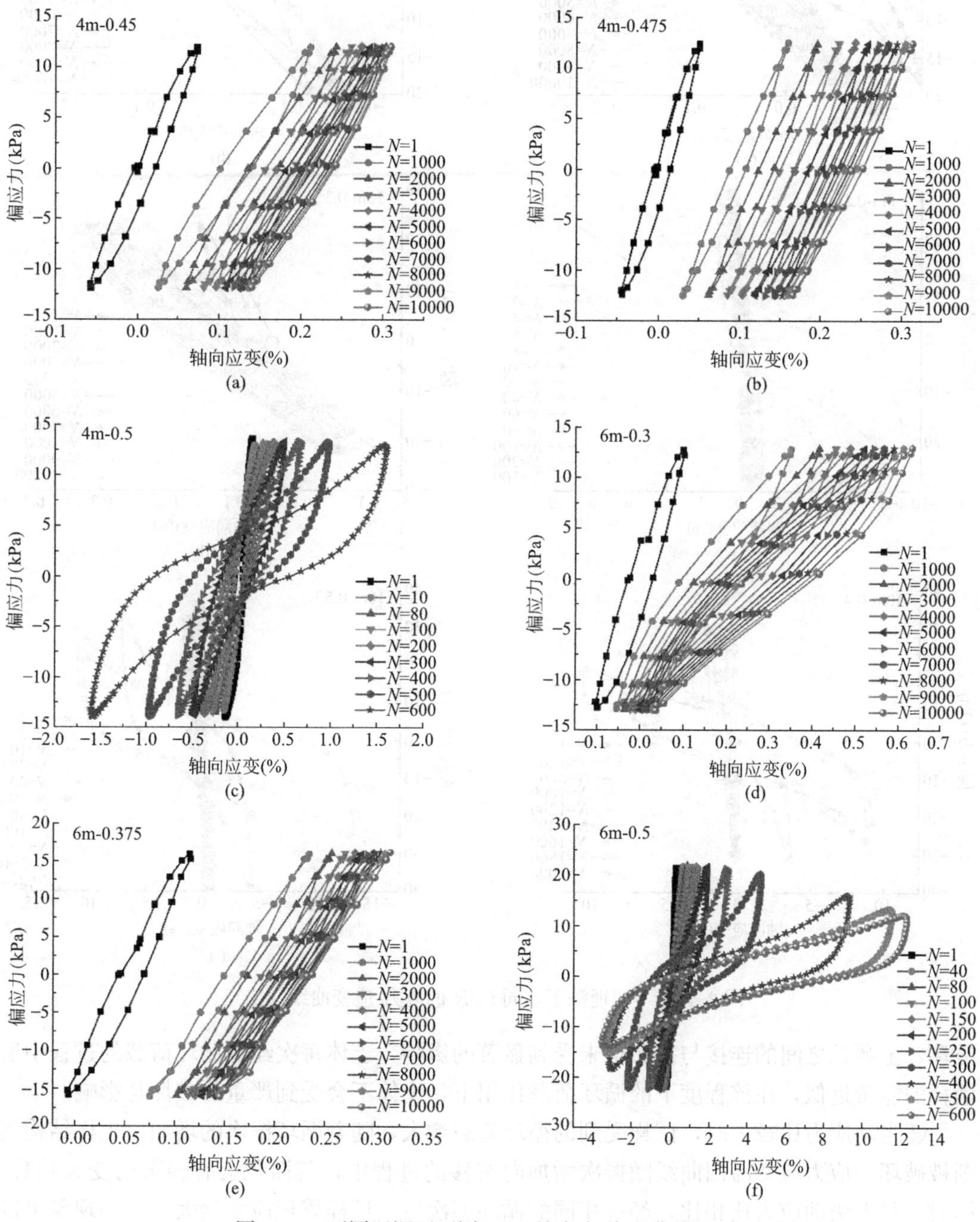

图2.48 不同埋深下不同 *CSR* 的应力-应变曲线（一）

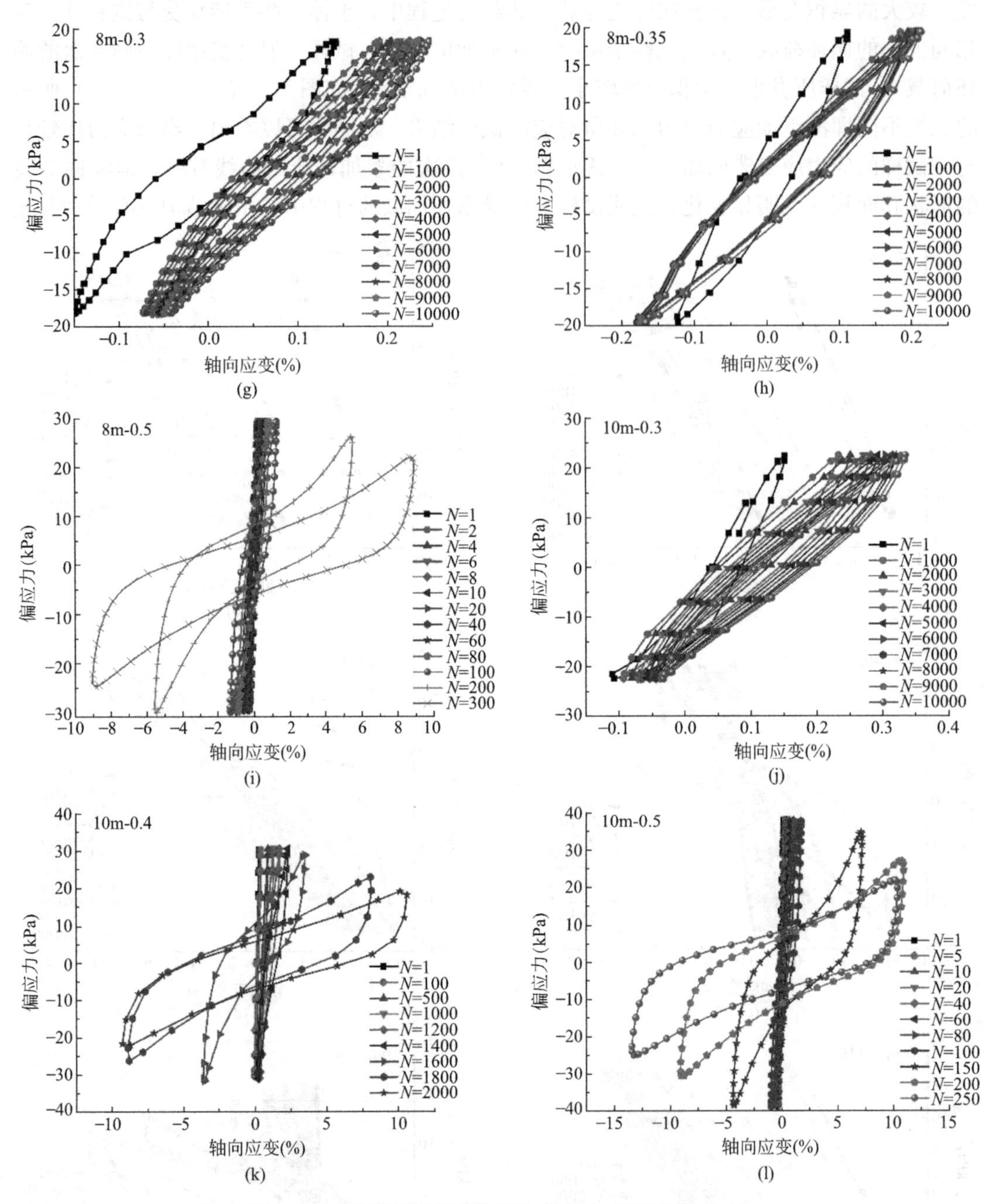

图 2.48 不同埋深下不同 *CSR* 的应力-应变曲线（二）

破坏，土颗粒之间的连接与排布也未受到显著的影响，土体每次经受循环荷载的过程中所消耗的能量近似，在该程度下的循环荷载作用下，土体不会受到严重的破坏与影响。

②当动应力比较大时，试样受到的循环荷载增大，随着循环振次的增加，土样结构逐渐被破坏，应力应变滞回曲线随振次增加向右移的过程中，其面积会有轻微的变大趋势。同时，与上级动应力比相比，经过相同的循环振次后，试样累积应变增大。这一现象可以通过比较图 2.48(a)和(b) 得出，经过相同的循环振次后（例如，$N=1000\sim2000$ 阶段），

图 2.48(b) 所示的滞回曲线间隔明显大于图 2.48(a)，这表明在该阶段的振次范围内，其应变累积更大一些。另一方面，由于所用试样均为原状土试样，试样间的物理性质及成分均会对试验结果造成不同程度的影响，所以也会有个别试验的现象不易解释，例如图 2.48(d)和(e)，同为埋深 6m 的试样，在相同的有效围压水平下，动应力比为 0.3 的土样比动应力比为 0.375 的土样应变累积更快，且其滞回曲线的面积也更大。

③当动应力比继续增大，试样均被破坏。从滞回曲线可以看出，在较小的循环次数下，试样的应变可以累积到较大的水平，试验进行到后期时，在较少的循环次数下应变急剧累加，滞回圈的形状由之前的"梭形"发展为"反 S 形"，面积突然增大。这表明土体的能量损失巨大，试样受到较为严重的破坏。

(2) 原状海洋土在循环荷载作用下的应力路径发展规律

图 2.49 给出了不同埋深下，试样的应力路径随不同动应力比的发展情况。图中所示的不同埋深下的各个工况与图 2.48 所示的应力-应变曲线所对应的各个工况一致。可以大致将这些试样分为两类——破坏状态和未破坏状态试样。

①在不排水试验中，试样的孔隙水压力随所施加的循环荷载而不断累积，导致试样的有效应力不断减小，这表现为试样的应力路径从右向左不断发展。当试样未受到破坏时，如图 2.49(a)、(d)、(g) 等所示，试样的有效应力略有减小，截至试验结束时，试样的

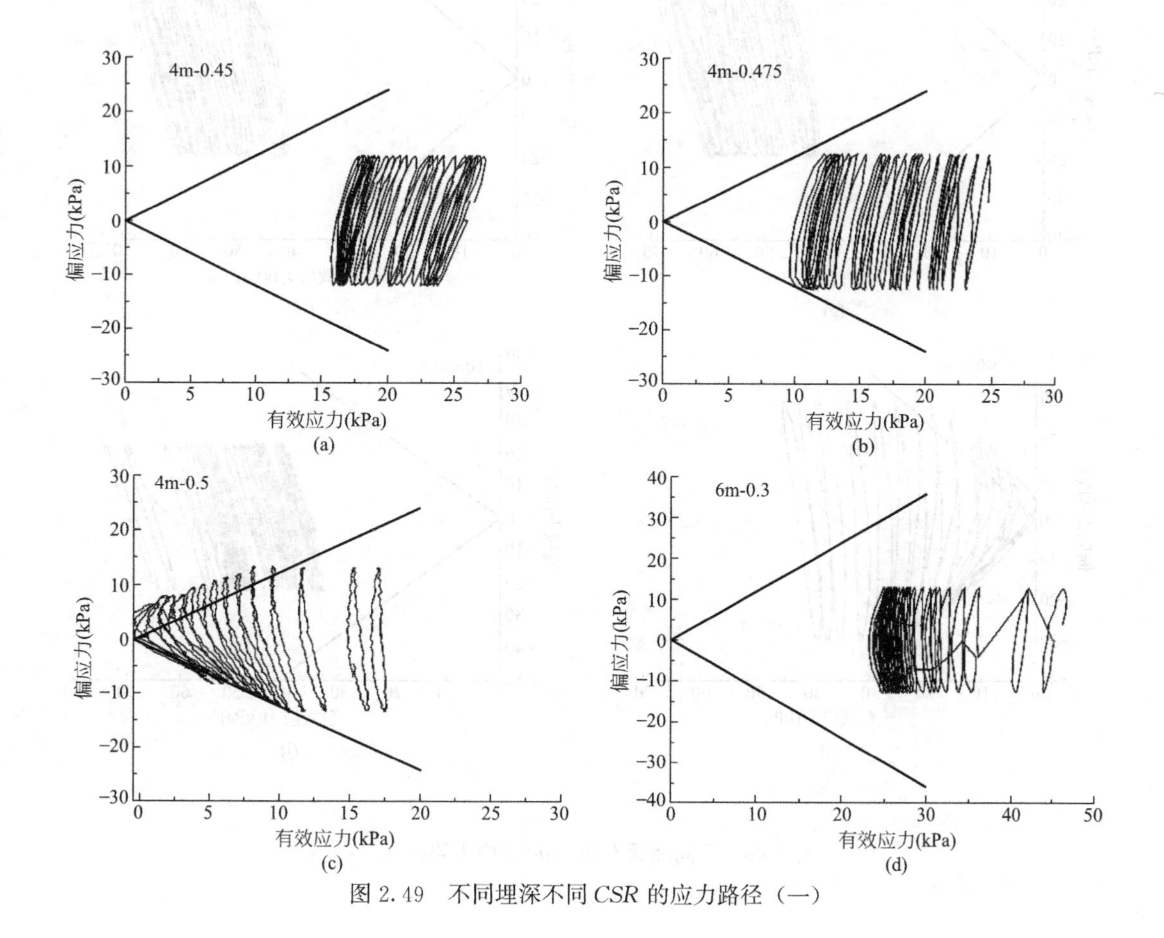

图 2.49　不同埋深不同 *CSR* 的应力路径（一）

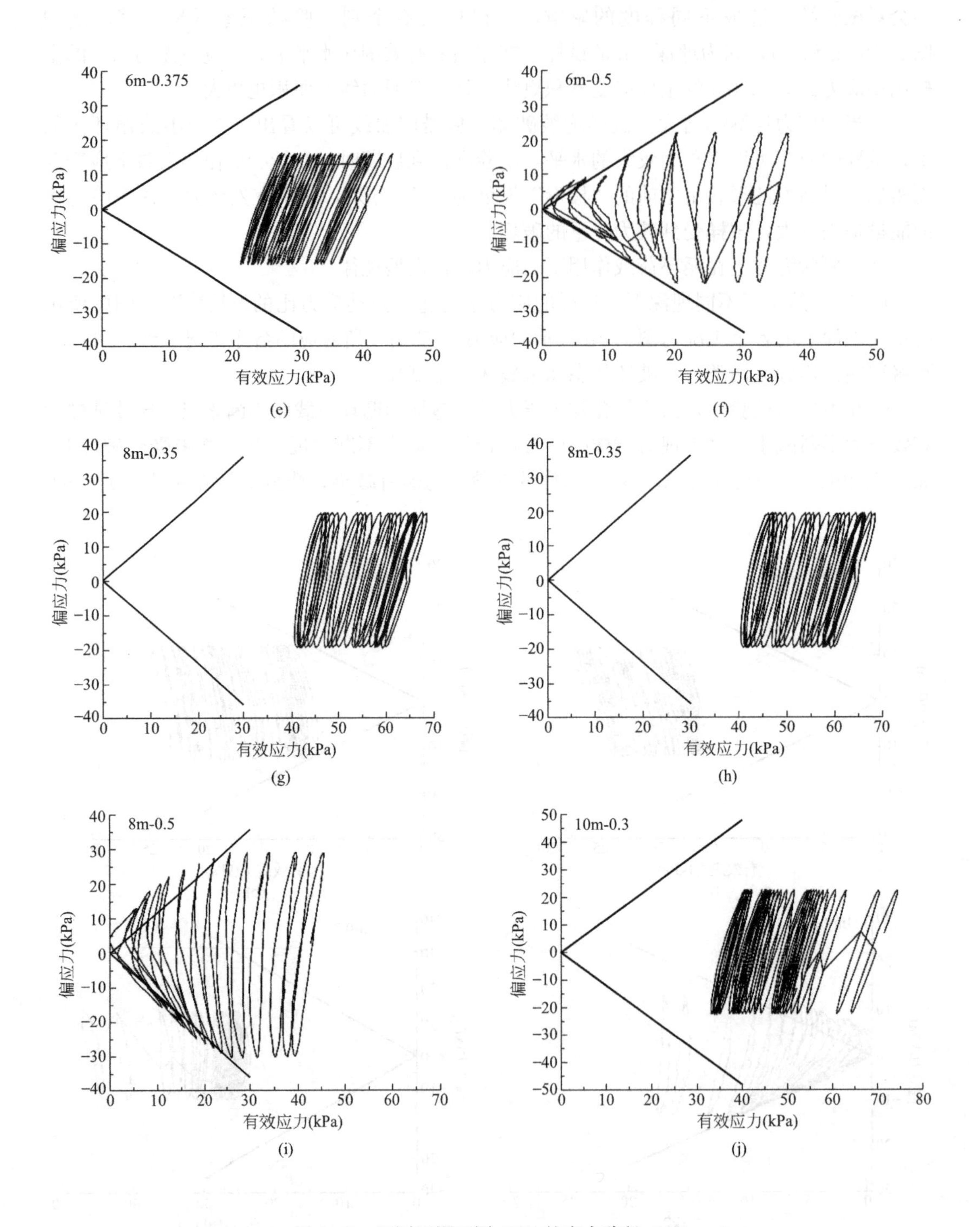

图 2.49 不同埋深不同 *CSR* 的应力路径（二）

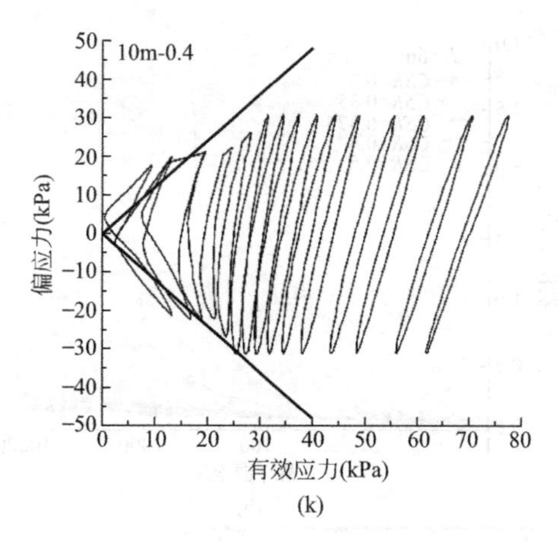

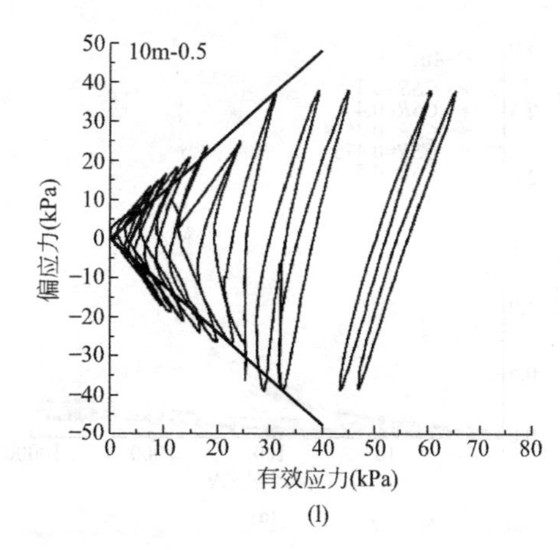

图 2.49　不同埋深不同 *CSR* 的应力路径（三）

有效应力仍然维持在一定的水平下，应力路径的曲线形状无明显的变化，并且始终在临界状态线（CSL）内部发展。

②当试样受到破坏时，由于试验后期土体被严重破坏，孔压增长至与围压近似相等，试样的有效应力近似降低至 0，故从破坏试样的应力路径图来看，其后期有效应力不断降低，最终能够达到临界状态线（CSL），这意味着试样达至破坏状态。

（3）原状海洋土在循环荷载作用下的累积应变发展规律

GDS 动三轴仪器在试验过程中能自动记录试样的应变随累积振次的发展，试验结束后再将导出的试验数据进行处理。由于试验的循环次数较多，且每次循环过程中应变随时间变化，故本书仅选取了试样中具有代表性的振次的应变值，以此来观察试验过程中应变的累积规律。

图 2.50 给出了埋深为 4～10m 下不同 *CSR* 的累积应变发展规律，图 2.50(a) 显示了埋深 4m 处的土的应变特性，对于低 *CSR* 水平（即 *CSR*＝0.3、0.4、0.45 和 0.475 时），试样的累积应变随着循环次数的增加逐渐增大，试验结束时不会引起破坏性的变形，且整个过程中应变随振次发展缓慢；对于高 *CSR* 水平（即 *CSR*＝0.5 时），当循环次数达到约 300 次时，观察到轴向应变急剧增加，并在循环次数约 600 次时，试样被完全破坏。此外，从图 2.50(a) 还可以观察到，对于破坏的试样和未破坏的试样，二者的累积应变发展趋势具有明显的不同，这样便可由此确定出一个介于二者之间的能够引发土体破坏的 *CSR* 阈值，即能够使循环变形显著增加的临界 *CSR* 值。对于埋深 4m 的试样，该临界值为 0.4875。对于埋深为 6m、8m 和 10m 下的土体累积应变发展规律，可以观察到类似的应变发展行为，相应的临界动应力比值依次为 0.3875、0.3625、0.3375。

试样的累积应变在不同埋深下随着循环次数的发展规律如图 2.51 所示，对应于试验方案中的 C-6-1～C-6-5。五个试样的埋深分别为 2m、4m、6m、8m 和 10m，五种情况下均保持统一的循环应力幅值 12.5kPa。试验结果表明，在相同应力幅值下，浅层土体更容易受到破坏，表明其强度较低。特别是埋深为 2m 处试样的累积应变增长最快，其破坏转折点出现最早，大约位于振次为 20 次的位置，埋深为 4m 处的试样也具有类似的行为，该工况下可以观察到转折点后移以及随后的应变突变。随着循环次数的增加，埋深为

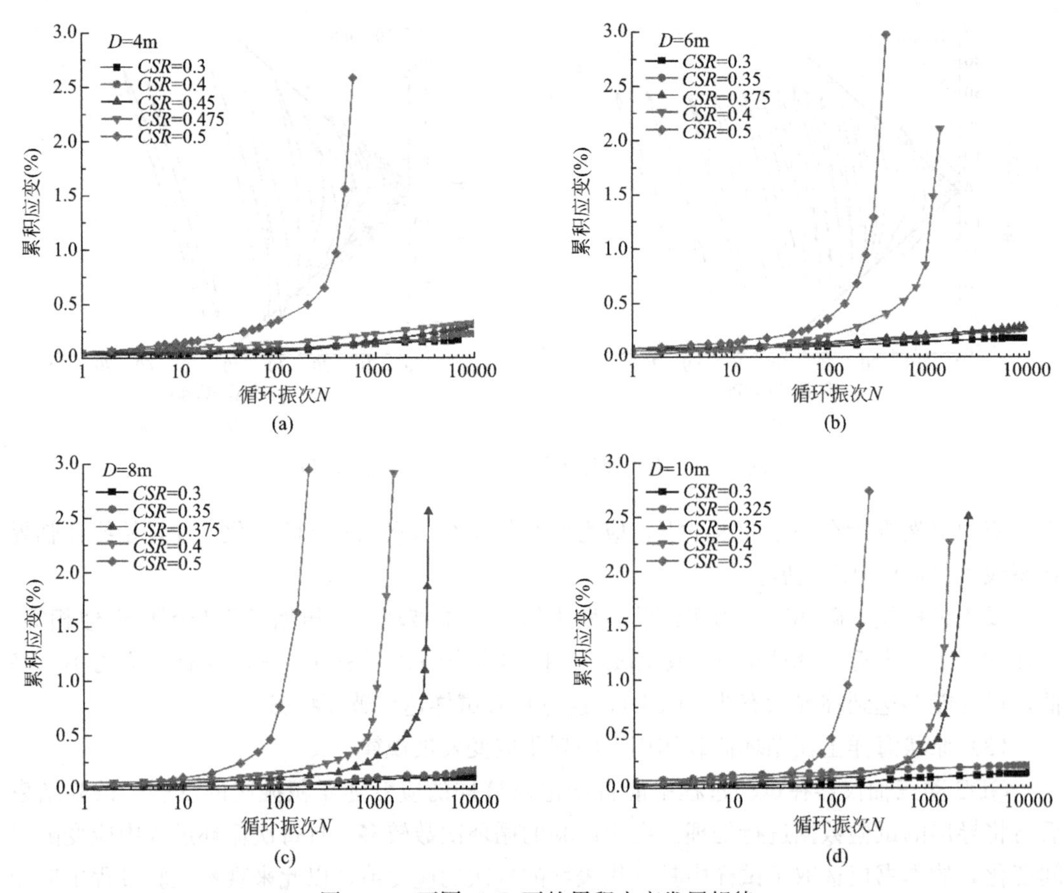

图 2.50 不同 CSR 下的累积应变发展规律

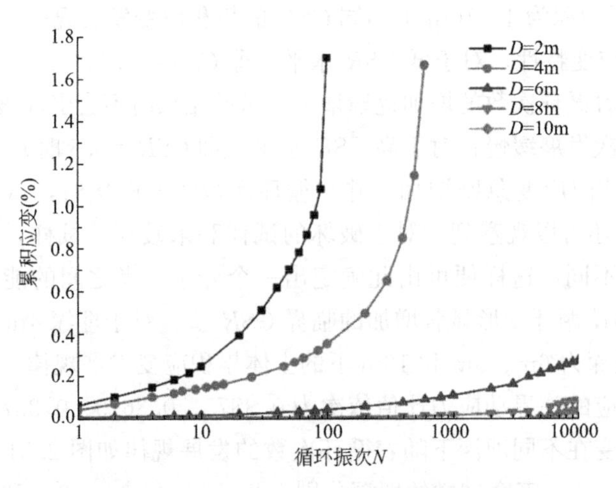

图 2.51 不同埋深下的累积应变发展规律

6m、8m 和 10m 处的试样的累积应变增加较为缓慢，累积应变较小，试验结束时并未观察到明显破坏。

（4）原状海洋土在循环荷载作用下的孔压发展规律

在试验进行过程中，孔压值于试样底部测得。考虑到埋深和 *CSR* 水平的影响，本书研究了孔压比随振次的变化，即瞬时动态孔隙水压力与有效围压的比值，其中孔压比随循环次数的变化规律如图 2.52 所示。

以埋深 4m 处的试验结果为例，对于低 *CSR* 水平（即 *CSR*＝0.3、0.4、0.45 和 0.475 时），循环荷载下孔压比在前 2000 个循环中增加更为显著，而在此之后稳定在 0.6 以下，这些试样均未发生破坏。*CSR* 水平越高，孔压累积越迅速。对于高 *CSR* 水平（即 *CSR*＝0.5 时），可以观察到孔压随振次有显著的增长，在大约 600 次循环后接近达到 1.0，这种现象最终将导致土体的破坏。在该埋深下，试样受到破坏的临界 *CSR* 值为 0.4875，该临界值与从累积应变方面得出的结果相同。在其他情况下也观察到了相似的孔压发展行为，同时发现临界 *CSR* 值随埋深的增大而减小。

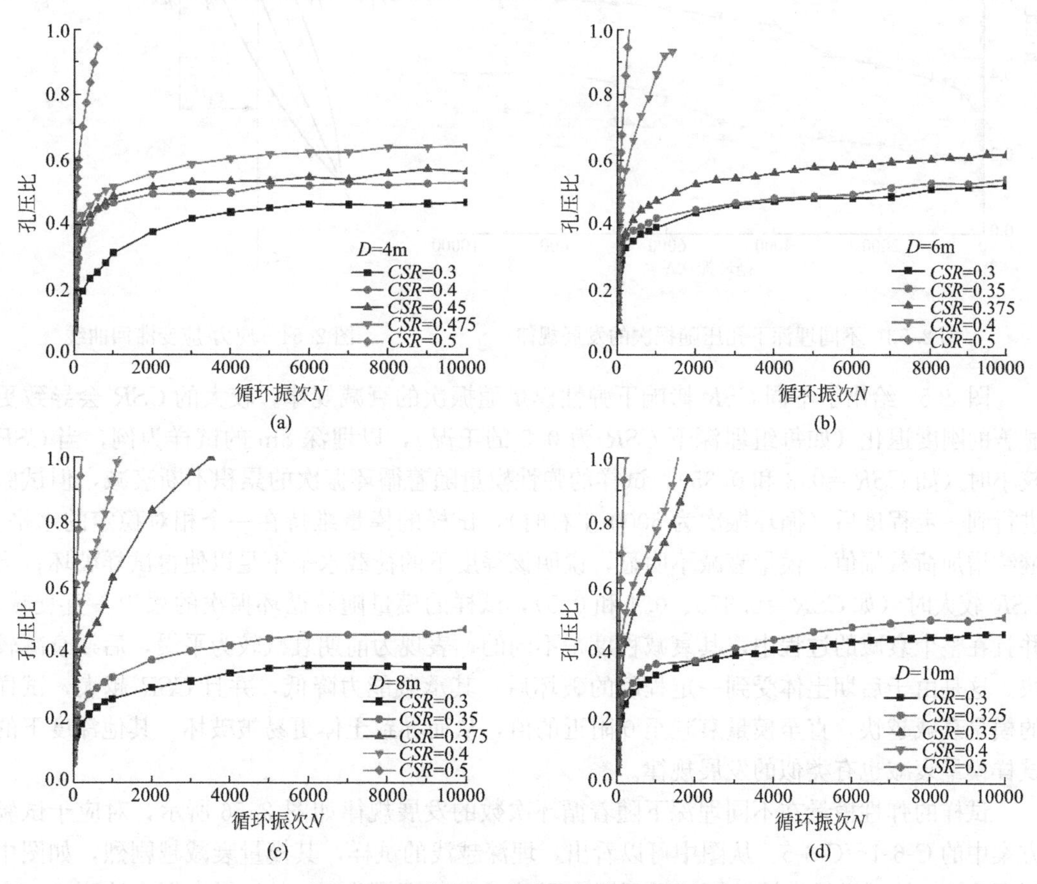

图 2.52 不同动应力比下的孔压发展规律

不同埋深下的孔压发展如图 2.53 所示，循环应力幅值同为 12.5kPa，在不同埋深（*D*＝2m、4m、6m、8m 和 10m）的情况下，测试了 5 个试样（对应于试验工况中的 C-6-1～C-6-5）。试验结果表明，在相同的循环应力幅值下，浅层土的孔压增长较快，受到扰动较大，桩土相互作用更加明显。

（5）原状海洋土弹性模量发展规律

本书中试样的动弹性模量计算按照图 2.54 所示，选取代表性振次的滞回曲线，按照式(2.11) 计算该振次下的动弹性模量，并研究其随着振次的发展规律。

$$E_d=\frac{\sigma_d}{\varepsilon_d} \tag{2.11}$$

式中，σ_d 和 ε_d 分别为试样的动应力与动应变。

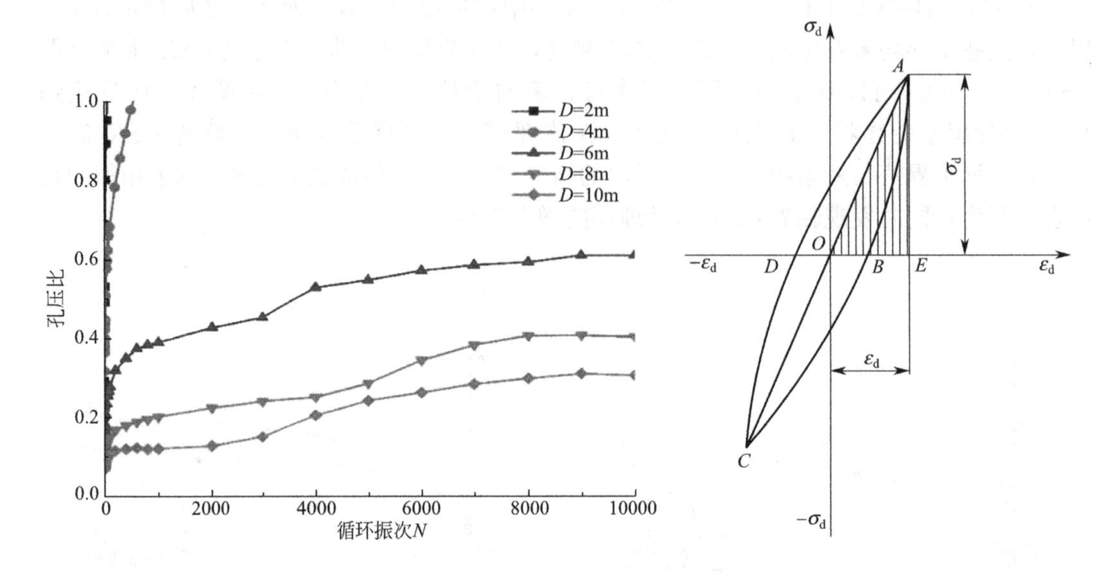

图 2.53　不同埋深下孔压随振次的发展规律　　　图 2.54　应力-应变滞回曲线

图 2.55 给出了不同 CSR 影响下弹性模量随振次的衰减规律。较大的 CSR 会导致更显著的刚度退化（如每组埋深下 CSR 为 0.5 的工况），以埋深 8m 的试样为例，当 CSR 较小时（如 CSR＝0.3 和 0.35），试样的弹性模量随着循环振次的累积不断衰减，但试验进行到一定程度后（循环振次为 5000 左右时），试样的模量维持在一个相对稳定的水平，继续增加荷载幅值，模量衰减不明显，说明该程度下的荷载水平不足以使得试样破坏；当 CSR 较大时（如 CSR＝0.375、0.4 和 0.5），试样的模量随着循环振次的累积一直衰减，并且在整个衰减的过程中，其衰减程度是不同的，表现为前期衰减较为平缓，后期衰减较快。这是由于后期土体受到一定程度的破坏后，其承载能力降低，并且 CSR 越大，试样的模量衰减越快，直至模量衰减至 0 附近的值，从而导致土体更易被破坏。其他深度下的试样模量衰减也有类似的发展规律。

试样的弹性模量在不同埋深下随着循环次数的发展规律如图 2.56 所示，对应于试验方案中的 C-6-1～C-6-5。从图中可以看出，埋深越浅的试样，其模量衰减越剧烈，如图中埋深为 2m 的试样最先被破坏（循环振次不足 100），埋深为 4m 的试样在振次达到 700 左右时被破坏，而埋深较大的（埋深为 6～10m）试样，当振次达到 10000 时其模量仍有较大的残余，且埋深越大试样的模量残余越大，表明土体受到的影响大，桩土相互作用明显，实际中应重点分析考虑。

（6）原状海洋土阻尼比发展规律

根据规范，阻尼比的计算公式为：

$$\lambda_d=\frac{1}{4}\frac{A}{A_s} \tag{2.12}$$

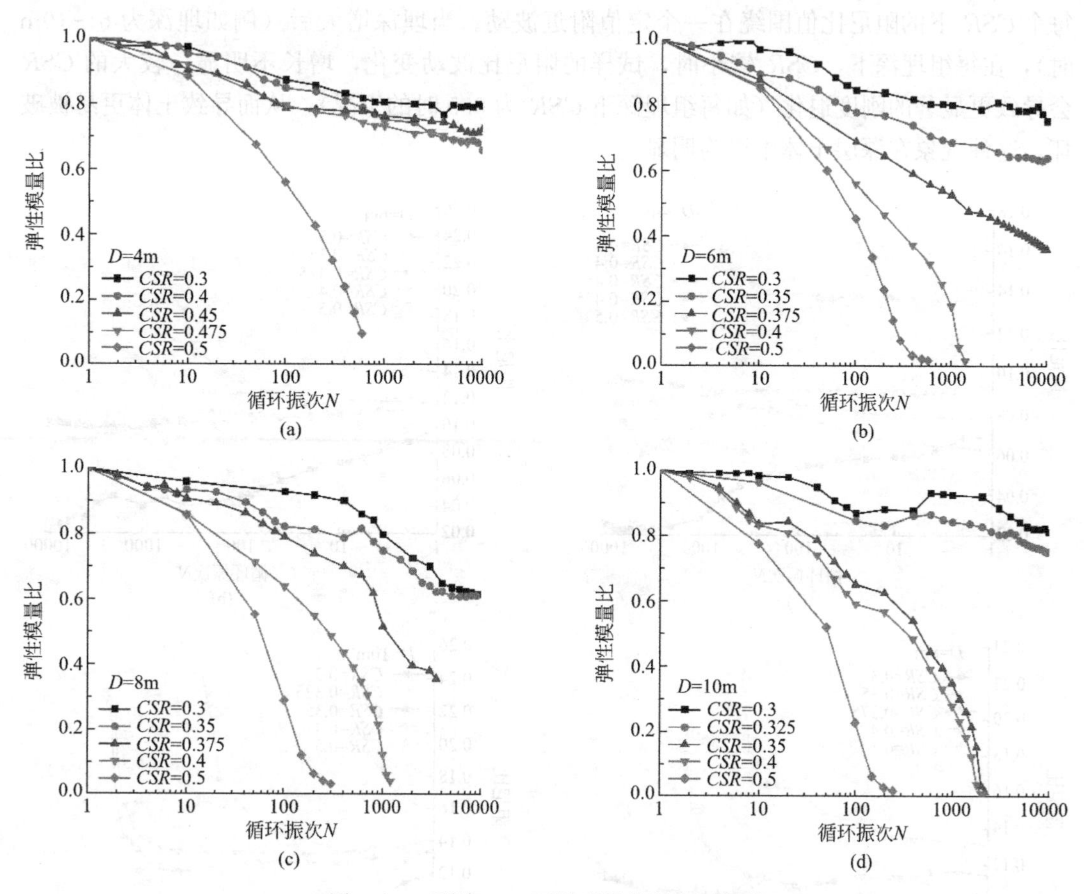

图 2.55 不同 CSR 下的弹性模量发展规律

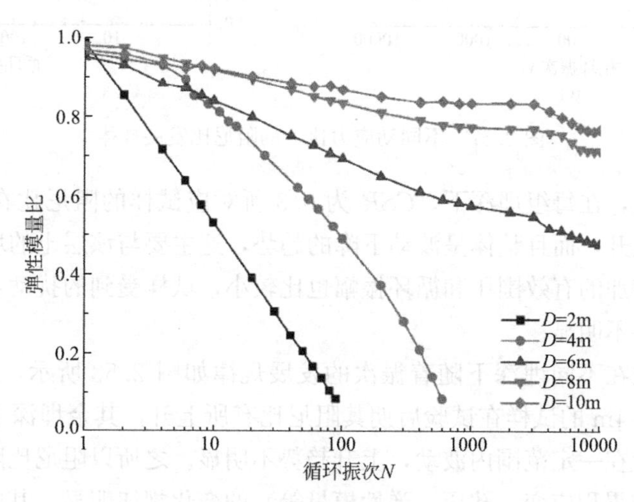

图 2.56 不同埋深下的弹性模量发展规律

式中，A 和 A_s 分别为图 2-10 中 $ABCDA$ 和 OAE 的面积。

图 2.57 给出了不同 CSR 影响下各试样阻尼比随循环次数增加的现象。从图中可以看出，当埋深较浅时（例如 $D=4$m 时），在整个试验过程中试样的阻尼比增长范围较小，

每个 CSR 下的阻尼比值围绕在一个定值附近波动。当埋深增大后（例如埋深为 6～10m 时），在每组埋深下，CSR 较小时，试样的阻尼比波动变化，增长不明显；较大的 CSR 会导致更显著的刚度退化（如每组埋深下 CSR 为 0.5 时的工况），从而导致土体更易被破坏，这种现象在深层土体中更为明显。

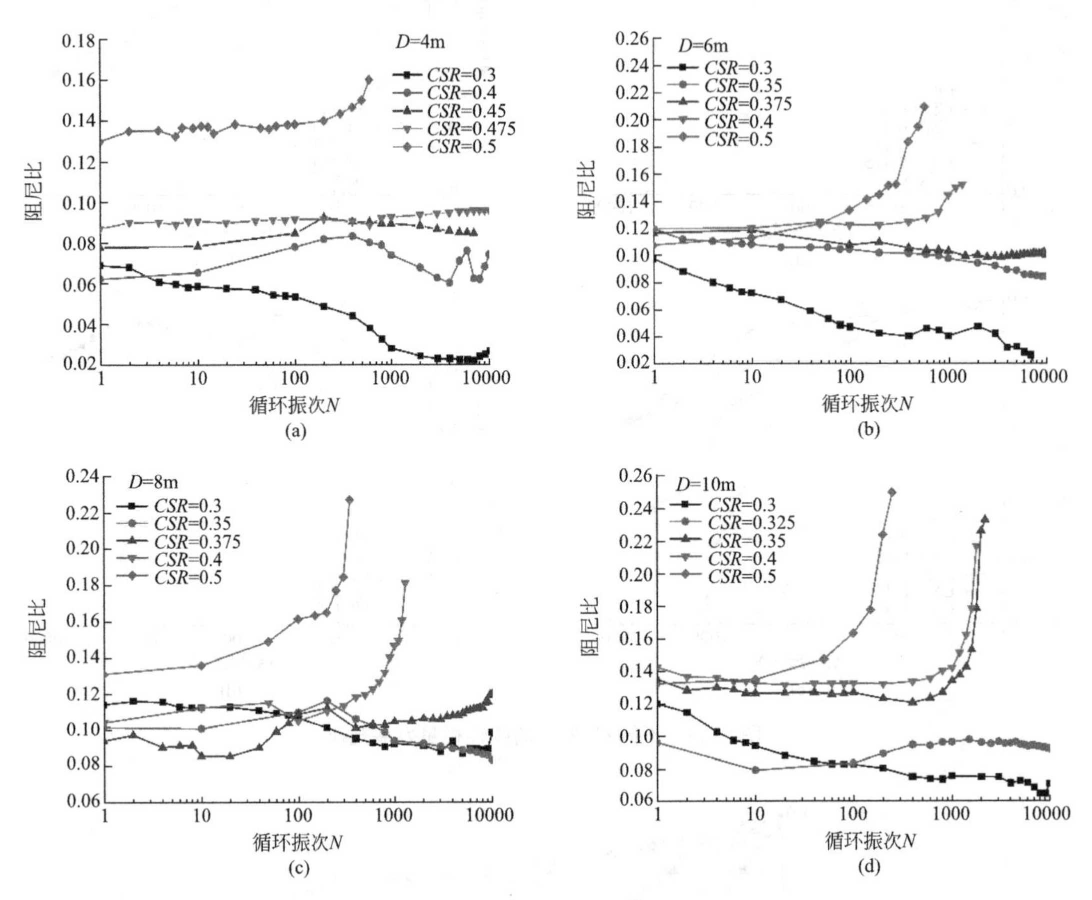

图 2.57　不同动应力比下的阻尼比发展规律

值得注意的是，在每组埋深下，CSR 为 0.3 所对应试样的阻尼比在整个循环加载的过程中不但没有上升，而且整体呈波动下降的趋势，这主要与该层土的埋深较浅，接近于表层；同时，所施加的有效围压和循环振幅也比较小，试样受到的扰动水平不大，故其各方面的发展规律并不明显。

试样的阻尼比在不同埋深下随着振次的发展规律如图 2.58 所示，从图中可以看出，只有埋深为 2m 和 4m 的试样在试验后期其阻尼比有所上升，其余埋深下试样的阻尼比在试验过程中随振次在一定范围内波动，上升趋势不明显。之所以阻尼比随振次的变化规律不如其余变量（如累积应变、孔压、弹性模量等）的变化规律明显，其中的原因可能是由于试样的埋深较浅，试样周围的有效围压较小，循环振幅也较小，在这种情况下试样阻尼比的增长不够明显。

2.2.2.3　累积应变发展模型

通过对各个深度下和各个 CSR 工况下的累积应变随振次的发展规律进行拟合，发现

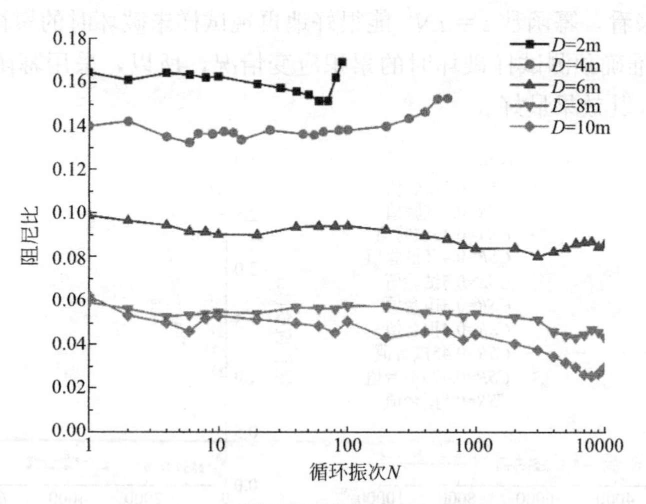

图 2.58　不同埋深下的阻尼比发展规律

已破坏的试样和未破坏的试样二者的累积应变发展规律不同，因此结合不同的函数类型对其进行拟合时效果最好，拟合结果如图 2.59 和图 2.60 所示，其中图 2.59 为采用半对数坐标的拟合结果，图 2.60 为正常坐标的拟合结果。

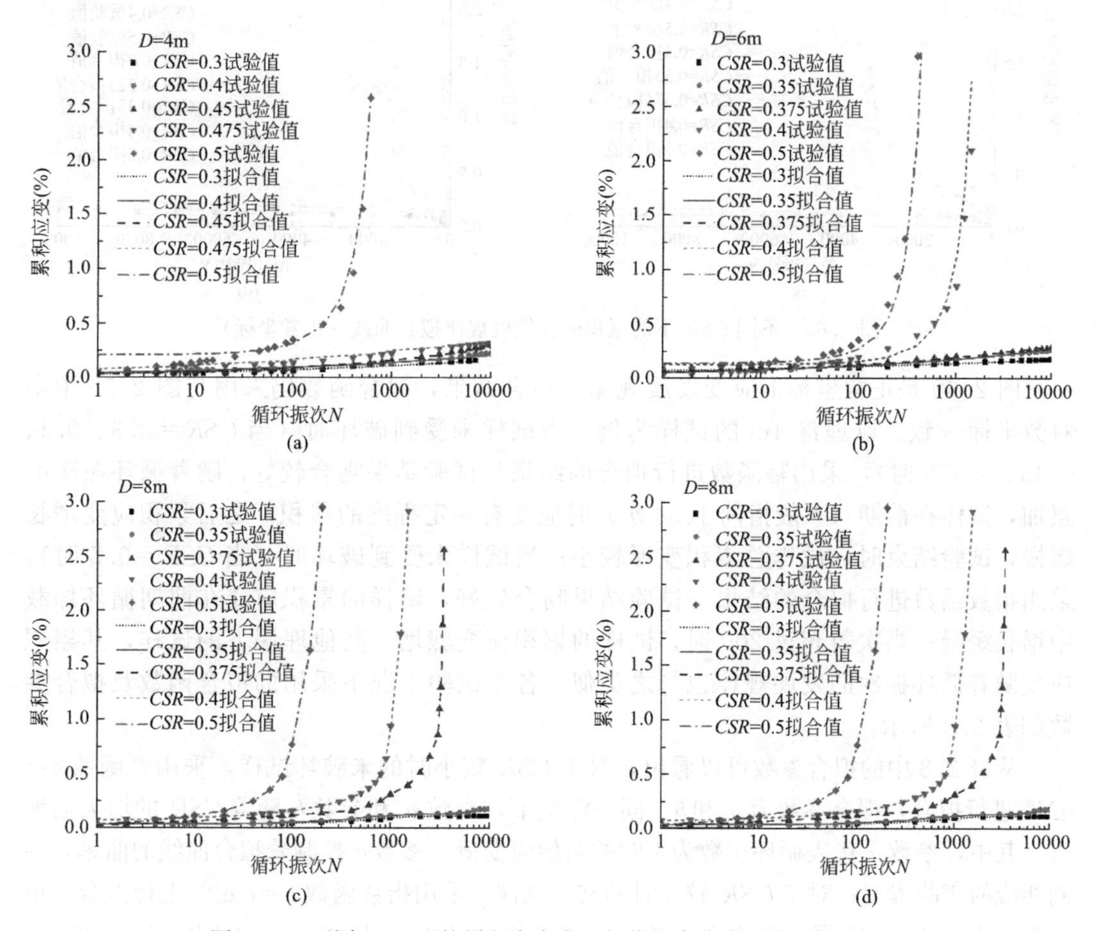

图 2.59　不同 *CSR* 下的累积应变发展规律拟合曲线（半对数坐标）

从拟合结果来看，幂函数 $\varepsilon = aN^b$ 能很好地再现试样未破坏时的累积应变情况，指数函数 $\varepsilon = c\,e^{dN}$ 能准确预测试样破坏时的累积应变情况，所以，采用幂函数和指数函数相结合的拟合方式，其效果最好。

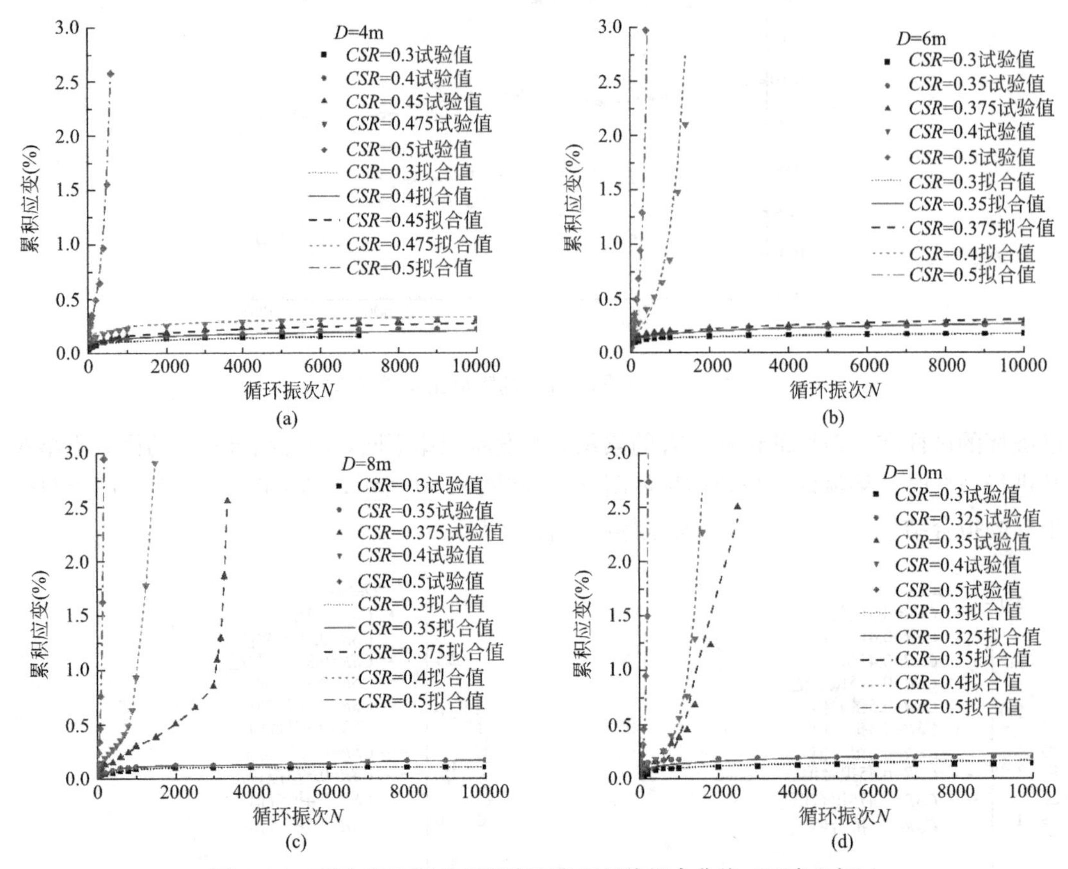

图 2.60　不同 CSR 下的累积应变发展规律拟合曲线（正常坐标）

图 2.60 是正常坐标下应变发展规律的拟合结果，拟合函数仍采用与图 2.59 中半对数坐标一致。以埋深 4m 的试样为例，当试样未受到破坏时（当 $CSR=0.3$、0.4、0.45、0.475 时），采用幂函数进行拟合的结果与试验结果吻合较好，随着循环振次的累加，试样在前期（一般指前 1000 次）时应变有一定程度的累积，之后累积应变增长缓慢，试验结束时，试样总累积变形较小；当试样未受到破坏时（当 $CSR=0.5$ 时），采用指数函数进行拟合的结果与试验结果吻合较好，试样的累积应变在前期循环加载中增长缓慢；当次数超过 200 时，试样的累积应变骤增。其他埋深下的试样，其累积应变随着循环振次的发展规律也与之类似。各个试验工况下采用的拟合函数及拟合参数如表 2.8 所示。

从表 2.8 中的拟合参数可以看出，对于 CSR 较小时的未破坏试样，采用幂函数 $\varepsilon = aN^b$ 进行拟合，拟合参数为 a 和 b。同一深度下，参数 a 和参数 b 随着 CSR 的增大而增大。其中，参数 a 代表循环次数为 1 时的初始应变值，参数 b 控制着拟合曲线的曲率，控制曲线的弯曲程度；对于 CSR 较大时的破坏试样，采用指数函数 $\varepsilon = c\,e^{dN}$ 进行拟合，拟合参数为 c 和 d。在同一深度下，参数 c 和参数 d 随着 CSR 的增大也不断增大，此时，

参数 c 代表循环振次开始前的初始应变值，而参数 d 处于指数的位置，作为循环振次 N 之前的系数，主要控制着曲线的弯曲程度。

累积应变拟合参数表　　表 2.8

埋深(m)	*CSR*	拟合函数类型	参数 *a*	参数 *b*
4	0.3	幂函数	0.041	0.1701
	0.4	幂函数	0.042	0.1723
	0.45	幂函数	0.044	0.2011
	0.475	幂函数	0.045	0.2036
	CSR	拟合函数类型	参数 *c*	参数 *d*
	0.5	指数函数	0.211	0.0042
6	*CSR*	拟合函数类型	参数 *a*	参数 *b*
	0.3	幂函数	0.048	0.1752
	0.35	幂函数	0.049	0.1803
	0.375	幂函数	0.050	0.1970
	CSR	拟合函数类型	参数 *c*	参数 *d*
	0.4	指数函数	0.126	0.0022
	0.5	指数函数	0.136	0.0070
8	*CSR*	拟合函数类型	参数 *a*	参数 *b*
	0.3	幂函数	0.025	0.1827
	0.35	幂函数	0.026	0.2807
	CSR	拟合函数类型	参数 *c*	参数 *d*
	0.375	指数函数	0.070	0.0010
	0.4	指数函数	0.088	0.0025
	0.5	指数函数	0.092	0.0180
10	*CSR*	拟合函数类型	参数 *a*	参数 *b*
	0.3	幂函数	0.022	0.2183
	0.325	幂函数	0.231	0.2260
	CSR	拟合函数类型	参数 *c*	参数 *d*
	0.35	指数函数	0.032	0.0024
	0.4	指数函数	0.041	0.0026
	0.5	指数函数	0.057	0.0167

2.2.2.4 孔压发展模型

对于试验过程中孔压随着循环振次的发展规律，可以用双曲函数 $\frac{u}{\sigma_c}=\frac{N}{aN+b}+c$ 进行拟合。采用半对数坐标和正常坐标进行拟合的结果如图 2.61 和图 2.62 所示，此处为了方便比较，对孔压值进行了归一化处理，纵坐标的值为孔压比，其值等于试样的孔压值与有效围压值的比。从两组图可以看出，在每组埋深下，当动应力比较小时，试验前期孔压随振次增长较快，后期孔压稳定在一定的水平不再增长。由有效应力原理可知，试样的有效应力值等于总应力值减孔隙水压力值。当 *CSR* 较小时，在循环荷载的作用下，试样的有效应力在经受一定程度的衰减后维持在一定值附近，该程度的循环荷载作用不会使得试样遭受破坏（例如埋深 4m 的试样在 *CSR*=0.3～0.475 时），试样的有效应力得以保持。继续增大 *CSR* 后，试样受到破坏，其孔压增长模式将不同于前者，在试验后期孔压继续增长，直至与有效围压相等，此时试样的有效应力降低至 0 附近，试样破坏严重。

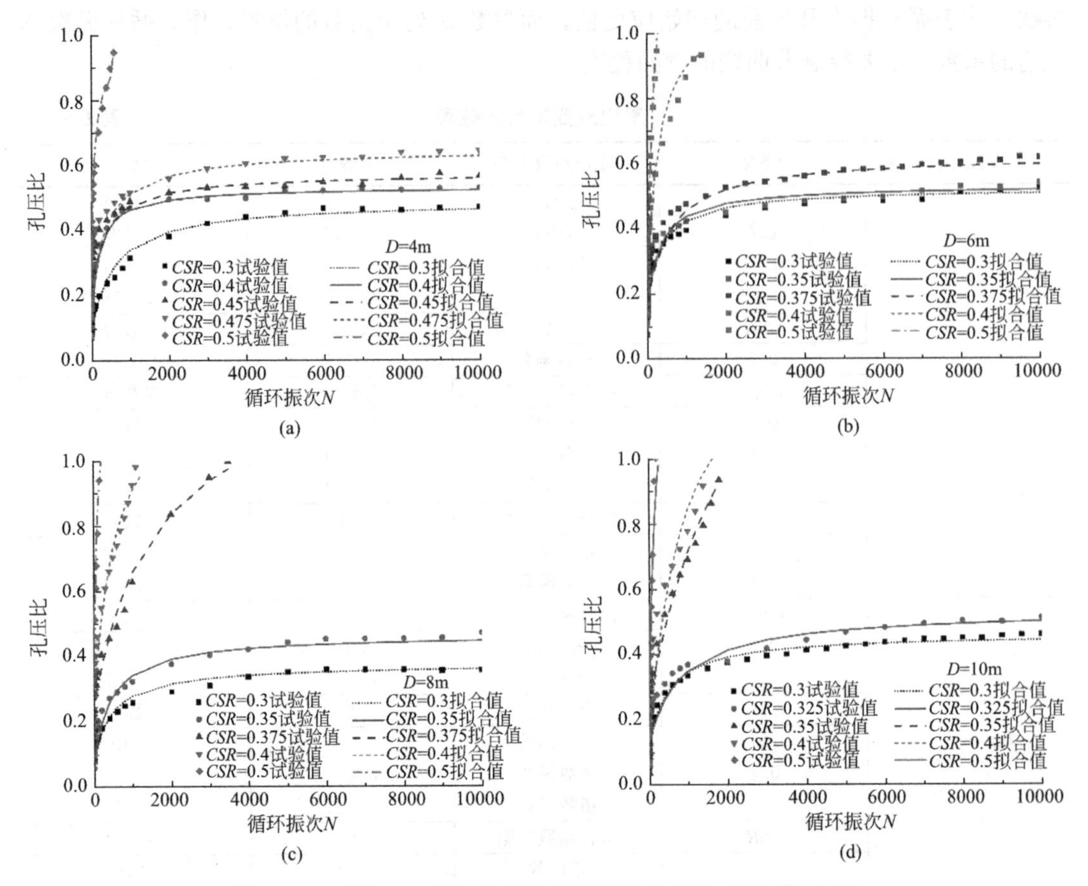

图 2.61 不同 CSR 下的孔压发展规律拟合曲线（半对数坐标）

采用双曲函数$\frac{u}{\sigma_c}=\frac{N}{aN+b}+c$ 对试样的孔压发展规律进行拟合，共涉及 a、b、c 三个参数，各个工况下参数的取值见表 2.9。

孔压拟合参数表 **表 2.9**

埋深(m)	CSR	拟合参数类型	参数 a	参数 b	参数 c
4	0.3	双曲函数	2.55	1500	0.0921
	0.4	双曲函数	2.41	470	0.1149
	0.45	双曲函数	2.73	1000	0.205
	0.475	双曲函数	2.2	900	0.19
	0.5	双曲函数	1.2985	85	0.1786
6	0.3	双曲函数	2.93	1200	0.18
	0.35	双曲函数	2.85	1050	0.18
	0.375	双曲函数	2.23	1350	0.175
	0.4	双曲函数	1.155	328	0.22
	0.5	双曲函数	0.7	150	0.21
8	0.3	双曲函数	3.5	1800	0.09
	0.35	双曲函数	2.6	1200	0.08
	0.375	双曲函数	0.95	1500	0.25
	0.4	双曲函数	0.96	550	0.246
	0.5	双曲函数	0.9	70	0.19

续表

埋深(m)	CSR	拟合参数类型	参数 a	参数 b	参数 c
10	0.3	双曲函数	2.95	1500	0.12
	0.325	双曲函数	2.5	2100	0.1307
	0.35	双曲函数	0.65	1500	0.25
	0.4	双曲函数	0.75	650	0.13
	0.5	双曲函数	0.7503	120	0.1672

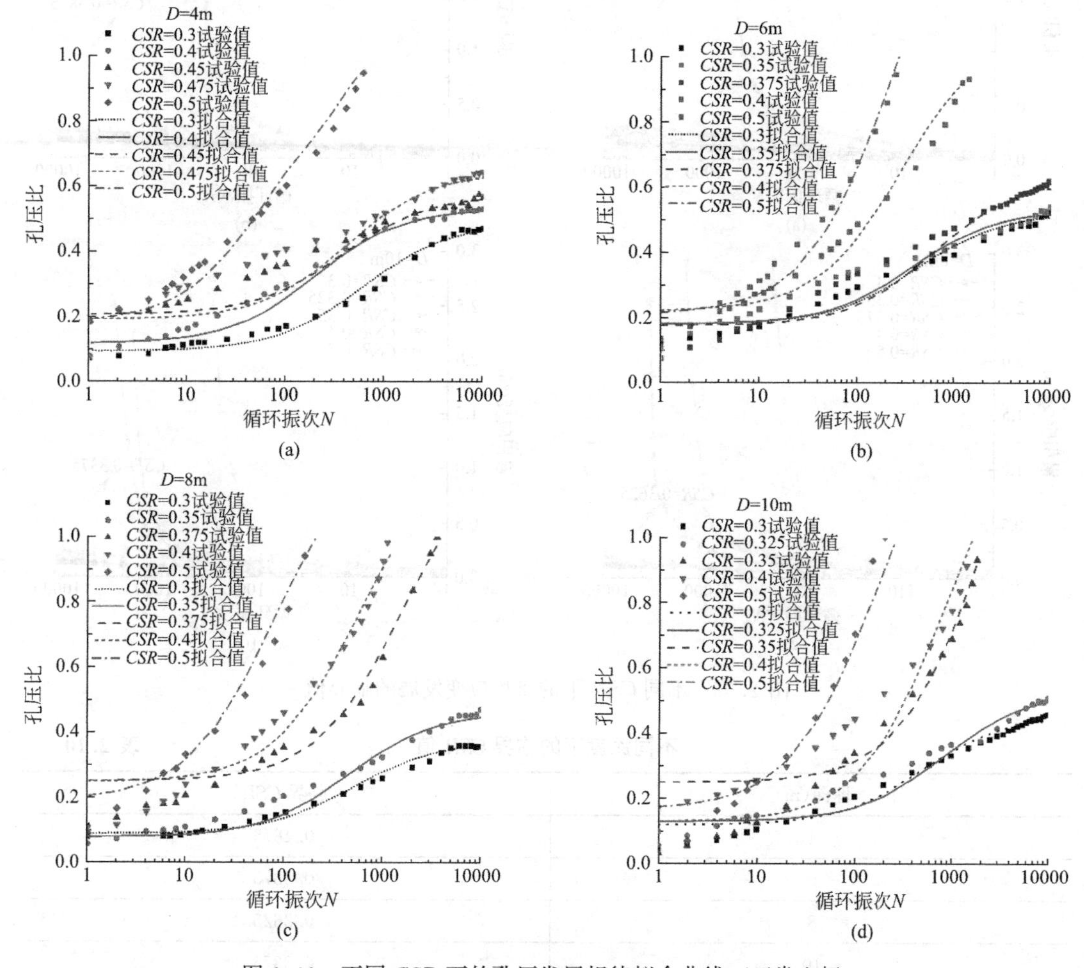

图 2.62　不同 CSR 下的孔压发展规律拟合曲线（正常坐标）

从表 2.9 中可以看出，采用双曲函数对试样的孔压规律进行拟合，其拟合参数没有较明显的规律，这可能是由于在试验过程中试样在进行动态试验之前，各个试样的固结程度不完全相同，进而导致试样在进行动态试验前的初始孔压值略有不同，所以拟合起来参数取值也会受到影响。

2.2.2.5　原状海洋土临界动应力比分区

观察动态循环加载试验的试验结果可以得出，以累积应变的发展规律为例，在每组埋深下，都可以得出一个能够引发土体破坏的 CSR 阈值，如图 2.63 所示，当低于临界 CSR 值时，轴向应变随振次的增加而累积；当超过临界 CSR 值时，经过一段时间平稳的累积，轴向应变在转折点后随着循环次数的增加而骤增。值得注意的是，临界 CSR 值随深度的增大而减小，其变化规律如表 2.10 所示。

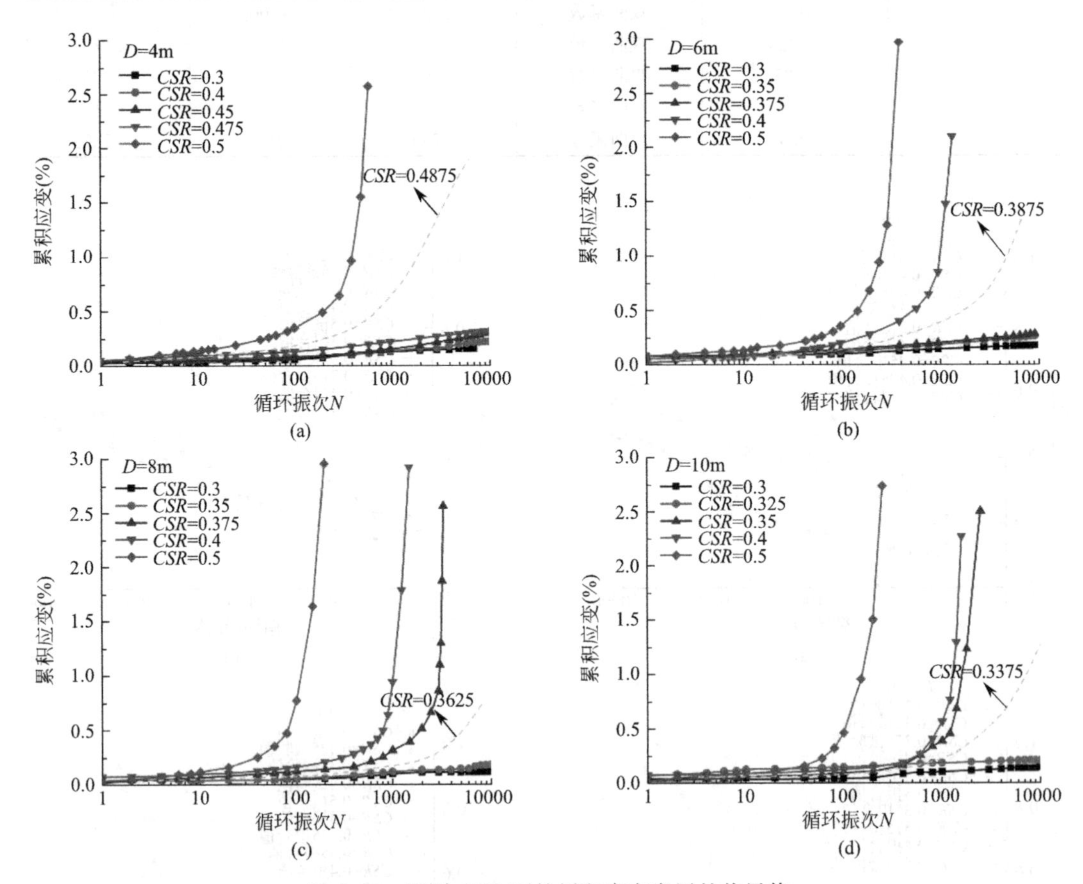

图 2.63 不同 CSR 下的累积应变发展的临界值

不同深度下的临界 CSR 值 **表 2.10**

埋深(m)	临界 CSR
4	0.4875
6	0.3875
8	0.3625
10	0.3375

绘制临界 CSR 随着埋深变化的曲线，如图 2.64 所示，该曲线将整个平面划分为两个区域——安全区和非安全区。位于边界线左侧区域的 CSR 状态表示“安全”，而位于右侧区域的 CSR 状态表示“非安全”，即循环荷载下可能发生土体破坏。所以实际工程应用中，应尽可能使得土体所处工况落于左侧的安全区。同时，这种边界曲线的划分方法，也可为后期更大埋深下土体的临界状态的判定提供参考。

2.2.3 小结

本节采用室内模型试验，首先测得了莱州湾淤泥质黏土的基本物理力学参数，进而研

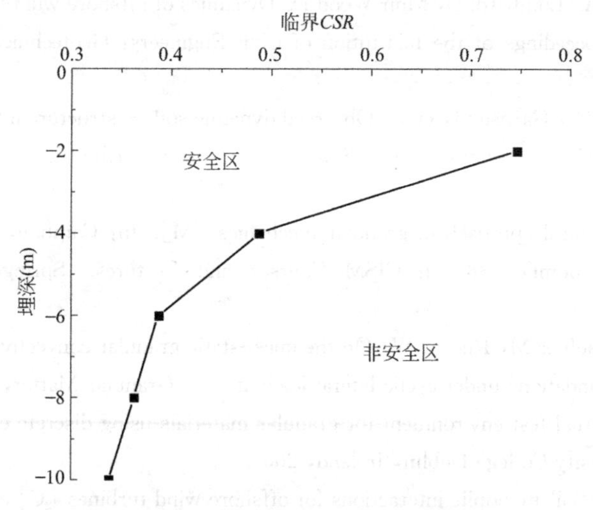

图 2.64 临界动应力分区图

究了其在大数量级循环荷载作用下的动力特性，分析了循环应力应变和应力路径行为，揭示了土体在不同循环应力比和埋深水平下的力学行为。主要结论如下：

（1）土样液限为 50.63%，属于高液限黏土；原状土的含水率为 41.8%～58.3%；渗透系数为 10～8m/s，渗透系数较低；压缩系数为 1.50MPa^{-1}，属于高压缩性土。

（2）低 *CSR* 水平下，原状海洋淤质土的应力-应变滞回曲线表现为狭窄的封闭梭形环，随着循环次数的增加，骨线斜率略有下降，刚度变小。高 *CSR* 水平下的应力应变行为表现为应变软化和硬化交替的行为，应力-应变滞回曲线最终呈现“倒 S”形，这是由循环荷载下土体颗粒的收缩和膨胀所致。

（3）高 *CSR* 水平下，从应力路径图中可以反映出，应力状态在试验后期会随振次达到临界状态线，即意味着试样受到破坏，试样被严重拉压，随之变形显著增大，直至最终破坏。

（4）幂函数和指数函数能很好地描述和预测海洋软黏土在未破坏和破坏状态下的应变发展行为。双曲线模型可以描述不同 *CSR* 水平和深度下的孔压累积规律。

（5）每组试样存在一个临界 *CSR* 值，该临界 *CSR* 值定义了可引发黏土循环破坏的阈值。当低于临界 *CSR* 值时，轴向应变随循环次数的增加而累积增长，最终稳定在一定的较小值。当高于临界 *CSR* 值时，经过若干次循环荷载后，轴向应变随着循环次数的累积而骤增。

（6）较大的 *CSR* 水平下，土体发生显著的强度衰减和刚度退化现象。通过绘制临界 *CSR* 随埋深的变化曲线，可将整个区域划分为破坏和未破坏两个区域，这种判别方法可对实际埋深更大的土体在循环荷载作用下破坏与否起到预测作用。

参考文献

ASTM D6528-07. Standard Test Method for Consolidated Undrained Direct Simple Shear Testing of Cohesive Soils. 2007.

Bhattacharya S, Cox J A, Lombardi D, Muir Wood D. Dynamics of offshore wind turbines on two types of foundations [C]. Proceedings of the Institution of Civil Engineers: Geotechnical Engineering, 2013a, 166 (GE2): 159-169.

Bhattacharya S, Nikitas N, Garnsey J, et al. Observed dynamic soil - structure interaction in scale testing of offshore wind turbine foundations [J]. Soil Dynamics and Earthquake Engineering, 2013b, 54: 47-60.

Cambou B. Micromechanical approach in granular mechanics [M]. In: Cambou, B. (ed.) Behaviour of Granular Materials. number 385 in CISM Courses and Lectures. Springer-Verlag, Wien New York, 1998.

Cuéllar P, Georgi S, Baeßler M, Rücker W. On the quasi-static granular convective flow and sand densification around pile foundations under cyclic lateral loading [J]. Granular Matter, 2012, 14 (1): 11-25.

Cui L. Developing a virtual test environment for granular materials using discrete element modelling [D]. PhD. Thesis, University College Dublin, Ireland, 2006.

Cui L, Bhattacharya S. Soil-monopile interactions for offshore wind turbines [C]. Proceedings of the ICE-Engineering and Computational Mechanics, 2016, 169 (4): 171-182.

Cui L, Bhattacharya S, Nikitas G, Bhat A. Micromechanics of granular soil in asymmetric cyclic loadings: an application to offshore wind turbine foundations [J]. Granular Matter. 2019, 21.

Cui L, O'Sullivan C. Exploring the macro-and micro-scale response characteristics of an idealized granular material in the direct shear apparatus [J]. Géotechnique, 2006, 56 (7): 455-468.

Cui L, O'Sullivan C, O'Neil S. An analysis of the triaxial apparatus using a mixed boundary three-dimensional discrete element model [J]. Géotechnique, 2007, 57 (10): 831-844.

Jalbi S, Arany L, Salem A, Cui L, Bhattacharya S. A method to predict the cyclic loading profiles (one-way or two-way) for monopile supported offshore wind turbines [J]. Marine Structures, 2019, 63: 65-83.

Kelly R B, Houlsby G T, Byrne B W. Transient vertical loading of model suction caissons in a pressure chamber [J]. Géotechnique, 2006, 56 (10): 665-675.

Kühn M. Dynamics of offshore wind energy converters on monopile foundations-experience from the Lely offshore wind farm. OWEN Workshop "Structure and Foundations Design of Offshore Wind Turbines" March 1, 2000, Rutherford Appleton Lab.

Li X, Yu H S. Fabric, force and strength anisotropies in granular materials: a micromechanical insight [J]. Acta Mechanica, 2014, 225 (8): 2345-2362.

Lin X, Ng T T. A three-dimensional discrete element model using arrays of ellipsoids [J]. Géotechnique, 1997, 47 (2): 319-329.

Lombardi D, Bhattacharya S, Muir Wood D. Dynamic soil - structure interaction of monopile supported wind turbines in cohesive soil [J]. Soil Dynamics and Earthquake Engineering, 2013, 49: 165-180.

Lombardi D, Bhattacharya S, Scarpa F, Bianchi M. Dynamic response of a geotechnical rigid model container with absorbing boundaries [J]. Soil Dynamics and Earthquake Engineering, 2015, 69: 46-56.

Mindlin R D. Compliance of elastic bodies in contact [J]. Transactions of the ASME, Series E, Journal of Applied Mechanics, 1949, 20 (327): 221-227.

Nikitas G, Arany L, Aingaran S, Vimalan J, Bhattacharya S. Predicting long term performance of offshore wind turbines using cyclic simple shear apparatus [J]. Soil Dynamics and Earthquake Engineering, 2017, 92: 678-683.

O'Sullivan C, Bray J, Riemer, M. An examination of the response of regularly packed specimens of spherical particles using physical tests and discrete element simulations [J]. Journal of Engineering Mechanics, ASCE, 2004, 130 (10): 1140-1150.

O'Sullivan C, Cui L, O'Neil S. Discrete element analysis of the response of granular materials during cyclic loading [J]. Soils and Foundations, 2008, 48 (4): 511-530.

Rothenburg L, Bathurst R J. Analytical study of induced anisotropy in idealized granular materials [J]. Géotechnique, 1989, 39: 601-614.

Thornton C. Numerical simulations of deviatoric shear deformation of granular media [J]. Géotechnique, 2000, 50 (1): 43-53.

Zhang Y, Andersen K H. Scaling of lateral pile p-y response in clay from laboratory stress-strain curves [J]. Marine Structures, 2017, 53: 124-135.

Zhu B, Byrne B W, Houlsby G T. Long-term lateral cyclic response of suction caisson foundations in sand [J]. Journal of Geotechnical and Geoenvironmental Engineering, ASCE, 2013, 139 (1): 73-83.

第3章 近海风电开口管桩的贯入特性

桩基础作为一种最为常见的深基础形式，使用范围涵盖了工业与民用建筑、道路、桥梁及港口工程、海洋工程等工程建设各个领域。目前，全球海上风电场应用最广泛的基础形式为单桩基础，它通常为开口钢管桩，直径为3～8m。开口管桩在沉桩过程中部分土体挤入管桩内形成"土塞"，土塞效应是开口管桩区别于闭口管桩或实体桩的主要体现，也是导致二者承载性状差异的主要原因。研究沉桩过程中土塞的形成和荷载传递机理是准确预估开口管桩沉桩性状的关键，而桩靴的安装以及桩径的变化势必改变土塞的形成，进而改变开口管桩的沉桩特征和承载性能。基于此，本章采用室内大型模型试验与离散元数值模拟相结合的方法，研究了不同桩靴形式及管桩直径下开口管桩沉桩过程的力学机制，为准确预估开口管桩施工效应提供可靠的理论依据。

3.1 开口管桩贯入特性的大比尺模型试验

3.1.1 试验设备与材料选取

3.1.1.1 大尺度模型试验仪

室内模型试验仪由四部分组成：模型箱系统、加载系统、土样制备系统和数据采集系统，如图3.1所示。模型箱内部尺寸为3000mm×3000mm×2000mm（长×宽×高）。加载系统由液压油缸、高压油泵、压力控载箱、PLC（Programmable Logic Controller）控制系统组成。试验采用青岛海砂（干砂），筛分法测定土样的颗粒级配如图3.2所示，土样的其他物理参数指标如表3.1所示。

砂土地基的总高度为1800mm，采用人工装砂，每次装砂100mm，分18次完成。砂样的相对密实度为73%，处于密实状态。采用微型光纤光栅应变传感器全程监测沉桩过程中的桩体应变，YWD-100型位移传感器动态监测桩周地表竖向位移，MPS拉线位移传感器实时记录桩体沉降和土塞高度，桩顶安装压力传感器记录沉桩总阻力。

砂样物理参数指标　　表3.1

相对密度 G_s	最大孔隙比 e_{max}	最小孔隙比 e_{min}	平均粒径 d_{50}(mm)	粒径范围(mm)	内摩擦角 φ(°)
2.65	0.52	0.30	0.72	0～15	42.8

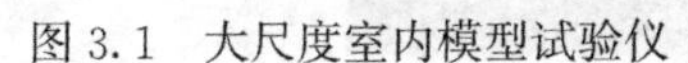
图3.1　大尺度室内模型试验仪

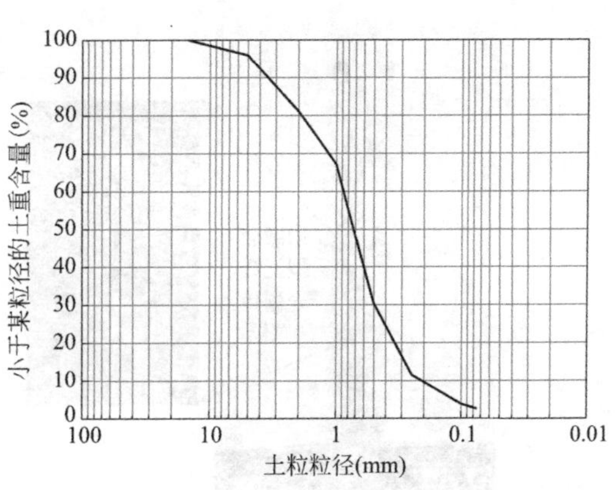

图3.2　土样颗粒级配曲线

3.1.1.2　双壁模型管桩

双壁管桩试验技术是同时捕捉开口管桩内、外侧摩阻力的有效途径。Paik & Lee (1933) 首先采用双壁模型管桩进行桩体的载荷试验。此后，国外一些学者采用开口双壁管桩对桩体的沉桩性状进行研究（Lehane & Gavin，2001；Choi & O'Neill，1997；Gavin & Lehane，2003)，取得了一些成果，但桩靴形式对开口管桩沉桩特性影响的研究未有报道，本节采用双壁管桩对此开展研究。

模型双壁管桩总长1065mm，直径140mm，壁厚13mm。Yegian等（1973）通过有限元分析、Rao等（1996）通过模型试验研究证明模型箱边界在桩体$6D$～$8D$范围外即可忽略边界效应。基于此，本试验选用的模型箱和模型桩在沉桩过程中可忽略边界效应。内、外管顶部采用螺栓连接，分别在外管外部粘贴槽和内管外部安装增敏微型光纤光栅传感器。内、外管结构示意图如图3.3所示，双壁管桩传感器安装示意图如图3.4所示，实物图如图3.5所示。

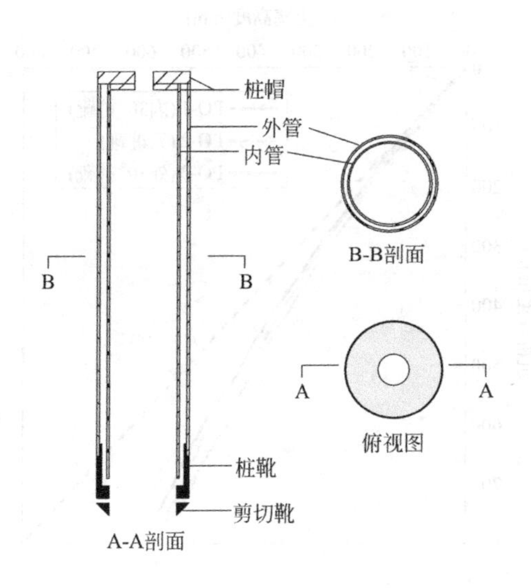

图3.3　内、外管结构示意图

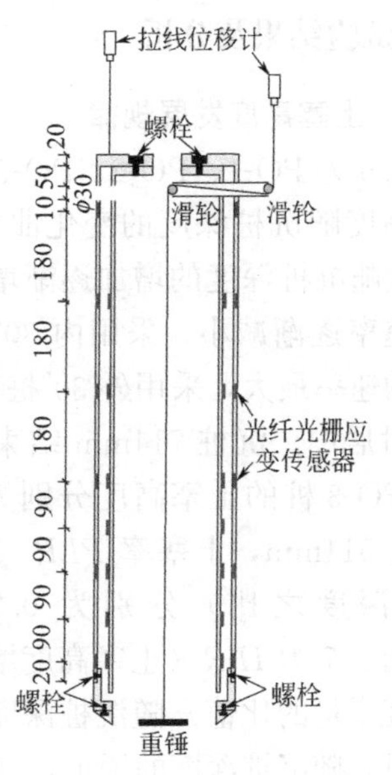

图3.4　传感器安装示意图

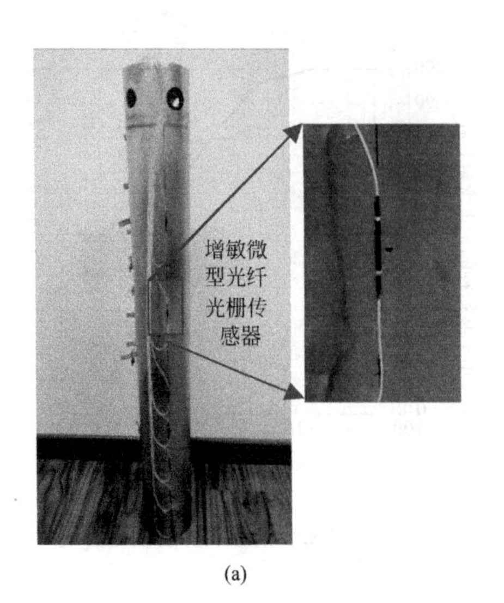

(a)

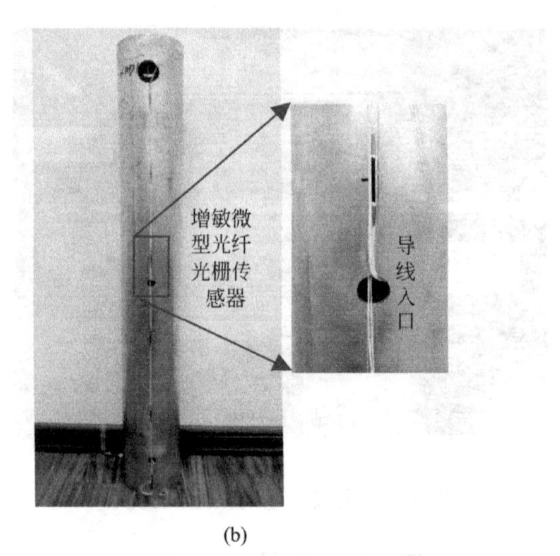

(b)

图 3.5　内、外管实物图

(a) 内管；(b) 外管

3.1.1.3　试验方案

采用 4 种不同的桩端（桩靴）形式，共进行 4 组试验，具体试验方案如表 3.2 所示。

试验方案　　表 3.2

试验编号	砂样相对密实度	加载方式	桩靴类型
PO-1	73%	不间断静压贯入	开口 30°内倾角桩靴
PO-2			直角桩靴
PO-3			开口 30°外倾角桩靴
PC			闭口平面桩靴

3.1.2　试验结果及分析

3.1.2.1　土塞高度发展规律

图 3.6 为 PO-1、PO-2、PO-3 试验桩土塞生成高度随沉桩深度的变化曲线。可知，土塞高度随沉桩深度的增加逐渐增加，但土塞生成速率逐渐减小。采用内 30°桩靴时土塞生成的速率最大，采用外 30°桩靴时最小，无桩靴时居中。沉桩 714mm 结束时 PO-1、PO-2、PO-3 桩的土塞高度分别为 555mm、535mm、514mm，土塞率 *PLR*（土塞高度与沉桩深度之比）分别为 0.77、0.75、0.72。图 3.7 为 *IFR*（土塞高度增量与桩体贯入深度增量的比值）随沉桩深度的变化曲线。可见，随沉桩深度的增加，*IFR* 值波动较大，但总体呈现降低的趋势，土塞随沉桩

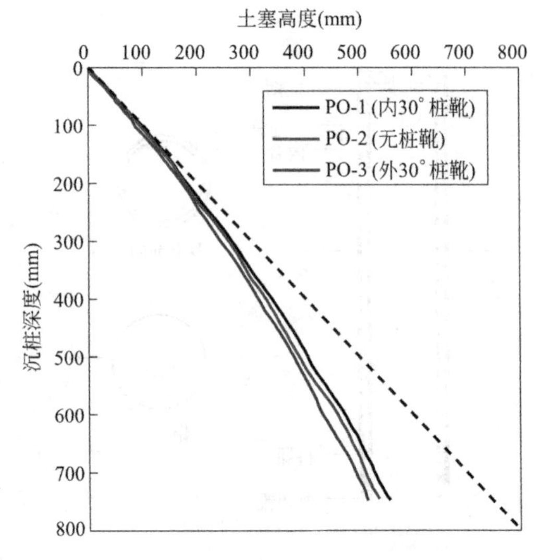

图 3.6　土塞高度随沉桩深度的变化曲线

过程趋于闭塞。

3.1.2.2　沉桩阻力

沉桩阻力是沉桩过程中各种效应耦合的宏观表现。图 3.8 为 4 组试验贯入总阻力随沉桩深度的变化情况。随沉桩深度的增加贯入总阻力基本呈线性增加，桩端形式对管桩贯入阻力产生明显影响，闭口管桩沉桩阻力远大于开口管桩。

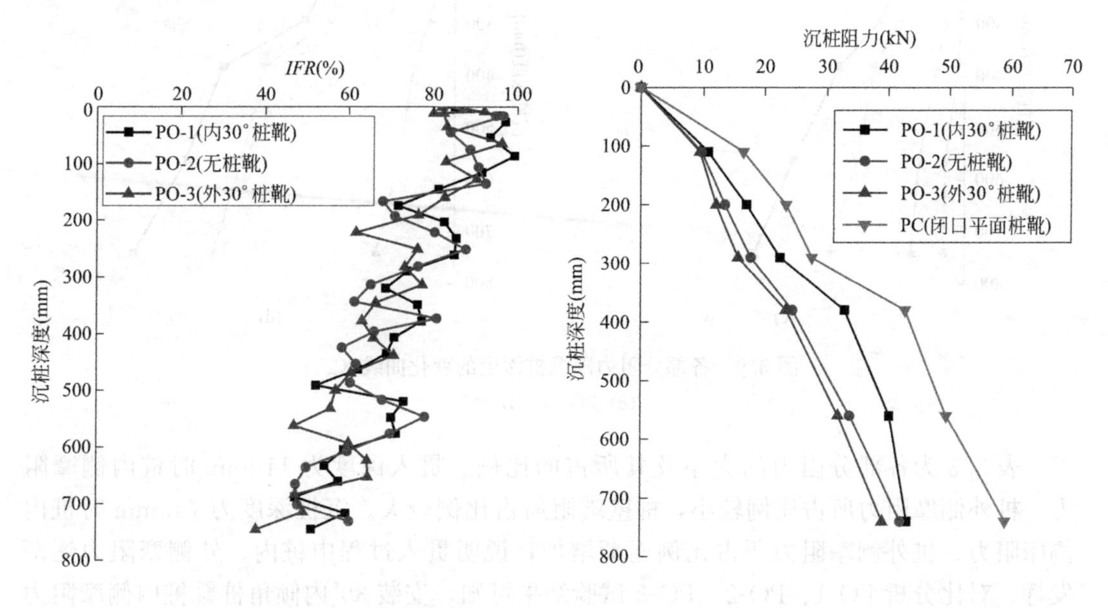

图 3.7　土塞 IFR 值随沉桩深度的变化曲线　　　图 3.8　总沉桩阻力随沉桩深度的变化曲线

图 3.9 为贯入阻力随沉桩深度的变化曲线。各部分阻力随沉桩深度的增加逐渐增加，但增加幅度相差较大。

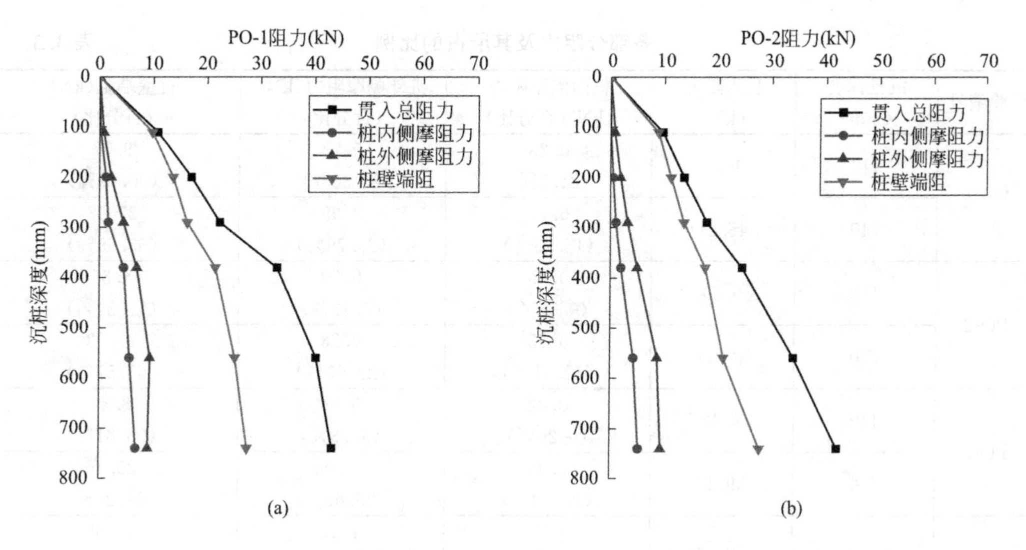

图 3.9　各部分阻力随沉桩深度的变化曲线（一）

（a）PO-1；（b）PO-2

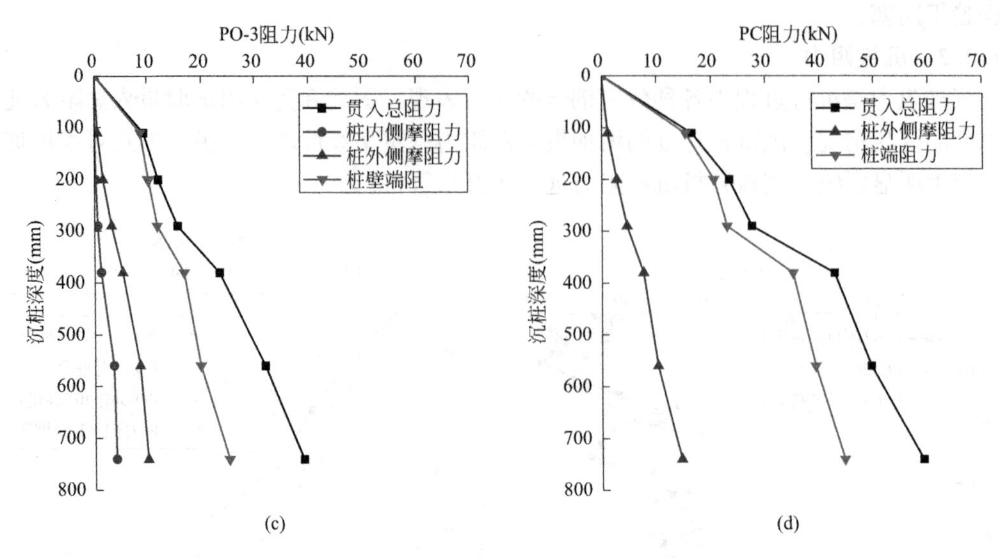

图 3.9　各部分阻力随沉桩深度的变化曲线（二）

（c）PO-3；（d）PC

表 3.3 为各部分阻力的大小及其所占的比例。贯入深度为 110mm 时桩内侧摩阻力、桩外侧摩阻力所占比例较小，桩壁端阻所占比例较大。沉桩深度为 740mm 时桩内侧摩阻力、桩外侧摩阻力所占比例逐渐增加，说明贯入过程中桩内、外侧摩阻力逐渐发挥。对比分析 PO-1、PO-2、PO-3 试验结果可知，安装 30°内倾角桩靴桩内侧摩阻力所占比例最大，安装外 30°桩靴桩内侧摩阻力所占比例最小，桩外侧摩阻力的规律反之。无桩靴形式桩端阻力所占比例最大，主要因为无桩靴形式为平面环形桩端，而内 30°和外 30°桩靴产生的倾斜桩端阻力较小。可见，桩靴对沉桩阻力各部分的组成产生较大影响。

各部分阻力及其所占的比例　　表 3.3

试验编号	沉桩深度(mm)	贯入阻力(kN)	桩内侧摩阻力(kN)(百分比)	桩外侧摩阻力(kN)(百分比)	桩壁端阻(kN)(百分比)
PO-1	110	10.8	0.23 (21.5%)	0.79 (7.36%)	9.77 (90.49%)
	740	45.24	6.77 (15.65%)	8.99 (20.79%)	27.48 (63.55%)
PO-2	110	9.69	0.05 (0.53%)	0.79 (8.13%)	8.85 (91.34%)
	740	42.14	5.23 (12.41%)	9.28 (22.03%)	27.63 (65.57%)
PO-3	110	9.42	0.02 (0.26%)	0.56 (5.93%)	8.84 (93.81%)
	740	39.17	3.96 (10.12%)	10.04 (25.63%)	25.16 (64.25%)
PC	110	16.54		1.15 (6.98%)	15.39 (93.02%)
	740	59.17		14.60 (24.67%)	44.57 (75.33%)

3.1.2.3　内、外侧摩阻力变化规律

开口管桩沉桩过程中桩内侧单位摩阻力沿深度分布曲线如图 3.10 所示。可知在相同贯入深度下，桩内侧单位摩阻力沿深度非均匀分布，深度越大桩内侧单位摩阻力越大。随着沉桩深度的增加，桩内侧摩阻力逐渐发挥。产生这种现象的主要原因是：桩体贯入过程，土塞高度不断增加，土塞被挤密压实，土塞对桩体的挤压作用增加，土塞-桩内壁侧单位摩阻力逐渐增加。沉桩深度较大时，随贯入深度的增加，相同土层桩内侧单位摩阻力出现弱化现象。土塞初始形成时对桩体内壁的挤压较大，桩内侧单位摩阻力达到最大值，随着桩端的继续贯入，土颗粒重新排列，相同深度处的桩内侧单位摩阻力逐渐减小。由此可得，大直径开口管桩内壁摩阻力同样存在“侧阻退化效应”。

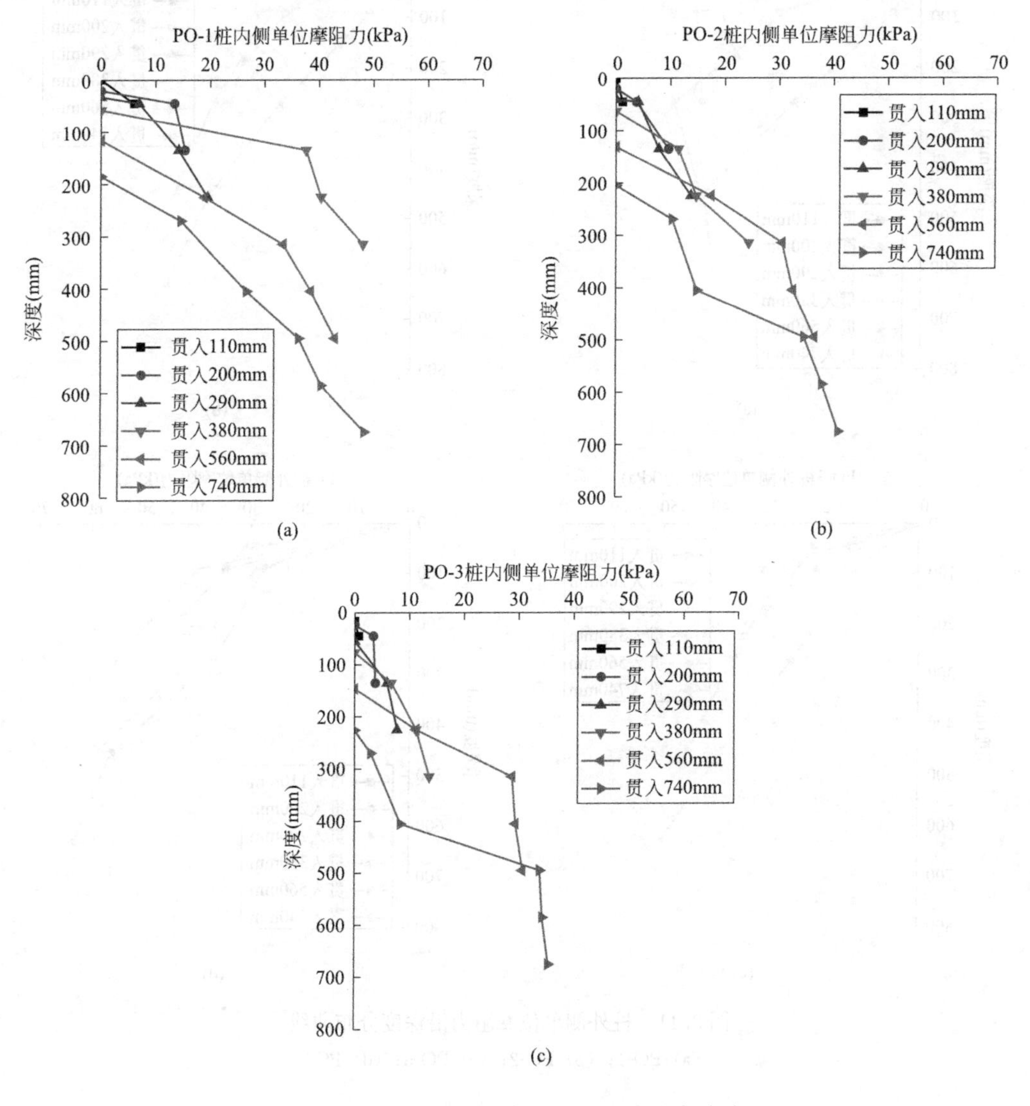

图 3.10　桩内侧单位摩阻力沿深度分布曲线

(a) PO-1；(b) PO-2；(c) PO-3

图 3.11 为管桩沉桩过程中桩外侧单位摩阻力随深度的变化曲线。可知，相同沉桩深度，桩外侧单位摩阻力沿深度非均匀分布，深度越大桩外侧单位摩阻力越大，这与 Iskander（2011）研究结果相似。分析认为，随着沉桩深度的增加，桩体对桩周土体的挤压作用越大，桩外壁-桩周土的剪切力越大，桩外侧单位摩阻力越大。一定沉桩深度下，桩外侧单位摩阻力发生明显退化现象。这主要因为当桩端达到某一深度时，挤土效应较为明显，桩外侧单位摩阻力达到最大值，随着桩端的贯入土颗粒重新排列，桩侧形成“土拱效应”，挤土效应减弱。闭口管桩产生最大桩外侧单位摩阻力为 63.65kPa，显著大于开口管桩外侧单位摩阻力。

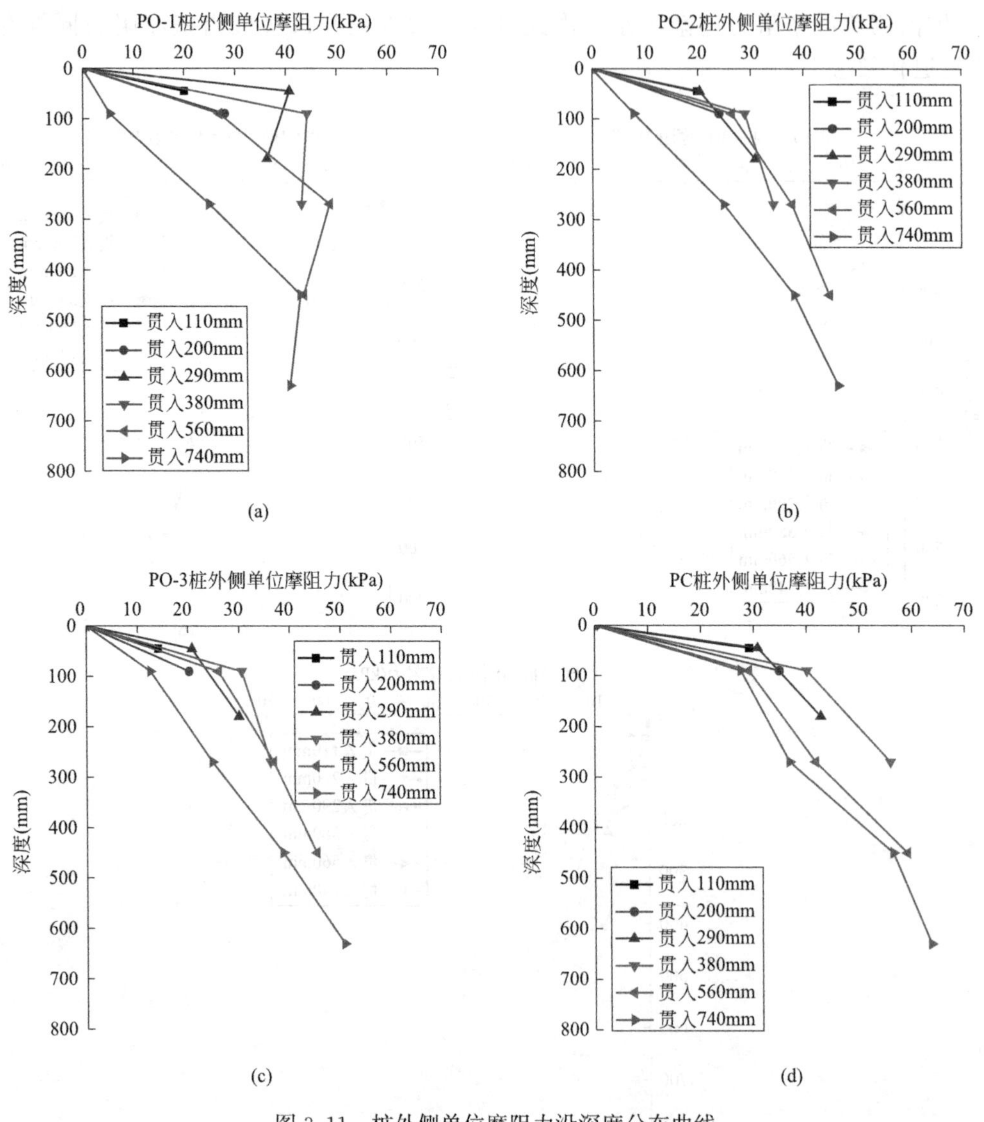

图 3.11　桩外侧单位摩阻力沿深度分布曲线

(a) PO-1；(b) PO-2；(c) PO-3；(d) PC

对比分析图 3.10、图 3.11 可知，沉桩伊始，桩内侧单位摩阻力小于桩外侧单位摩阻力，随着沉桩深度的增加，桩内侧单位摩阻力逐渐增加，与桩外侧单位摩阻力之间的差距逐渐减小，沉桩过程中土塞的承载作用逐渐发挥。

3.1.2.4 地表竖向位移

为动态测量桩周土体变形随桩体贯入深度的变化，在距桩身 0～500mm 范围内安装 YWD-100 型普通位移计，沉降标点采用 $\phi 8$ 的带肋钢筋插入砂土 60mm 做成。

图 3.12 为桩周地表位移随桩体贯入深度的变化曲线。可见，沉桩过程中桩周地表竖向位移随径向距离的变化趋势大致相同，最大隆起位移在距桩体约 30mm 处。桩体贯入对桩周地面位移的影响幅度随径向距离的增加逐渐减小；桩周土表面隆起与沉桩深度密切相关，随着沉桩深度的增加桩周土隆起速率逐渐减小。

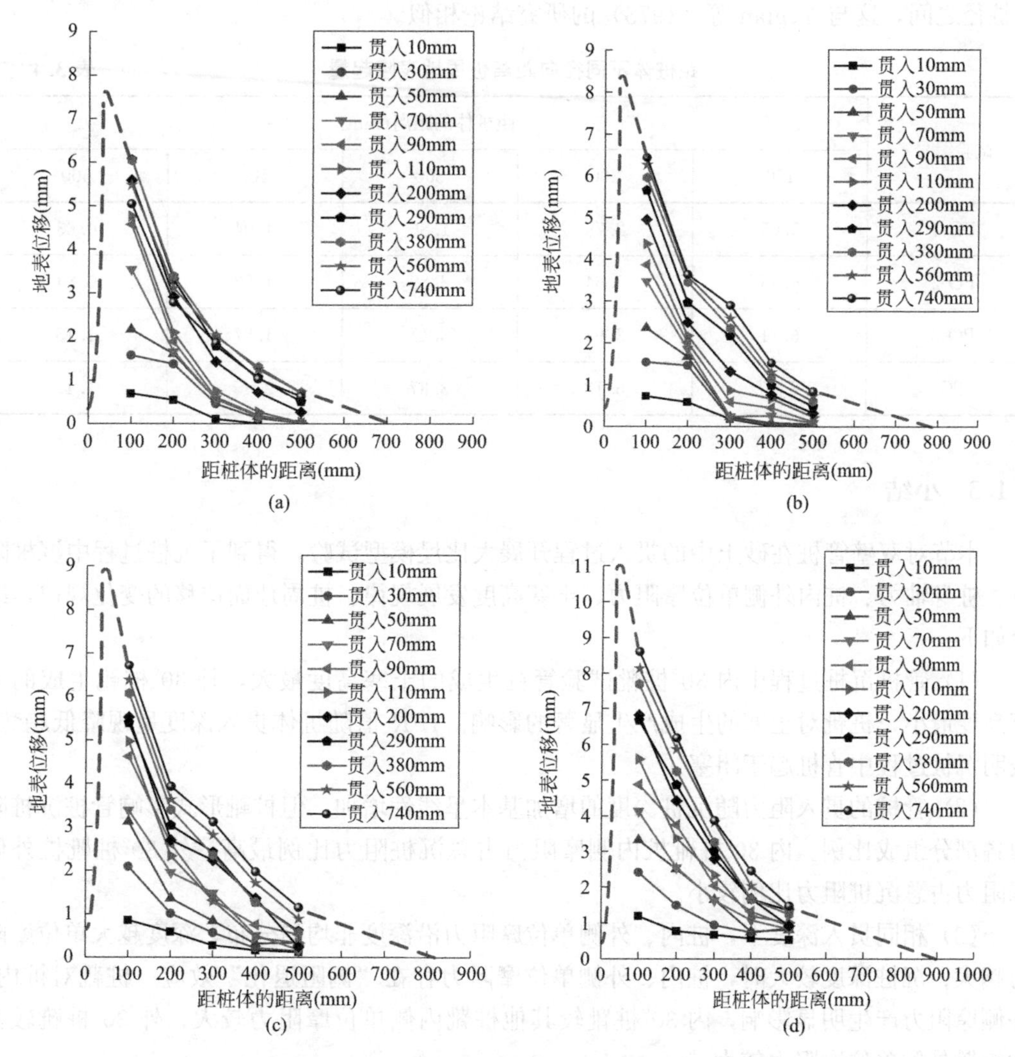

图 3.12　地表位移随桩体贯入深度的变化曲线

(a) PO-1；(b) PO-2；(c) PO-3；(d) PC

表 3.4 为沉桩深度为 740mm 时各组试验桩周土地表竖向位移量。可见开口管桩中，PO-3 组外倾角桩靴试验距桩体相同径向位置桩周土竖向位移量最大，其次为 PO-2 和 PO-1。桩体对桩周土的影响与土塞的生成高度相对应，内 30°桩靴时土塞生成高度最大，

桩周土地表位移量最小；外 30°桩靴生成的土塞高度最小，桩周地表位移量在开口管桩中最大；闭口管桩桩周土地表位移量最大，挤土效应最明显。闭口管桩沉桩深度为 740mm 时，100～500mm 范围内桩周土地表土体的位移均最大，说明沉桩过程中闭口管桩对桩周环境的影响大于开口管桩。

试验结束时，紧邻桩身的土体有明显的沉陷现象，这源于桩壁所产生的摩擦拖带作用。沉陷的范围大约为距离桩体 3cm 范围内，幅度约为 10mm，据此在图 3.12 绘出位移延伸线。同时可见，PO-1、PO-2、PO-3、PC 试验桩周土的影响范围为 700mm、710mm、810mm、900mm。本试验模型桩桩径为 140mm，对桩周土的影响范围为 5～7 倍桩径之间，这与 Yegian 等（1973）的研究结论相似。

距桩体不同径向距离桩周地表隆起量 **表 3.4**

试验编号	距桩体的距离(mm)				
	100	200	300	400	500
PO-1	5.05	2.79	1.86	1.04	0.63
PO-2	6.43	3.64	2.89	1.52	0.84
PO-3	6.71	3.93	3.11	1.97	1.15
PC	8.60	6.18	3.87	2.45	1.47

3.1.3 小结

本节对双壁管桩在砂土中的贯入过程开展大比尺模型试验，得到了沉桩过程中沉桩阻力、桩身轴力、桩内外侧单位摩阻力、土塞高度发展规律、桩周地面位移的变化规律，结论如下：

（1）管桩沉桩过程中内 30°桩靴试验管桩生成的土塞高度最大，外 30°桩靴生成的土塞高度最小，桩靴对土塞的生成产生显著的影响。*IFR* 值随桩体贯入深度呈现降低趋势，表明沉桩过程中管桩趋于闭塞。

（2）管桩的贯入阻力随沉桩深度的增加基本呈线性增加，但桩靴形式影响管桩沉桩阻力各部分组成比例。内 30°桩靴桩内侧摩阻力占总沉桩阻力比例最高，外 30°桩靴桩外侧摩阻力占总沉桩阻力比例较小。

（3）相同贯入深度下，桩内、外侧单位摩阻力沿深度非均匀分布，深度越大单位摩阻力越大；沉桩深度较大时，桩内、外侧单位摩阻力存在“侧阻退化”效应。桩靴对桩内、外侧摩阻力产生明显影响，内 30°桩靴较其他桩靴内侧单位摩阻力较大，外 30°桩靴较其他桩靴外侧单位摩阻力较大。

（4）桩体贯入过程中，桩体贯入对桩周地面位移的影响幅度随径向距离的增加逐渐减小；径向位置相同时，桩周土地表位移随沉桩深度的增加逐渐增加且增加的幅度逐渐降低。桩体对桩周土的影响与土塞的生成高度相互对应，内 30°桩靴桩周土地表位移量最小；外 30°桩靴桩周土地表位移量在开口管桩中最大。闭口管桩桩周土地表位移量最大，挤土效应最明显。管桩对桩周土的影响范围为 5～7 倍桩径。

3.2 开口管桩贯入特性的离散元数值模拟

3.2.1 数值模型简介

离散元法（Distinct Element Method）是 20 世纪 70 年代由 Cundall 博士首先提出，起源于分子动力学，最初用于岩石力学的研究，后来逐步发展到研究颗粒材料。离散元可以从细观参数层面入手研究颗粒材料的宏细观机制，基本思想是把研究对象分离为刚性元素的集合，使每个元素满足牛顿第二定律，用中心差分方法求解各元素的运动方程，从而得到研究对象的整体运动形态，在研究散粒介质方面较有限元法有更大优势。本节数值模拟所采用的 $\mathrm{PFC^{2D}}$（particle flow code 2D）是基于二维圆盘单元的离散元计算程序，它可以通过扫描颗粒间的接触和追踪颗粒的位置来计算物体的有限位移、旋转和接触力大小，且颗粒流模拟中颗粒间的相互作用是一个动态过程。PFC 计算基于两个定律：应用于颗粒的牛顿第二定律以及用于颗粒间接触的力-位移定律。

3.2.1.1 土样生成

本节计算模型采用与离心模型试验相同的相似率建模。DEM 土样的制备至关重要，传统方法生成颗粒会造成颗粒间的压实现象，压实可能引起土样的不均匀性，颗粒之间也会形成初始状态下的应力场。本节采用 Duan & Cheng（2016）提出的 GM（Grid Method）法制备土样，GM 法是将试样模型划分成多个小区域，分别在各个小区域中生成颗粒。

土体模型的尺寸为 2400mm×1050mm（宽×高），采用刚性墙体模拟边界，即第一步按逆时针方向生成最外侧模拟试验的 4 个墙体试验槽并给其编号，保证模型箱的内侧墙体为有效侧。将试验槽区域划分相同大小的网格，通过生成一系列小墙体，将模型每一层划分成相同大小、边长为 0.1m 的小网格，每层共 24 个。采用 GM 法在现有网格划分基础上，逐层进行土样的生成。第一层土样生成后，删除第一层中所有临时竖向墙体，第一层颗粒在无边界间隔条件下进行自重平衡，如图 3.13(a) 所示；第一层颗粒自重平衡后，固定最上层土层的部分颗粒作为第二层颗粒的底部墙体，删除顶部墙体，生成第二层土层，如图 3.13(b) 所示；然后，按照相同步骤依次生成剩余土样，如图 3.13(c) 所示。

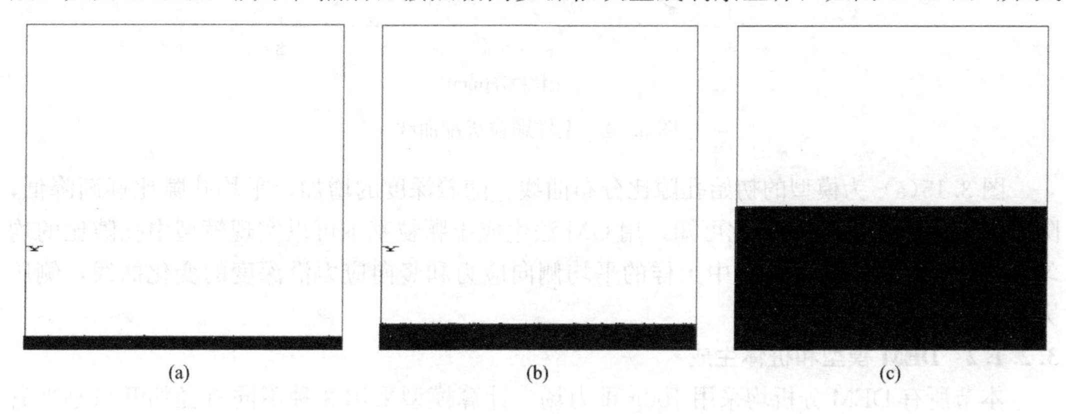

图 3.13　土样生成示意图

(a) 第一层土体；(b) 第二层土体；(c) 土样全部生成

模型中每一个小网格按一定的级配生成约 280 个颗粒，土样初始孔隙比设置为 0.25。第二步施加 100g 的重力进行重力平衡，最终土体孔隙比为 0.185。为了更好地观察到土样变形和颗粒运动，把土样由下而上进行分层并赋予不同颜色，在距桩体不同水平位置处沿竖向赋予球体白色，距桩体较近位置白球较为密集，远离桩体位置较为稀疏。

土样所选参数如表 3.5 所示，颗粒最大直径为 7.05mm，最小直径为 4.50mm，中值粒径为 d_{50}=5.85mm，不均匀系数 $C_u=d_{60}/d_{10}=1.26$，颗粒级配如图 3.14 所示。$d_{桩}/d_{50}$ 为 4～16，保证了数值模拟的有效性。

土样物理参数取值 **表 3.5**

物理参数	取值	物理参数	取值
砂样颗粒密度(kg/m^3)	2650	颗粒间摩擦系数 μ	0.5
桩密度(kg/m^3)	66.65	颗粒杨氏模量 E_p(Pa)	4e7
粒径(mm)	图 3.14	颗粒间法向接触刚度 k_n(N/m)	8e7
颗粒中值粒径 d_{50}(mm)	5.85	颗粒间剪切接触刚度 k_s(N/m)	2e7
模型桩直径 $d_{桩}$(mm)	25.5,45,90	墙体、颗粒刚度比 k_s/k_n	0.25
模型桩长度(mm)	515	墙体法向接触刚度 k_n(N/m)	6e12
模型桩壁厚 d_{pw}(mm)	2.475	初始平均孔隙比	0.25
模型箱宽度(mm)	2400	最终平均孔隙比(最终平衡)	0.185
模型箱深度(mm)	1052.3	饱和重度 μ(kN/m^3)	2115.3

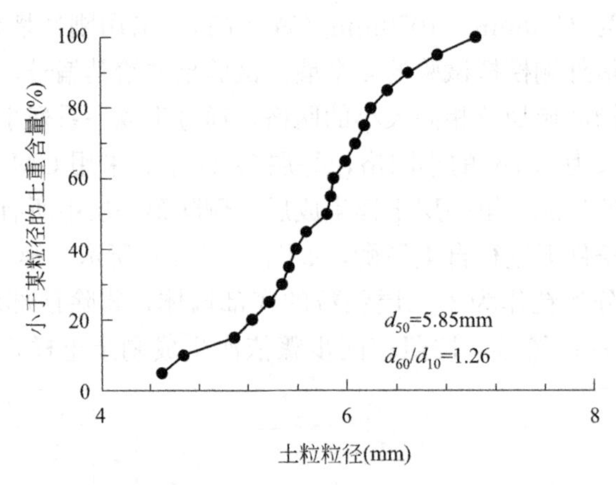

图 3.14 土样颗粒级配曲线

图 3.15(a) 为模型的初始孔隙比分布曲线。随着深度的增加，平均孔隙比逐渐降低，降低幅值为 0.05 左右。由此可知，用 GM 法生成土颗粒基本可以实现模型中孔隙比的均匀分布。图 3.15(b) 为模型中土样的平均侧向应力和竖向应力沿深度的变化曲线，侧压力系数 K_0 为 0.65。

3.2.1.2 DEM 模型和桩体生成

本节所有 DEM 分析均采用 100g 重力场。计算模型采用 3 种不同直径的开口刚性管桩，长度均为 0.515m，壁厚均为 2.475mm，P1 桩、P2 桩和 P3 桩的外径分别为 d_{pile}=22.5mm、45mm 和 90mm。为分别得到桩身内侧和外侧摩擦力，模型采用双壁桩体系，

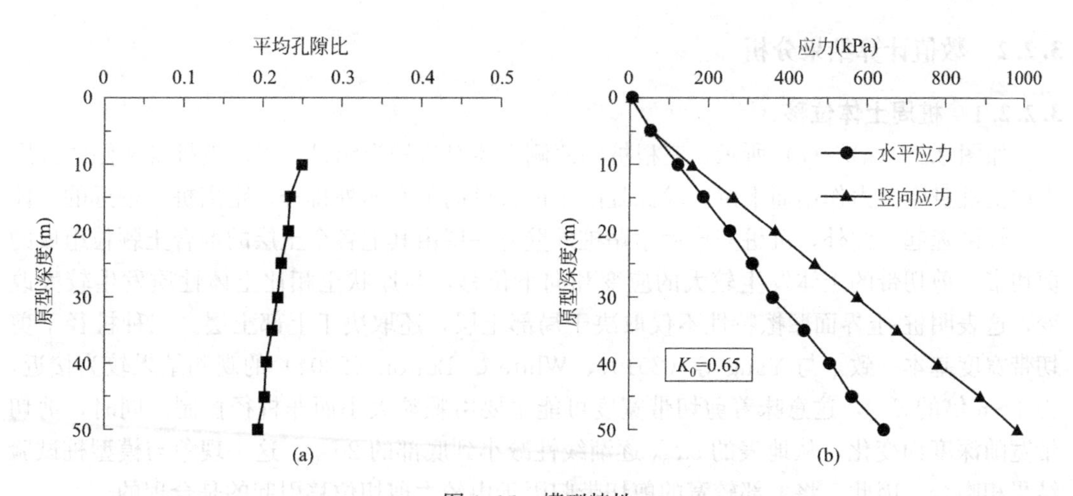

图 3.15　模型特性

(a) 初始孔隙比分布；(b) 平均侧向和竖向应力

如图 3.16 所示，与室内桩试验相似。模型桩为刚性桩，由 4940 个小颗粒组成，半径 R_{pile} 为 1.125mm。颗粒之间彼此重叠，相邻两颗粒中心之间的距离 d_{pp} 为 $0.2R_{pile}$。桩内、外壁同样由颗粒重叠而成，$d_{pt}=0.2R_{pile}$。组成桩体的颗粒直径远小于桩体直径，且颗粒间距离较短，表面较为光滑，其粗糙度接近初始设定值，颗粒和桩体接触力的方向与桩体轴力方向相同，桩体轴阻计算更容易且准确性高。此外，图 3.16 的右下角也给出了平均直径 $d_{50}=5.85$mm 的粒子集合。

模拟过程中，在模型桩顶部分级施加竖向荷载直至达到设定贯入深度 0.5m，每个特定载荷下，系统循环平衡，直到此荷载下桩体位移达到最大值，然后立即施加下一级荷载。如图 3.16 所示，沿竖直方向设置 4 级观测点，并在桩身两侧每隔 0.05m 设置一系列“测量圆”（半径 $m_r=0.05$m）用于观测桩周土体单元的特性。

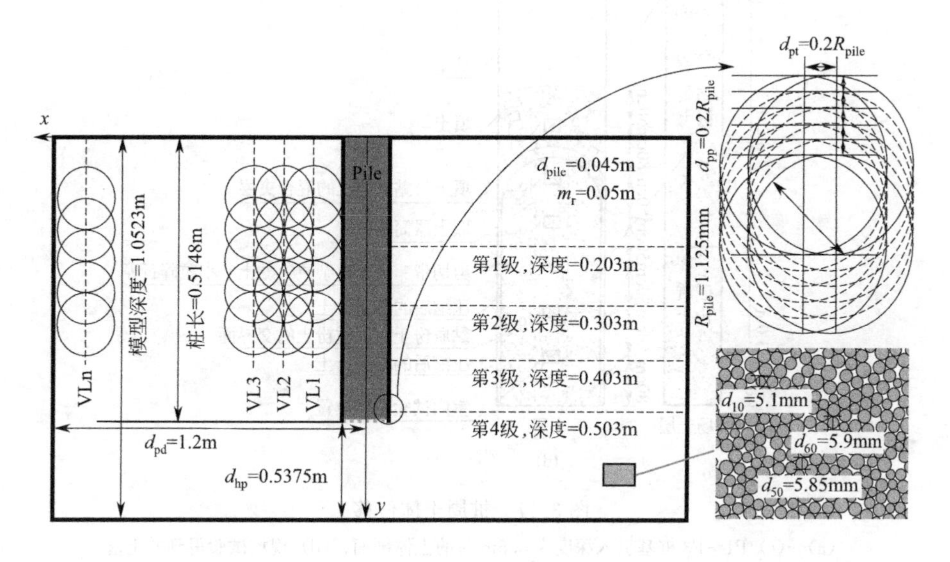

图 3.16　PFC 计算模型示意图

3.2.2 数值计算结果分析

3.2.2.1 桩周土体位移

如图 3.17 (a)～(c) 所示，三根桩的两侧土体对流较为明显，仅靠近桩身两侧的浅层土体受桩身摩擦力作用而下沉；较深处的土体被桩向下和向外排开；距离桩身较远的土体发生轻微隆起。此外，沉桩完成后紧贴桩外壁有一层由其上各个土层的混合土颗粒组成的剪切带。剪切带的土体发生较大的应变和向下位移，与原状土相比土体性质发生较大改变，这表明桩-土界面摩擦特性不仅取决于局部土层，还取决于上部土层。三种桩径下剪切带宽度基本一致，与 Yang 等 (2010)、White & Bolton (2004) 的观测结果较为接近，为 4～6 倍的 d_{50}，这意味着剪切带宽度可能主要由颗粒大小而非桩径控制。同时，剪切带宽随深度而变化，从地表的 $5d_{50}$ 逐渐线性减小到底部的 $2d_{50}$。这一现象与模型桩试验结果相吻合。因此，将上部较宽的剪切带归因于由较大剪切位移引起的是合理的。

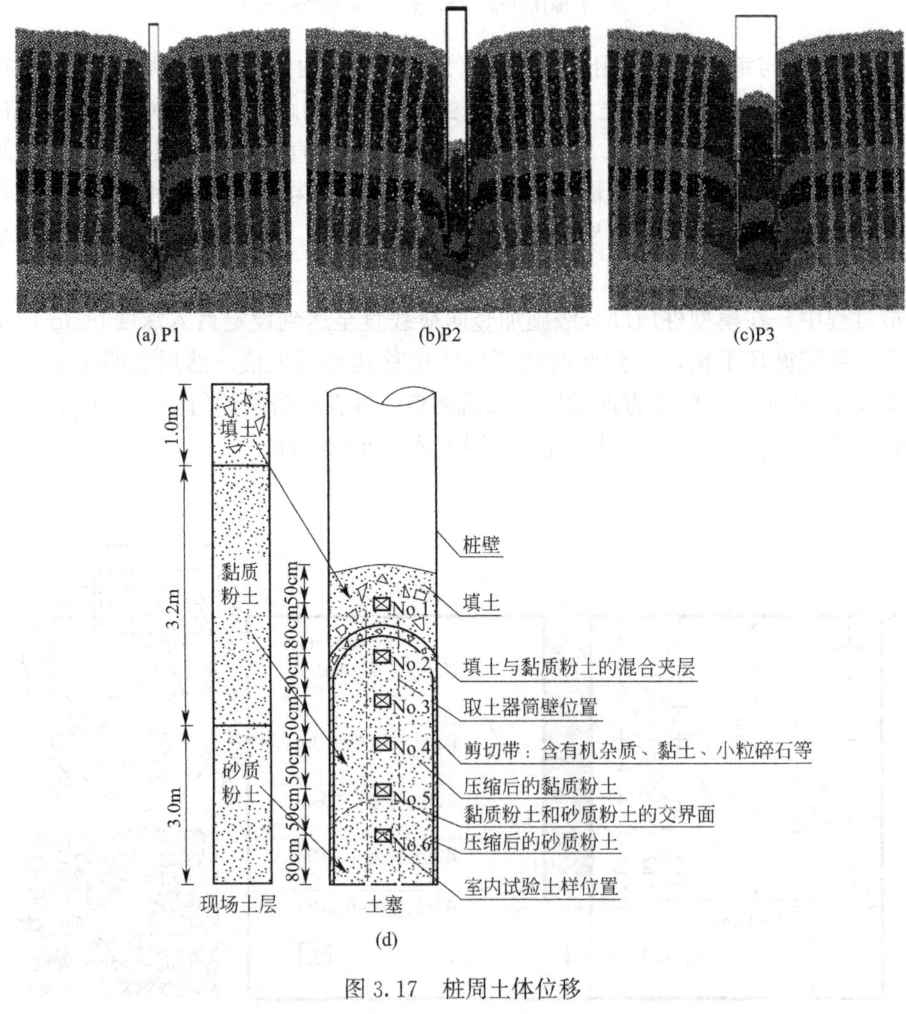

图 3.17 桩周土体位移

(a)～(c) P1～P3 桩基贯入深度为 0.5m 时的土体剖面；(d) 现场试验得到的土塞

当作用于桩上的竖向荷载由 40kN 增加到 80kN 时，土颗粒的位移增量矢量图如图 3.18

所示。从图中可以看出，土体位移模式遵循局部剪切破坏模式［图3.18(d)］，具有以下特征：仅在桩下形成明显的滑动面，且两边不连续；桩端下部形成三角形压密区，该区域内的土颗粒向下运动，三角形两侧斜剪切带内的土颗粒向下和向外运动。对比3种不同直径的桩发现，P1桩下面的三角形区域宽度为3～4倍桩径（d_{pile}=0.0225m），而P3桩下方影响区域宽度近似于桩径（d_{pile}=0.09m）宽度。此外，在初始加载阶段，当荷载从0增加到40kN时，桩两侧较大范围的土颗粒向下向外移动，而在接下来的荷载增量中，如图3.18所示，打入桩的影响区域集中在桩基两侧的有限区域，该区域内土颗粒主要发生向下的位移。

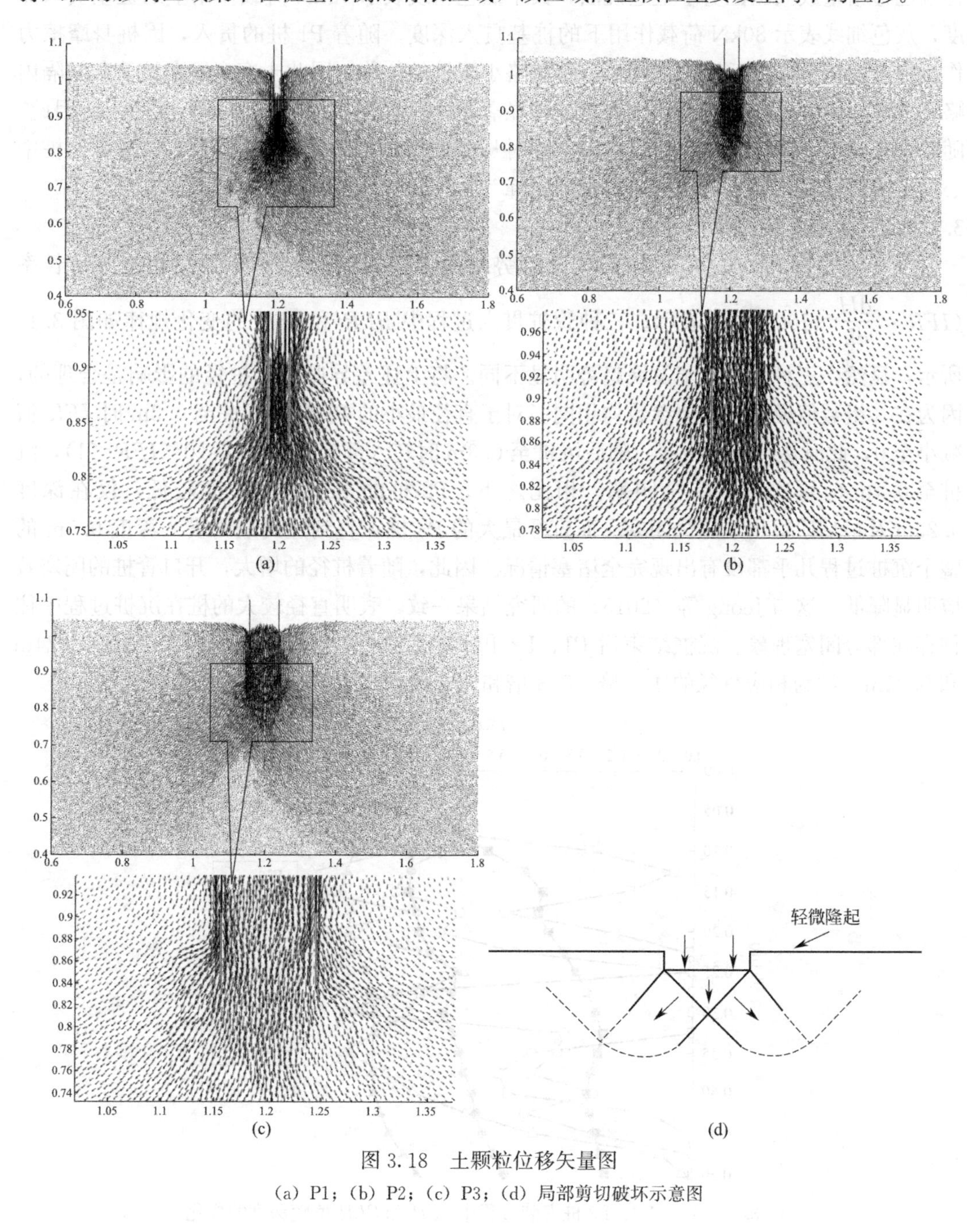

图3.18　土颗粒位移矢量图

(a) P1；(b) P2；(c) P3；(d) 局部剪切破坏示意图

然而，从图 3.17 中深色土颗粒的运动轨迹可以看出，桩基贯入过程中上述三角区域相对于开孔桩底端并非静止的。三角形区域的部分颗粒被挤入桩内部形成土塞，边缘区域的其余颗粒绕过桩端进入桩身附近的剪切区。这两部分颗粒的比值与桩内土塞和桩身周围剪切区的应力水平有关，因为土颗粒容易向应力较低的区域运动。这种现象主要取决于土塞的形成程度。这一过程也意味着剪切区土颗粒包括两部分，一部分来自因桩身摩擦力作用从上层被拖拽至下部的土颗粒，另一部分来自从桩底三角区滑出的土颗粒。图 3.18 中桩端位移增量放大图证实了上述说法，其中黑色粗线表示 40kN 荷载作用下的桩基贯入深度，灰色细线表示 80kN 荷载作用下的桩基贯入深度。随着 P1 桩的贯入，因桩身摩擦力作用桩内及桩下向下运动的土颗粒位移量略小于桩的位移；因此土塞高度在该荷载间隔内略有增加。随着桩径的增大，土颗粒位移显著减小，如图中的位移矢量长度所示。因此，随着桩径的增大，土塞高度明显增大。同时从图 3.17 可知，沿桩内壁的土颗粒流比桩中心的土流更明显，导致桩顶土塞出现“驼峰”。

3.2.2.2 土塞发展规律

土塞高度 H 随沉桩深度 L 的变化趋势常用土塞率（$PLR=H/L$）和土塞增长率（$IFR=\dfrac{\mathrm{d}H}{\mathrm{d}L}\times 100\%$）来表示。三种管桩贯入过程中 PLR 和 IFR 的变化规律如图 3.19 所示，显然，三种桩的土塞发展趋势明显不同。将上述差异归因于桩径的影响是合理的，因为在 3 组数值模型中其他参数均相同。对于直径最小的 P1 桩，沉桩至 0.2m 时 IFR 值减小至 0，此时达到完全闭塞，随后沉桩至 0.3m 时转入部分闭塞模式（$0<IFR<1$），沉桩至 0.4m 时再次形成完全闭塞。相比之下，P2 桩的土塞闭塞程度较低，仅在深度 0.25m 及最后阶段出现完全闭塞。而直径最大的 P3 桩在直到达到最终贯入深度 0.5m 的整个沉桩过程几乎都没有出现完全堵塞情况。因此，随着桩径的增大，开口管桩的闭塞效应明显降低，这与 Jeong 等（2015）的研究结果一致，表明直径较大的桩在沉桩过程中往往存在部分闭塞现象。沉桩结束后 P1、P2 和 P3 桩的土塞总高度分别为 0.11m、0.24m 和 0.35m，约为相应桩径的 4.8 倍、5.3 倍和 3.9 倍。

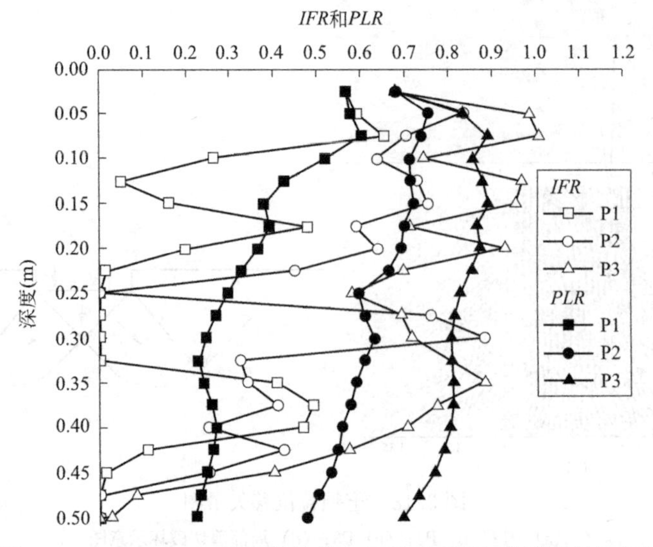

图 3.19　P1、P2、P3 桩安装过程中 IFR 和 PLR 值随深度的变化

与 PLR 相比，在诸如UWA-05等设计方法中，IFR 更适合用于定量描述开口管桩的土塞闭塞程度。但 IFR 是动态变量，在实际工程中特别是海洋环境下测读难度大。从图3.19可以看出，虽然 IFR 的总体波动趋势明显大于 PLR，但两者具有相似的降低趋势。考虑到沉桩结束后可以方便测得 PLR 值，因此可以建立 IFR 与 PLR 二者之间的关系。图3.20绘制了本节数值模拟得到的 IFR 与 PLR 散点图，并与其他文献公布的数据进行对比。结果表明本节计算得到的 IFR 与 PLR 与已公布的文献数据基本一致，数据存在分散的原因可能是土体性质及沉桩方式不同。IFR 与 PLR 二者之间大致呈线性增长关系，可表示为：$IFR(\%)=106.14\times PLR-16.44$。

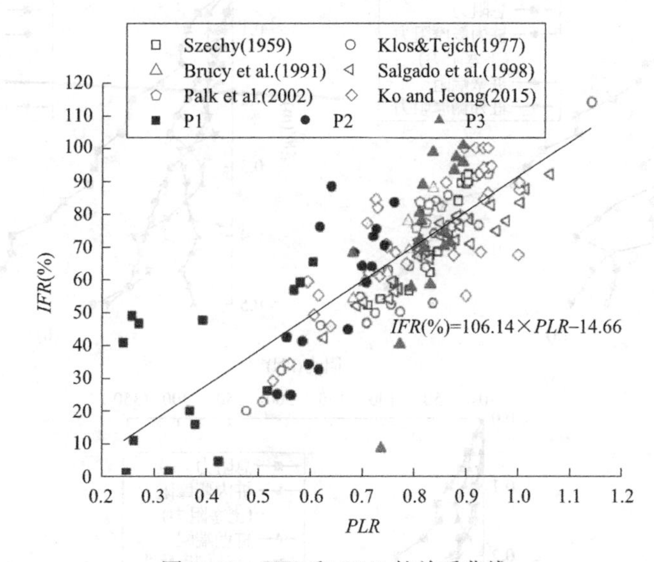

图3.20 IFR 和 PLR 的关系曲线

三种开口管桩的土塞分层与原状土层一致，如图3.17所示，但其分层截面并非平面。例如P2桩土塞上部为凸状，下部为凹形，这表明沉桩前期形成了“主动拱”，沉桩即将结束阶段形成了“被动拱”。这与P2桩在沉桩后期趋于闭塞的趋势相一致。“被动拱”的形成显著提高了土塞的阻力，同时实现了土塞的完全闭塞。

在实际工程中，当 $IFR=0$ 时管桩被认为完全闭塞，在模型试验中可以通过监测桩内土塞长度来确定管桩是否完全闭塞。然而，图3.17和图3.19之间的对比表明，开口管桩的“闭塞”并不等同于闭口桩的“真正闭塞”。以P2桩为例，尽管在最后0.25m的沉桩过程中土塞长度不变，但桩端以下土体仍进一步侵入桩内，导致管桩内部土体进一步被压实。与闭口桩相比，开口管桩该区域土颗粒运动模式不同，其调动的端阻机制也不同。因此，传统的闭口桩试验得到的桩基荷载传递模型不能直接应用于完全闭塞状态的开口管桩。

3.2.2.3 沉桩阻力

图3.21分别为三种不同直径开口管桩所承受的总阻力 Q_p 及其各组成部分随沉桩深度的变化曲线，其中 Q_{os} 为桩外侧摩阻力，Q_{is} 为桩内侧摩阻力，其大小等于土塞阻力 Q_{plug}，Q_{ann} 为桩壁端阻。从图中可以看出，对于P1、P2和P3桩，在初始沉桩阶段（0~0.25m）三个抗力分量基本相等，但是随沉桩深度的增加逐渐出现不同。对于P1桩，当沉桩深度达到0.325m时桩外侧摩阻力超过了桩内侧摩阻力，此时桩内侧摩阻力急剧减小，

而桩外侧摩阻力急剧增大。这与图 3.19 的 *IFR* 值变化趋势相一致，此时 P1 桩重新开塞。图 3.21(b) 中 P2 桩也呈现上述规律，在沉桩深度 0.25m 处 P2 桩从完全闭塞状态转为开塞状态，桩内侧摩阻力明显减小，而外侧摩阻力反之。沉桩结束阶段 P2 桩的内、外侧摩阻力值较为接近，但二者均大于桩壁端阻。相比之下，P3 桩的内侧摩阻力在沉桩后半段急剧增加，沉桩结束时其值约为外侧摩阻力和桩壁端阻之和的 2 倍。

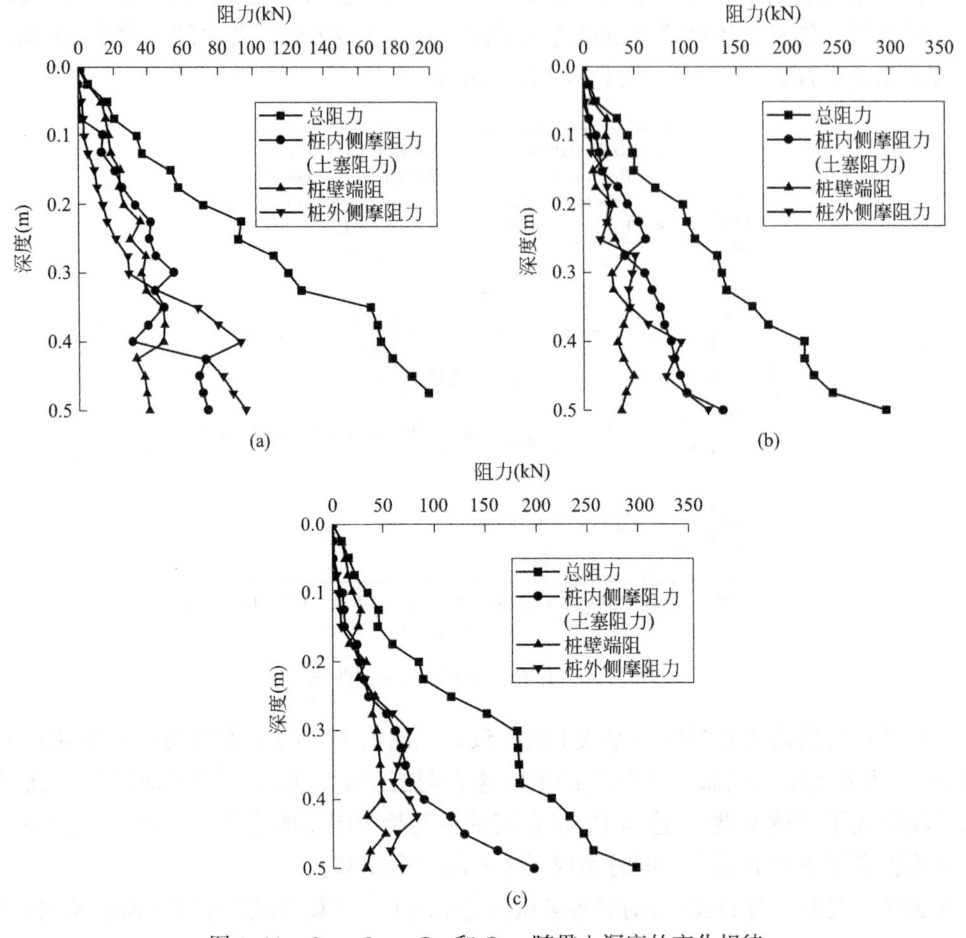

图 3.21　Q_p、Q_{os}、Q_{is} 和 Q_{ann} 随贯入深度的变化规律

(a) P1；(b) P2；(c) P3

三种模型桩的最终总阻力分别为 211kN、295kN 和 297kN。桩端阻力（土塞阻力与桩壁端阻之和）所占沉桩总阻力的比例最大，且该比例随桩径的增加而增大。沉桩过程中单位土塞阻力 q_{plug} 和单位桩壁端阻 q_{ann} 的变化规律如图 3.22 所示。尽管三种桩的桩内闭塞程度不同，但单位桩壁端阻 q_{ann} 随沉桩深度的变化规律却基本一致，表明 q_{ann} 与桩尺寸及闭塞程度无关。然而，三种桩的单位土塞阻力 q_{plug} 变化规律存在明显差异。沉桩过程中，土塞闭塞程度最高（*IFR* 值最小）的 P1 桩的单位土塞阻力 q_{plug} 最大。沉桩结束时，三种管桩内土塞均处于完全闭塞状态，类似于闭口桩，但 P1、P2 和 P3 桩的 q_{plug} 仍然不一致，分别比 q_{ann} 低 72%、100%和 159%。原因主要是桩径不同导致的，因为 ICP 设计方法表明闭口桩和开口桩的单位端部阻力均随桩径增大呈对数下降关系。

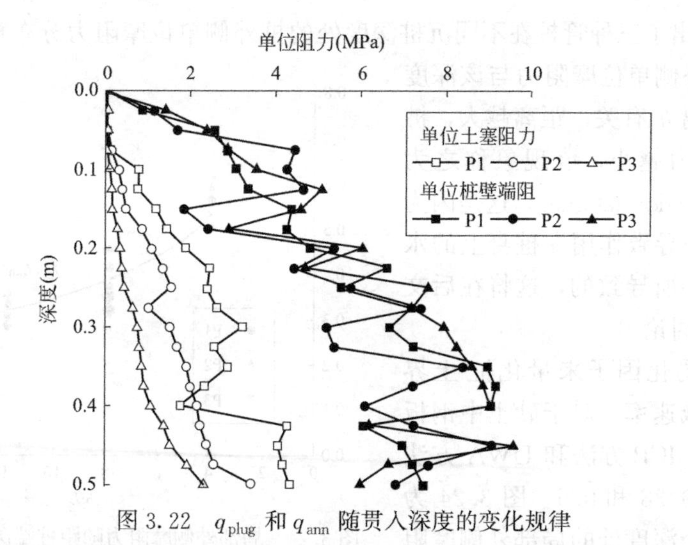

图 3.22　q_{plug} 和 q_{ann} 随贯入深度的变化规律

从图 3.21 可知，沉桩过程中管桩外侧摩阻力随深度未有明显变化，甚至部分深度出现减小现象，表明局部外摩阻力可能随桩-土界面的持续剪切而减小，图 3.23 验证了该结

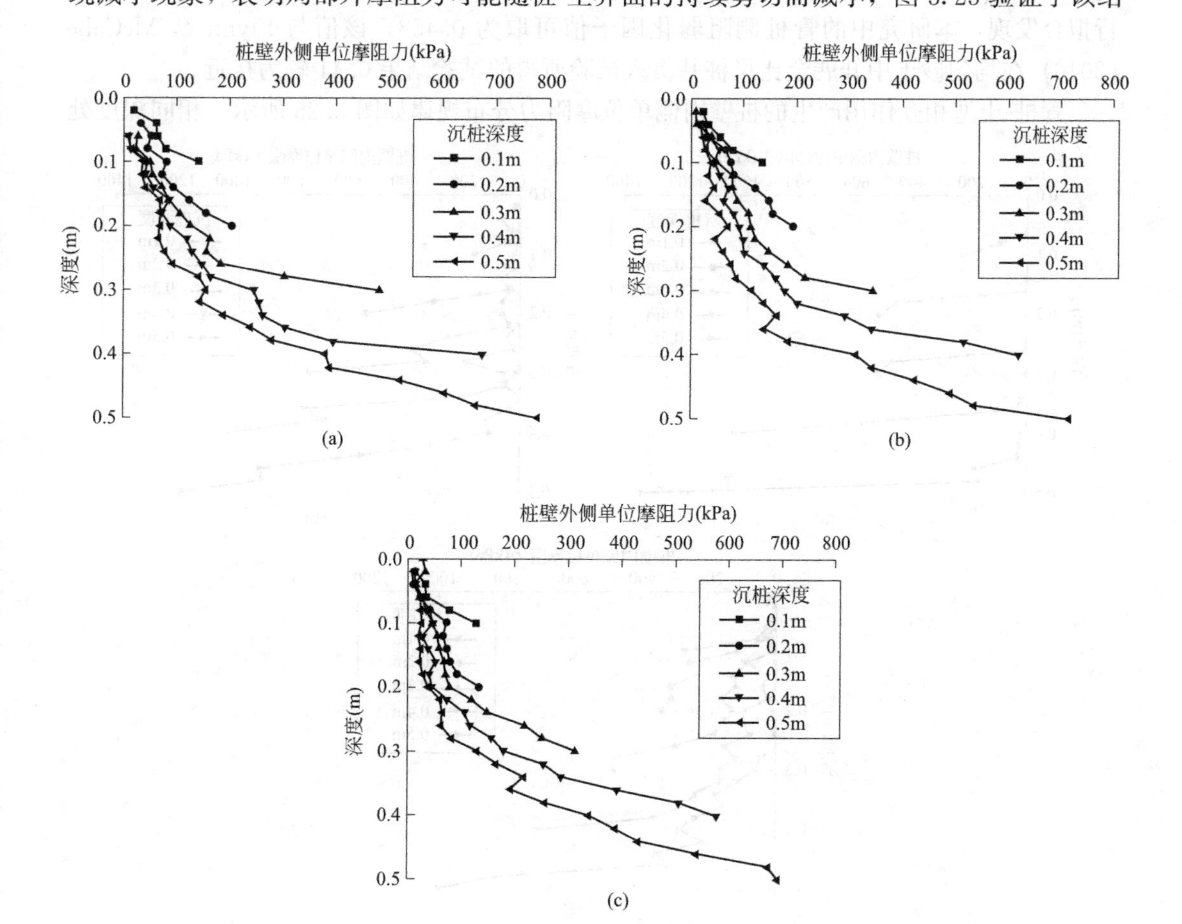

图 3.23　不同贯入深度时的桩壁外侧单位摩阻力

(a) P1；(b) P2；(c) P3

论。图 3.23 给出了三种管桩在不同沉桩深度处的桩外侧单位摩阻力分布规律，可见某一土层深度的桩外侧单位摩阻力与该深度距离桩端的距离 h 有关，距离越大，桩外侧单位摩阻力越小，该现象称之为“侧阻疲劳”（friction fatigue），这是因为剪切带厚度减小导致作用在桩身上的水平有效应力减小所导致的，这将在后文 3.2.2.5 节进行讨论。

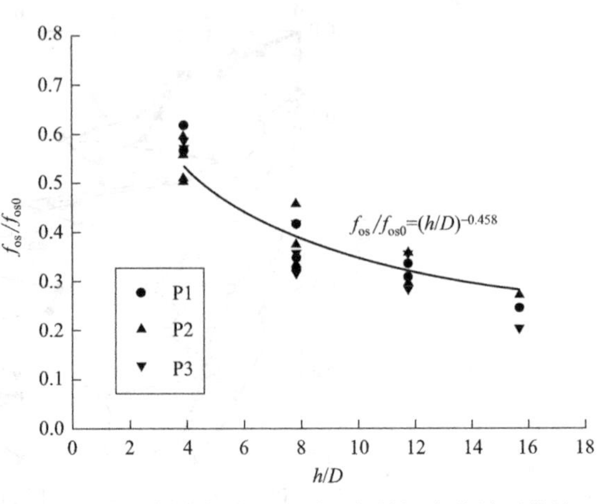

图 3.24 局部外侧摩阻力随距桩端深度的关系曲线

通常采用弱化因子来量化桩-土界面摩阻力的衰减速率。对于砂土中钢板桩的软化因子，ICP 方法和 UWA 方法分别建议采取 0.38 和 0.5。图 3.24 为三种管桩在 4 个深度处的局部外侧摩阻力随距离桩端深度（h/D）的变化曲线，其中 f_{os} 为局部的桩外侧摩阻力减小值，f_{os0} 为桩端处的外侧摩阻力。通过对数据进行拟合发现，本研究中的管桩侧阻弱化因子值可取为 0.458，该值与 Flynn & McCabe (2016) 在均匀砂土中开展全比尺桩基贯入试验所得的试验结果 0.41 较为接近。

管桩-土塞相互作用产生的桩壁内侧单位摩阻力分布规律如图 3.25 所示。相同深度处

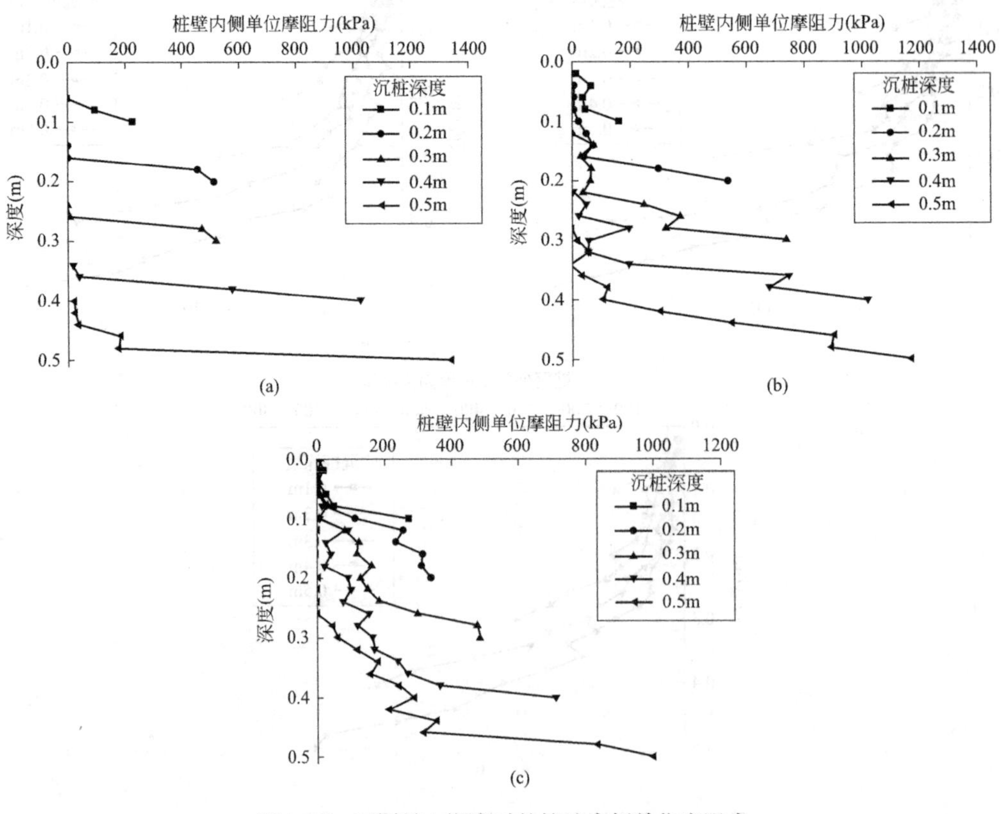

图 3.25 不同贯入深度时的桩壁内侧单位摩阻力

(a) P1; (b) P2; (c) P3

管桩的内侧摩阻力远大于外侧摩阻力，0.5m深度处3种管桩的内侧摩阻力分别为1380kPa、1180kPa和1000kPa，比相对应的管桩外侧摩阻力大50%、48%和36%。在沉桩过程中，虽然土塞高度的变化致使土塞与桩壁始终发生相对运动，但上部土塞由于自身松散而并不能提供摩擦力，仅在桩端以上2～3倍桩径d_{pile}范围内提供摩阻力。

3.2.2.4　接触力网

不同直径的管桩周围的接触力网如图3.26所示。每条线段连接两个接触颗粒的质心，其线的粗细与力大小成正比。对于桩径较小的P1桩，桩内的强接触力网进一步向上传递，一定程度阻止了桩内土体的隆起；对于桩径较大的P3桩，强接触力网只出现在桩端，没有向上传递，因此桩内土体更容易隆起形成土塞。

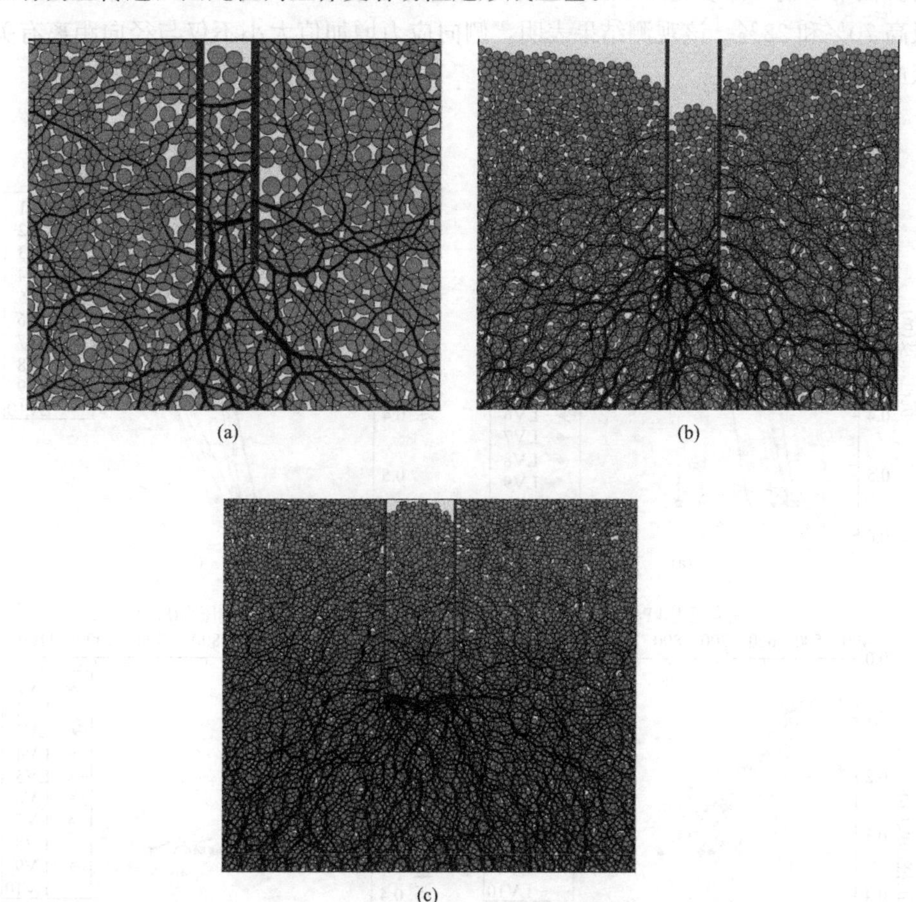

图3.26　桩周围的接触力网

(a) P1；(b) P2；(c) P3

3.2.2.5　土体应力

接触力网能够反映某一特定时刻桩周土体的力/应力集中情况，但不能很好地描述应力的时间演化，因此本节分析了3.2.1.2节提到的“测量圈”内应力的历史输出。

P1、P2和P3桩贯入过程中，桩周土体的水平应力变化规律如图3.27～图3.29所示。每个子图分别对应图3.16所示的四个深度第1级、第2级、第3级和第4级处10个测量圈（VL1～VL10）测得的侧向应力，每条曲线代表当桩端达到一定贯入深度时每个测量圈内测得的侧向应力。侧向应力的总体变化趋势相似，与贯入过程较为吻合。当桩端穿透土体继续向下贯入时，由于土体的压实作用桩端侧向应力急剧增加，例如图 3.17 所示桩基的贯入类似于球孔扩张。在桩身附近某一特定深度处（例如第 2 级），当桩端贯入到第 2 级深度时，桩基附近土体中的应力增大到极限值，随后该值随贯入深度的增加（即距桩端距离 h 的增加）而急剧减小，上述径向应力随 h/R 增加而减小的现象在现场和模型试验中同样得到了验证。

随着距桩身轴线径向距离的增加，土体侧向应力分布曲线的“曲率”不再明显。在距桩身 6 倍桩径处，土体侧向应力随贯入深度均匀增大，这表明主应力扰动区范围约为桩径的 6 倍。在第 2 级（深度为 0.2m）处的侧向应力增幅最大，为 480Pa，分别比第 3 级和第 4 级高 70%和 22%。该观测结果表明，侧向应力增加值大小不仅与径向距离有关，还与埋深或上覆压力有关。

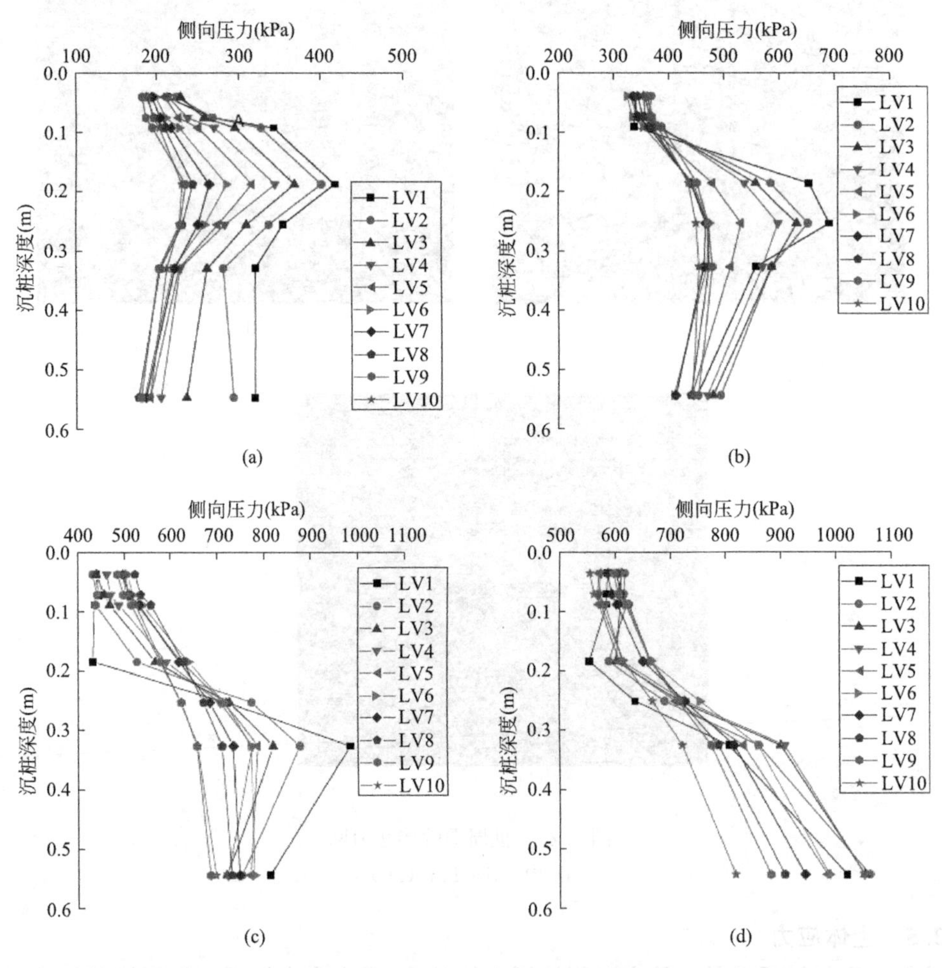

图 3.27 4 个贯入深度下距离 P1 桩不同距离处的侧向压力发展规律

(a) 第 1 级：深度=0.203m；(b) 第 2 级：深度=0.303m；

(c) 第 3 级：深度=0.403m；(d) 第 4 级：深度=0.503m

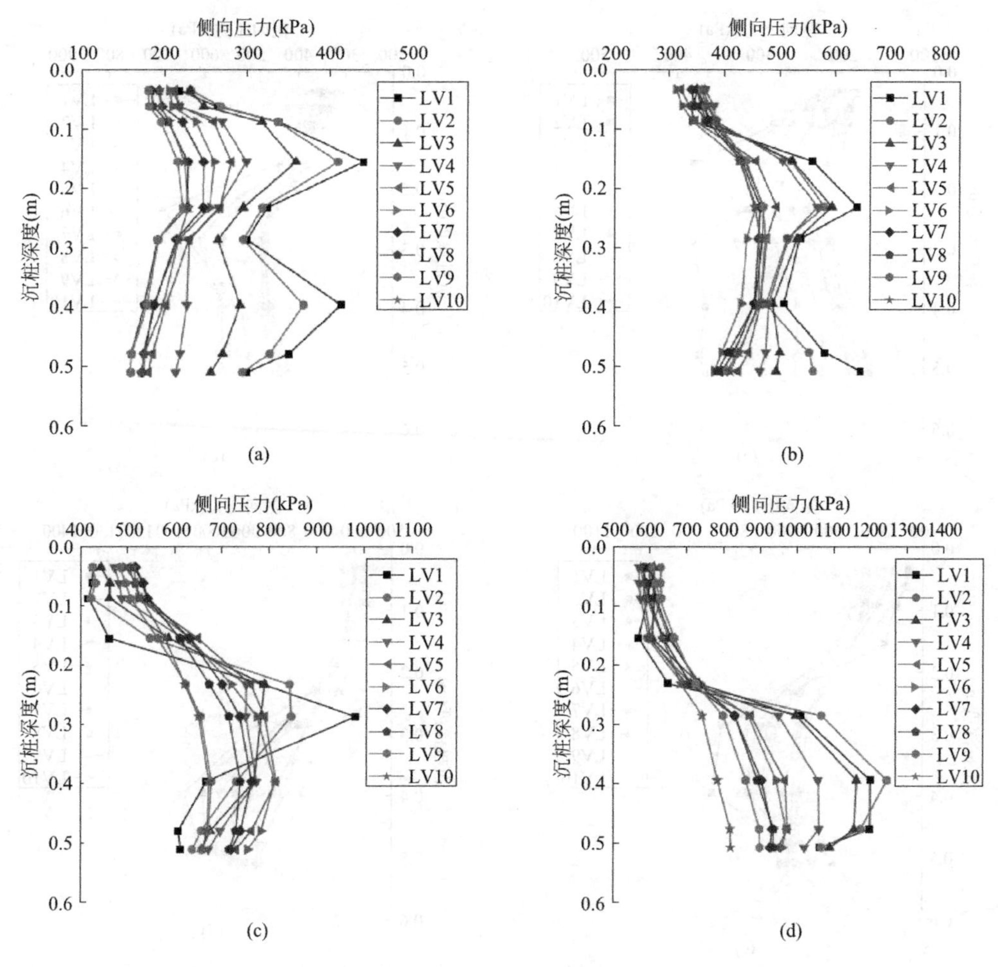

图 3.28　4 个贯入深度下距离 P2 桩不同距离处的侧向压力发展规律

(a) 第 1 级：深度=0.203m；(b) 第 2 级：深度=0.303m；

(c) 第 3 级：深度=0.403m；(d) 第 4 级：深度=0.503m

3.2.3　小结

本节采用离散元计算软件 PFC^{2D} 对管桩的沉桩特性进行离散元数值模拟，首先详细介绍了离散元计算模型（土样的生成、桩的生成）的建立方法，然后分别对 3 种不同直径的管桩开展竖向贯入数值分析。主要结论如下：

（1）根据桩周土体颗粒位移模式表明，沿桩身的剪切带宽度从地面到桩端逐渐减小，剪切带宽度主要受 d_{50} 和贯入深度控制，与桩直径无关。

（2）管桩端部的土体属于局部剪切破坏模式，形成三角形滑动面，部分颗粒被挤入桩中，形成土塞，其余土颗粒向下和向外运动，形成空腔膨胀。

（3）当桩径较小时，管桩在沉桩过程中更容易产生完全闭塞现象；然而沉桩过程中桩基完全闭塞模式和部分闭塞模式连续地交替出现，因此，完全闭塞模式下开口管桩的竖向承载力仍然低于闭口管桩的竖向承载力。

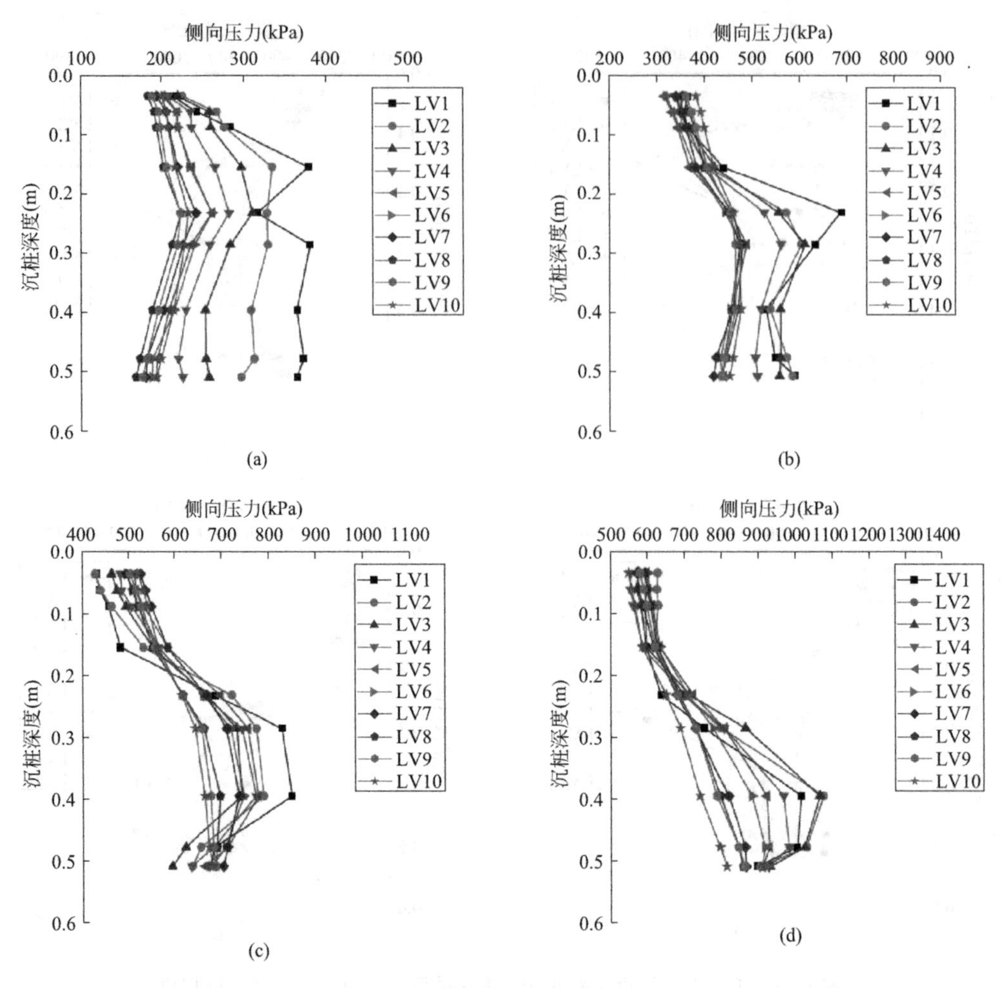

图 3.29 4 个贯入深度下距离 P3 桩不同距离处的侧向压力发展规律

(a) 第 1 级：深度=0.203m；(b) 第 2 级：深度=0.303m；

(c) 第 3 级：深度=0.403m；(d) 第 4 级：深度=0.503m

(4) 桩端阻力（土塞阻力与桩管环底端阻之和）所占沉桩总阻力的比例最大，且该比例随桩径的增加而增大；单位桩管环底端阻力与桩直径无关，单位土塞阻力随桩径增加而增大；土塞阻力集中在桩端上方 2～3 倍桩径范围内。

(5) 某一土层深度的桩外侧单位摩阻力与该深度距离桩端的距离有关，距离越大，桩外侧单位摩阻力越小，这是因为剪切带厚度减小导致作用在桩身上的水平有效应力减小所导致。

(6) 沉桩过程使得桩周平均应力增加，随后很快随距桩身距离的增加而衰减，主要影响区域集中在 6 倍桩径范围内。

参考文献

Paik K H，Lee S R. Behavior of soil plugs in open-ended model piles driven into sands [J]. Marine Georesources & Geotechnology，1993，11 (4)：353-373.

Lehane B M，Gavin K G. Base resistance of jacked pipe piles in sand [J]. Journal of Geotechnical and Geoenvironmental Engineering，2001，127 (6)：473-480.

Choi Y，O'Neill M W. Soil plugging and relaxation in pipe pile during earthquake motion [J]. Journal of Geotechnical and Geoenvironmental Engineering，1997，123 (10)：975-982.

Gavin K G，Lehane B M. The shaft capacity of pipe piles in sand [J]. Canadian Geotechnical Journal，2003，40 (1)：36-45.

Yegian M，Wright S G. Lateral soil resistance displacement relationships for pile fundation in soft clays [C]. Offshore Technology Conference，Houston，1973：893.

Rao S N，Ramakrishna V G S T，Raju G B. Behavior of pile-supported dolphins in marine clay under lateral loading [J]. Journal of Geotechnical Engineering，1996，122 (8)：607-612.

Iskander M. Behavior of pipe piles in sand：plugging & pore water pressure generation during installation and loading [M]. Berlin：Springer-Verlag Berlin Heidelberg，2011.

Cundall P A. A computer model for simulating progressive large-scale movement in blocky rock systems [C]. Symp. ISRM，Nancy，France，Proc. 1971，2：129-136.

Duan N，Cheng Y P. A modified method of generating specimens for a 2D DEM centrifuge model [C]. GEO-CHICAGO 2016：Sustainability，Energy，and the Geoenvironment. 2016：610-620.

White D J，Bolton M D. Displacement and strain paths during plane-strain model pile installation [J]. Géotechnique，2004，54 (6)：375-397.

Yang Z X，Jardine R J，Zhu B T，Foray P，Tsuha C H C. (2010) Sand grain crushing and interface shearing during displacement pile installation in sand [J]. Géotechnique，2010，60 (6)：469-482.

Jeong S，Ko J，Won J，Lee K. Bearing capacity analysis of open-ended piles considering the degree of soil plugging [J]. Soils and Foundations，2015，55 (5)：1001-1014.

Paik K，Salgado R，Lee J，et al. Behavior of open and closed-ended piles driven into sands [J]. Journal of Geotechnical & Geoenvironmental Engineering，2003，129 (4)：296-306.

Yang Z X，Jardine R J，Zhu B T，Rimoy S. Stresses developed around displacement piles penetration in sand [J]. Journal of Geotechnical and Geoenvironmental Engineering，2014，140 (3)：04013027.

Flynn K N，Mccabe B A. Shaft resistance of driven cast-in-situ piles in sand [J]. Canadian Geotechnical Journal，2016：49-59.

第4章 近海风电单桩基础的承载特性

单桩基础在服役期间内长期遭受来自风、波浪、洋流等水平荷载的作用和上部结构如塔架、旋翼、机舱和叶片的重力竖向荷载等复杂荷载联合作用，极易发生地基破坏，影响其正常运行。本章通过开展大比尺模型试验，并结合有限元、离散元等数值模拟，首先研究了软土地基中单桩基础在单向荷载以及水平荷载、竖向荷载和弯矩多向荷载联合作用下的破坏模式，得到了多向荷载作用下的破坏包络范围，然后研究了砂土地基中开口管桩在水平循环荷载作用下的动力响应，并考虑了桩径、加载方式、加载幅值、桩端形式等因素的影响；最后研究了砂土地基中闭口桩在水平循环荷载作用下的动力响应，考虑了应变幅值、加载方式等因素的影响。本章通过开展以上三项工作，揭示了单桩的破坏机理，分析了其动力响应，研究了其承载特性，对单桩基础海上风电场的设计、施工、运营具有重要的指导意义。

4.1 软土地基中刚性单桩在多向荷载作用下的破坏模式

4.1.1 有限元数值模拟简介

4.1.1.1 单桩基础数值计算模型

以某 NREL5MW 型海上风电机组为参考，该海上风电场风机采用钢管单桩基础，其直径 5m，长 40m，埋深 30m。海上风机数值模型主要包括两个部分，即钢管单桩基础和软土海床。为了避免边界条件的影响，软土地基计算模型直径为 140m，高度为 100m。模型底部控制 x、y、z 三个方向位移，四周边界控制 x、y 轴方向位移，模型上部无约束。刚性单桩采用线弹性本构模型，泊松比为 0.24，弹性模量为 2.1×10^{8} GPa。软土地基采用 M-C 本构模型，模型参数根据实验室试验结果确定，其中内摩擦角为 23°，黏聚力为 26kPa。单桩-地基接触条件设置为小滑动，桩-土接触关系设置为面对面主/从接触。单桩表面被定义为主面，单桩周围的土体表面被定义为从面。桩和土的网格单元均为 C3D8R。软土地基中海上风机大直径单桩基础有限元数值模型如图 4.1 所示。

4.1.1.2 模型准确性验证

Matlock 在美国得克萨斯州奥斯汀湖附近进行了钢管桩在水下软黏土中的水平静载荷和循环荷载试验。试验中钢桩基础直径为 324mm，厚度 12.7mm，长度 12.81m。钢管桩

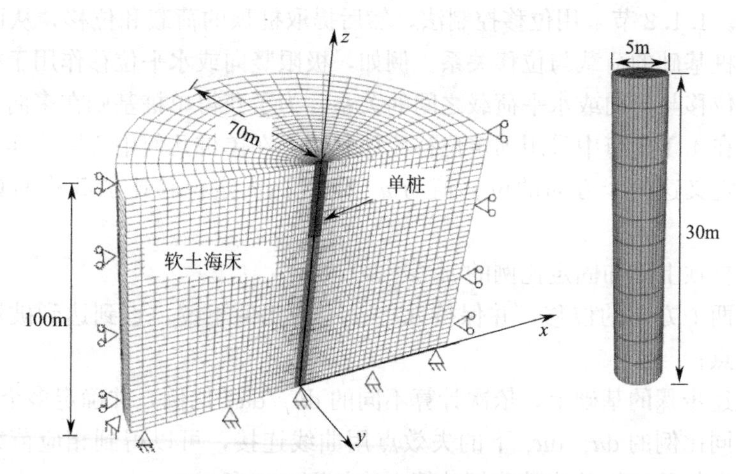

图 4.1 海上风机单桩基础有限元模型

抗弯刚度（EI）为 31.28MN·m^2，等效刚度为 5.78×10^4MPa。桩身外荷载位置距离土体表面为 0.0635m，通过布置在桩顶和桩体上的位移计和应变仪测量桩顶位移和桩身应变。根据现场桩基数据和土体参数，利用大型有限元分析软件 ABAQUS 建立三维有限元模型。其中，土体采用莫尔-库仑模型，钢管桩采用线弹性模型。钢桩基础及土的计算参数见表 4.1。桩-土相互作用模型采用摩擦系数为 0.3 的库仑摩擦模型，并采用连续介质单元（C3D8R）对桩-土进行模拟。在桩顶施加水平荷载，得出水平荷载与桩体位移的关系。数值结果与现场实测数据对比如图 4.2 所示。由图 4.2 可知，数值计算和现场试验中水平荷载与桩顶水平位移基本一致，数值计算和现场试验的水平位移误差较小。因此证明本节所建立的数值计算模型能够较好地反映软土地基中单桩基础的水平受荷性状。

数值计算中桩土相关参数 **表 4.1**

参数	弹性模量 E(MPa)	泊松比 ν	黏聚力 c(kPa)	内摩擦角 φ(°)
黏土	57800	0.2	—	—
钢管桩	2.8	0.3	26	23

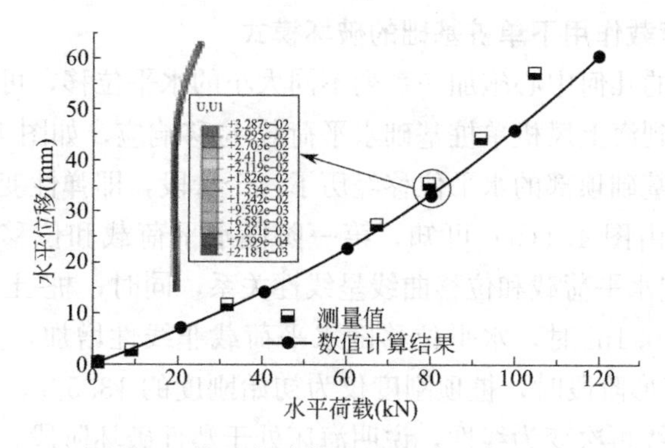

图 4.2 桩顶水平荷载-位移关系曲线对比

4.1.1.3 加载方法

在有限元数值模型计算的预处理过程中，有两种加载方式可供选择，即：荷载控制法和位移控制法。4.1.2 节采用位移控制法，然后提取桩顶的荷载和位移，从而得到了单向荷载作用下单桩基础的荷载与位移关系。例如，极限竖向或水平位移作用于桩顶，从而得到竖向或水平位移与竖向或水平荷载之间的关系。为了获得单桩基础在多向荷载作用下的破坏包络线，在 4.1.3 节中采用固定位移比加载法。在单桩几何中心同步实现 i 和 j 方向的位移，分别定义这两个方向的位移值为 u_i 和 u_j。固定位移比加载法的具体实施步骤如下：

(1) 先在桩顶上施加固定比例的 u_i/u_j；

(2) 增加两个方向的位移，并保持 $\mathrm{d}u_i/\mathrm{d}u_j$ 的比值不变，直到达到破坏阶段，可以获得一个破坏点；

(3) 在上述步骤的基础上，依次计算不同的 $\mathrm{d}u_i/\mathrm{d}u_j$ 比例，并确定多个破坏点；

(4) 将不同比例的 $\mathrm{d}u_i/\mathrm{d}u_j$ 下的失效点用曲线连接，可以得到相应荷载空间内的失效包络线。固定位移比加载法的分析计算方法如图 4.3 所示。

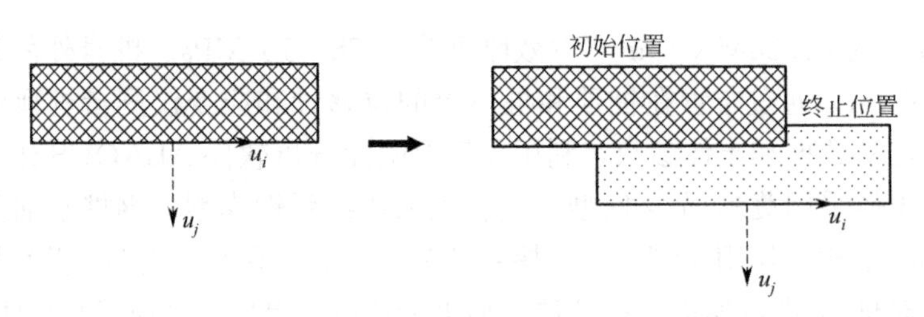

图 4.3 固定位移比加载法原理

4.1.2 单向荷载作用下单桩基础破坏模式

海上风机结构（基础、塔、叶片）受到风、浪、流长期耦合荷载作用，单桩基础在不同方向单向荷载作用下具有不同的破坏模式，本节采用位移控制方法研究单桩在单向荷载下的破坏模式。分别将竖向、水平和弯矩三个单向荷载依次施加在单桩基础上，确定单桩基础的极限承载力和破坏模式。水平荷载、竖向荷载和弯矩分别用符号 H、V、M 表示，并将极限水平荷载、竖向荷载和弯矩用 H_{ult}、V_{ult}、M_{ult} 表示。

4.1.2.1 单向水平荷载作用下单桩基础的破坏模式

在单桩基础顶部的几何中心施加一系列不同大小的水平位移，可获取各阶段水平位移及相应水平荷载，得到海上风机单桩基础水平荷载-位移响应，如图 4.4(a) 所示。随着水平荷载的增加，单桩基础顶部的水平位移经历了三个阶段，即弹性变形阶段、塑性变形阶段、塑性破坏阶段。由图 4.4(a) 可知，第一阶段水平荷载和位移较小（$H<1.9$MN，$h<0.1$m），单桩基础水平荷载和位移曲线呈线性关系，同时，桩-土模型基本处于稳定状态。当水平位移达到 0.1m 时，水平位移随水平荷载非线性增加，直到位移达到 0.8m。桩-土体系进入塑性变形阶段时，桩顶刚度仅为初始刚度的 13.5%。随后，单桩基础水平荷载与位移的关系曲线再次变为线性，说明海床处于塑性破坏阶段，单桩顶部的水平荷载-位移曲线呈逐渐变化的趋势，曲线上没有明显的拐点。因此，软黏土中单桩基础在水平荷载作用下呈现渐进破坏的特点。

图 4.4(b) 为不同水平荷载作用下单桩基础周围土体的等效塑性应变分布情况。单桩

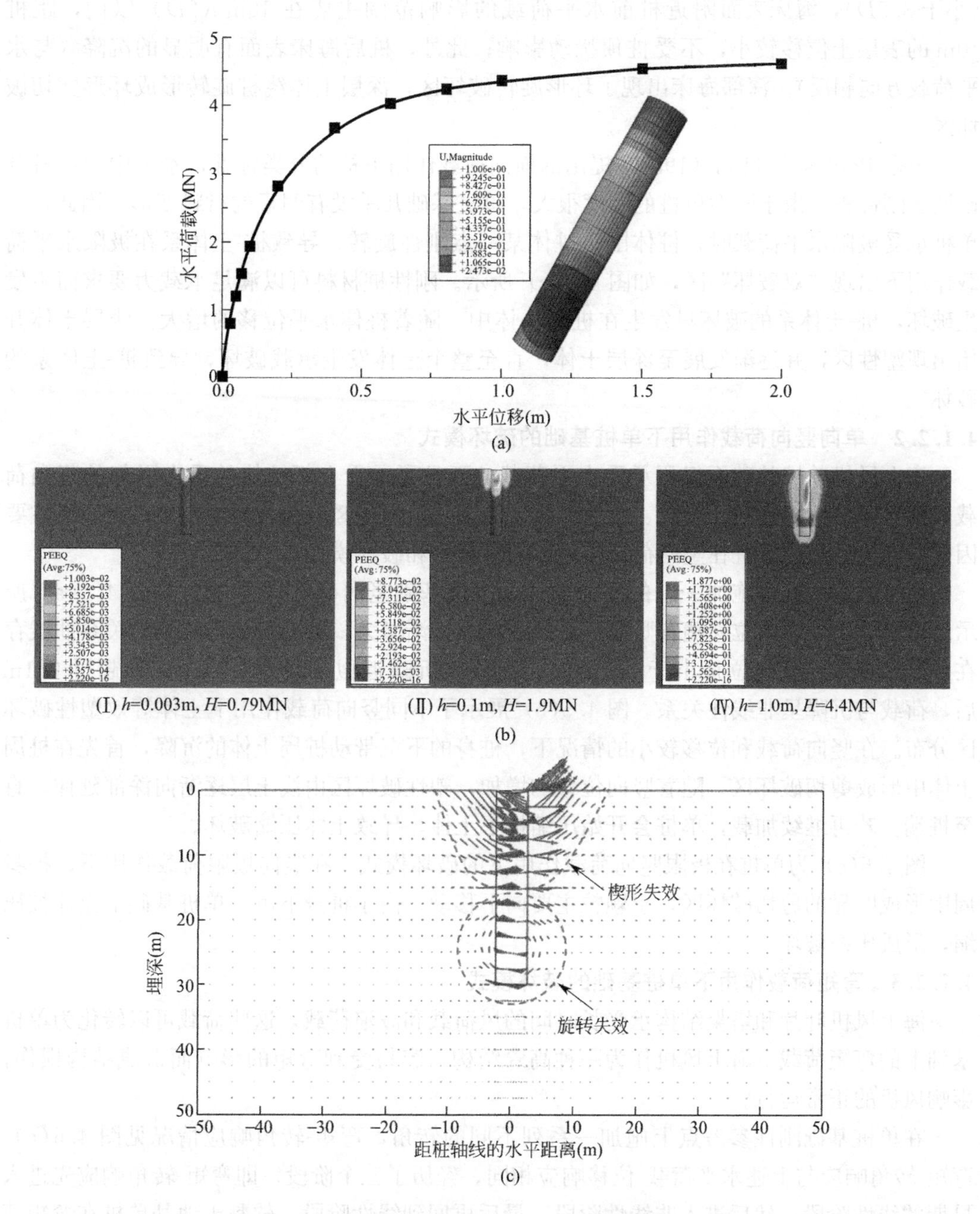

图 4.4　单向水平荷载作用下单桩基础的破坏模式

（a）单桩基础水平荷载-位移响应；（b）不同水平荷载作用下土体等塑性应变分布；

（c）单桩在极限水平荷载作用下的破坏模式

基础周围海床在水平荷载作用方向上的塑性应变首先出现在海床表面，随着水平荷载的增加，塑性破坏区逐渐从表层向深层扩展，直至单桩基础底部。在极限水平荷载作用下，软土海床地基中单桩基础的破坏模式如图 4.4(c) 所示，单桩基础周围海床存在两个明显的破坏区，即楔形破坏区和圆形旋转破坏区。楔形破坏区主要分布在桩前浅层海床区域

(小于 3.5D)，海床表面附近桩前水平荷载的影响范围主要在 10m（2D）以内，距桩10m 的表层土位移较小，不受桩顶扰动影响；此外，桩后海床表面有明显的沉降（与水平荷载方向相反）。深部海床出现了环形旋转破坏区，深层土体绕桩旋转形成环形剪切破坏区。

根据 Poulos & Hull（1989）提出的横向荷载作用下桩的分类标准，本节中的单桩基础属于刚性桩。由于刚性单桩的刚度很大，单桩基础几乎没有明显的材料变形。因此，当单桩承受极限水平荷载时，桩体围绕桩体某一点刚性旋转，导致桩-土体系在极限水平荷载作用下出现“双破坏”区，如图 4.4(c) 所示。刚性桩材料可以满足承载力要求而不发生破坏，桩-土体系的破坏只发生在桩周土体中。随着桩体水平位移的增大，浅层土体开始出现塑性区，并逐渐发展至深层土体，直至整个土体发生承载破坏，导致桩-土体系的破坏。

4.1.2.2 单向竖向荷载作用下单桩基础的破坏模式

海上风机单桩基础不仅要承受水平荷载，而且要承受上部结构的重力引起的竖向荷载，即上部结构如塔架、旋翼、机舱和叶片的重力，上述竖向荷载是影响单桩沉降的主要因素，因此，研究单桩在竖向荷载作用下的承载力和破坏模式是十分必要的。

在单桩基础桩顶施加一定的竖向位移，单桩基础竖向荷载-位移响应如图 4.5(a) 所示。可以看出，竖向位移随着竖向荷载的增加而逐渐增大，竖向荷载与位移的关系曲线存在明显的拐点。竖向位移小于 0.1m 时，荷载与沉降近似呈线性关系，沉降超过 0.1m 后，荷载与沉降呈非线性关系。图 4.5(b) 展示了不同竖向荷载作用下土体等效塑性破坏区分布。在竖向荷载和位移较小的情况下，桩身的下沉带动桩周土体的沉降，首先在桩周土体中形成剪切破坏区，随着竖向位移的增加，塑性破坏区由浅土层逐渐向深部延伸，直至桩端。若再继续加载，单桩会开始压缩桩下土体，导致土体压缩破坏。

图 4.5(c) 为单桩在极限竖向荷载作用下的破坏模式。在竖向极限荷载作用下，桩身周围形成明显的剪切破坏区，土颗粒主要向下移动。由于桩身下沉，单桩基础下土体被压缩，形成压缩破坏。

4.1.2.3 弯矩荷载作用下单桩基础的破坏模式

海上风机叶片和塔架结构承受长时间的风荷载和波浪荷载，这些荷载可以转化为单桩基础上的弯矩荷载。海上风机作为一种高耸结构，容易受到弯矩的影响而造成结构损伤，影响风机的正常运行。

在单桩基础刚性参考点上施加一系列不同的转角，弯矩-转角响应情况见图 4.6(a)。弯矩-转角响应与上述水平荷载-位移响应相同，经历了三个阶段，即弯矩-转角响应先进入早期的线性阶段，然后进入非线性阶段，最后再回到线性阶段。软黏土地基单桩在弯矩荷载作用下与水平荷载作用下的响应相似，即表现为渐进破坏，最后得到的极限弯矩为100MN·m。

单桩基础在极限弯矩作用下的破坏模式如图 4.6(b) 所示。单桩基础在弯矩作用下的破坏模式也是“双区域破坏型”，即楔形破坏区和圆形旋转破坏区。刚性单桩基础在水平或弯矩荷载作用下的破坏模式均属于“双区域破坏型”。楔形破坏区主要分布在浅层海床，而圆形旋转破坏区则出现在深海海床。洪义和何奔（2017）通过离心试验和数值模拟发现，在循环水平荷载作用下的刚性单臂基础也存在双破坏区。随着单桩长度的增大，刚性

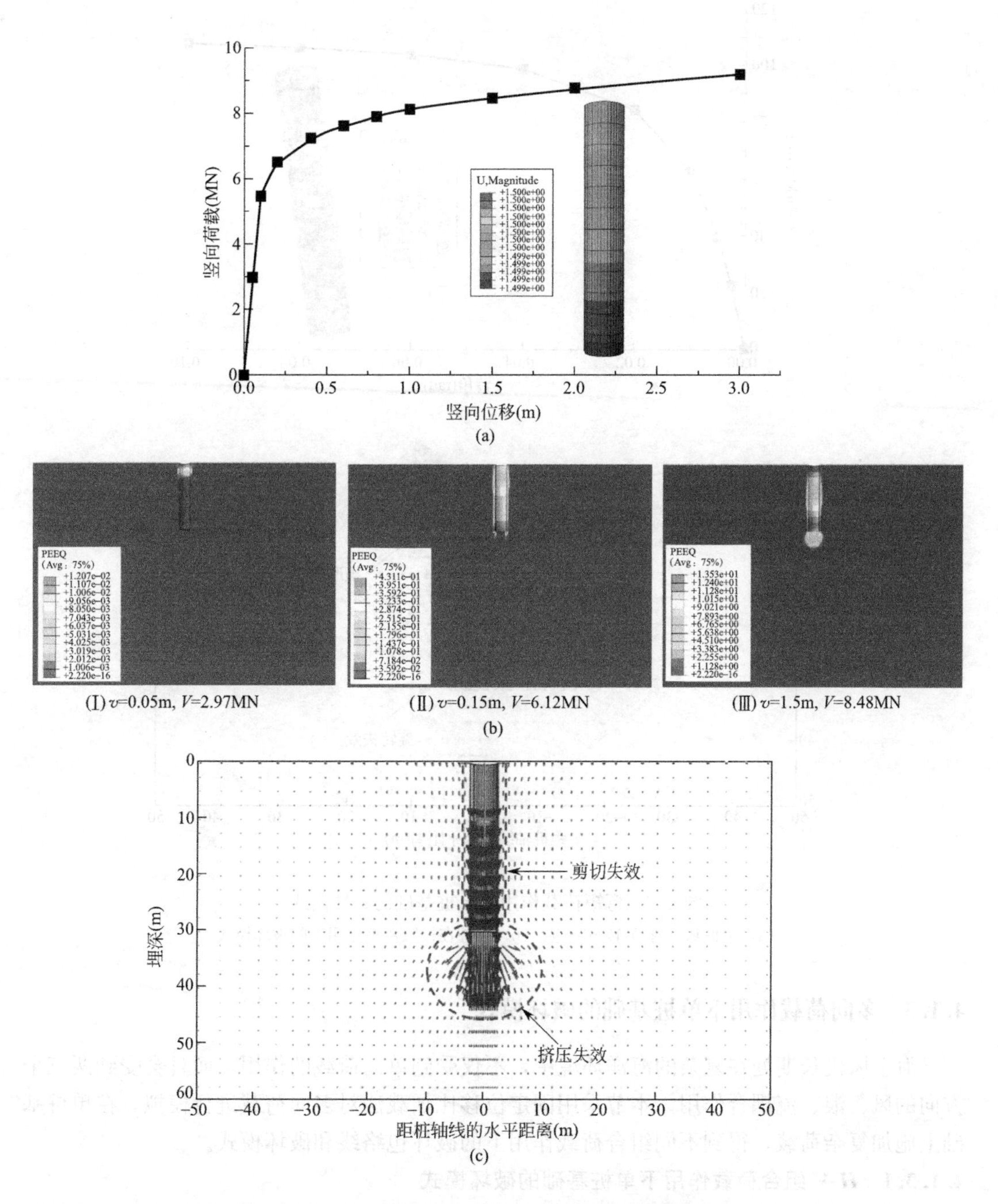

图 4.5　单向竖向荷载作用下单桩基础的破坏模式

(a) 单桩基础竖向荷载-位移响应；

(b) 不同竖向荷载作用下等效塑性破坏区分布；

(c) 单桩在极限竖向荷载作用下的破坏模式

桩逐渐变为柔性桩，单桩基础在单向和循环水平荷载作用下的破坏模式由“双破坏区”变为“三破坏区”。

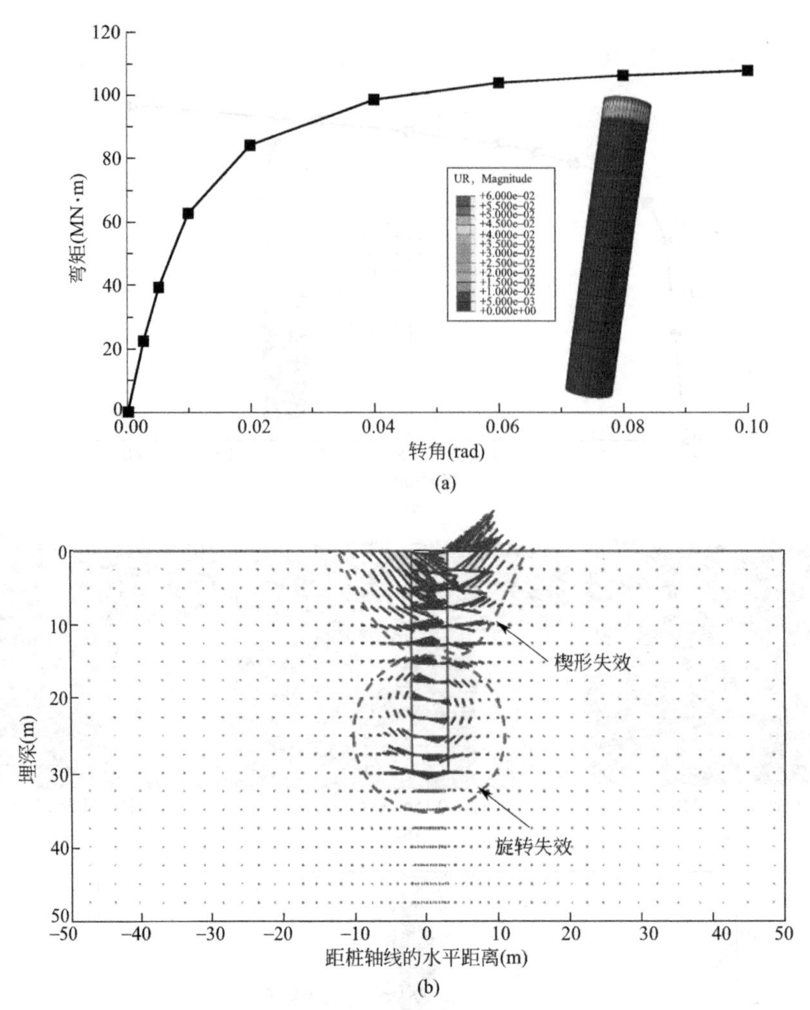

图 4.6　弯矩荷载作用下单桩基础的破坏模式

(a) 单桩基础弯矩-转角响应；(b) 单桩在极限弯矩作用下的破坏模式

4.1.3　多向荷载作用下单桩基础的破坏模式

海上风机长期处在复杂的海洋环境中，不仅受到单向荷载的作用，而且会受到两三个方向的风、浪、流耦合作用。本节采用固定位移比加载法对多向荷载进行模拟，在单桩基础上施加复杂荷载，得到不同组合荷载作用下的破坏包络线和破坏模式。

4.1.3.1　*H*-*V* 组合荷载作用下单桩基础的破坏模式

分析单向荷载下极限水平位移和极限荷载，采用固定位移比加载法可得到竖向和水平荷载联合作用下的破坏包络线。

在桩顶上分别施加位移比 $\delta h/\delta v=0.25$、0.5、1、2、4，连接各固定位移比的破坏点，竖向和水平荷载空间的破坏包络线如图 4.7(a) 所示。随着竖向荷载的加载，水平方向的承载力先逐渐轻微增加，再逐渐减小，直至达到竖向极限荷载。在 *H*-*V* 荷载作用下，通过单桩实际所受荷载在 *H*-*V* 荷载空间中破坏包络线的位置，可以判断单桩基础是否处于破坏状态。如果竖向和水平耦合荷载的实际点位于 *H*-*V* 荷载空间的破坏包络线内，则单桩基础的使用状态是安全的；当点在曲线外时，单桩基础被破坏。实际点正好在曲线上，说明单桩处于临界失效状态。破坏包络线在 H-V 荷载空间的拟合公式为：

$$\left(\frac{V}{V_{\text{ult}}}\right)^5+\left(\frac{H}{H_{\text{ult}}}\right)^2=1 \tag{4.1}$$

式中，V 为竖向荷载（kN）；V_{ult} 为竖向极限荷载（kN）；H 为水平荷载（kN）；H_{ult} 为水平极限荷载（kN）。

在 H-V 荷载空间内的破坏模式与单向竖向或水平荷载作用下的破坏模式不同。在竖向和水平荷载联合作用下，软黏土中单桩基础破坏区域呈现不规则形状，如图 4.7(b) 所示。H-V 荷载空间内破坏模式为单一破坏区域，破坏区域的移动方向与荷载方向平行，最明显的破坏区域发生在单桩基础的中部。

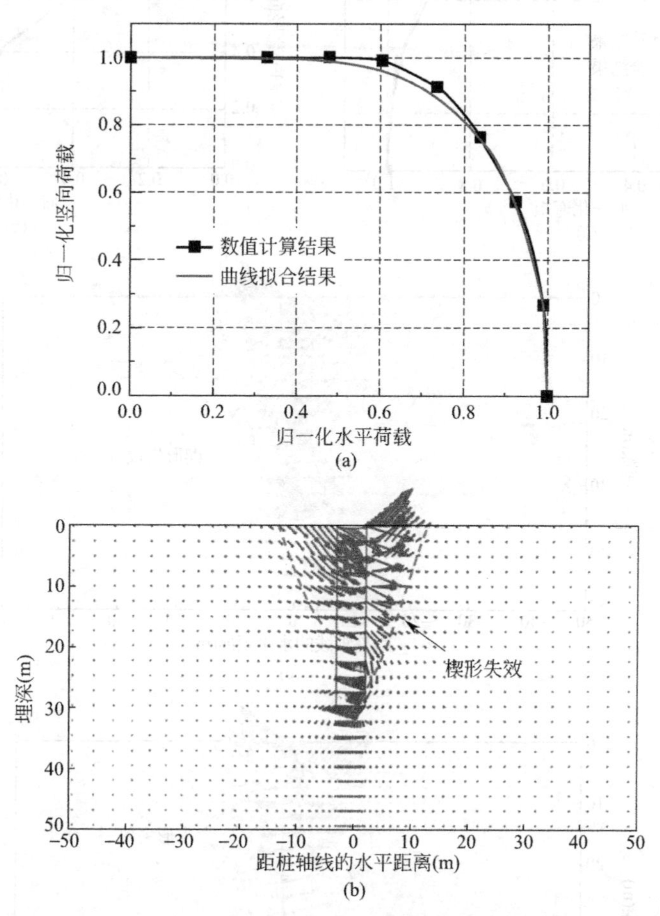

图 4.7　H-V 组合荷载作用下单桩基础的破坏模式

（a）H-V 荷载空间下的归一化破坏包络线；（b）单桩基础在 H-V 荷载空间中的破坏模式

4.1.3.2　*M-V*、*M-H* 组合荷载作用下单桩基础的破坏模式

与 H-V 组合荷载相同，采用固定位移比加载法确定 M-V 和 M-H 荷载空间的破坏包络线。如图 4.8(a) 所示，随着竖向荷载的增加，水平方向极限承载力略有增大，与 4.1.3.1 节的结论相同。M-V 荷载空间的破坏包络可表示为：

$$\left(\frac{V}{V_{\text{ult}}}\right)^5+\left(\frac{M}{M_{\text{ult}}}\right)^2=1 \tag{4.2}$$

式中，V 为竖向荷载（kN）；V_{ult} 为竖向极限荷载（kN）；M 为弯矩荷载（kN·m）；M_{ult} 为极限弯矩荷载（kN·m）。

水平荷载和弯矩对单桩基础的影响相似。因此，M-H 荷载空间的破坏包络呈线性关系，如图 4.8(b) 所示，拟合公式如下：

$$\frac{H}{V_{ult}}+\frac{M}{M_{ult}}=1 \tag{4.3}$$

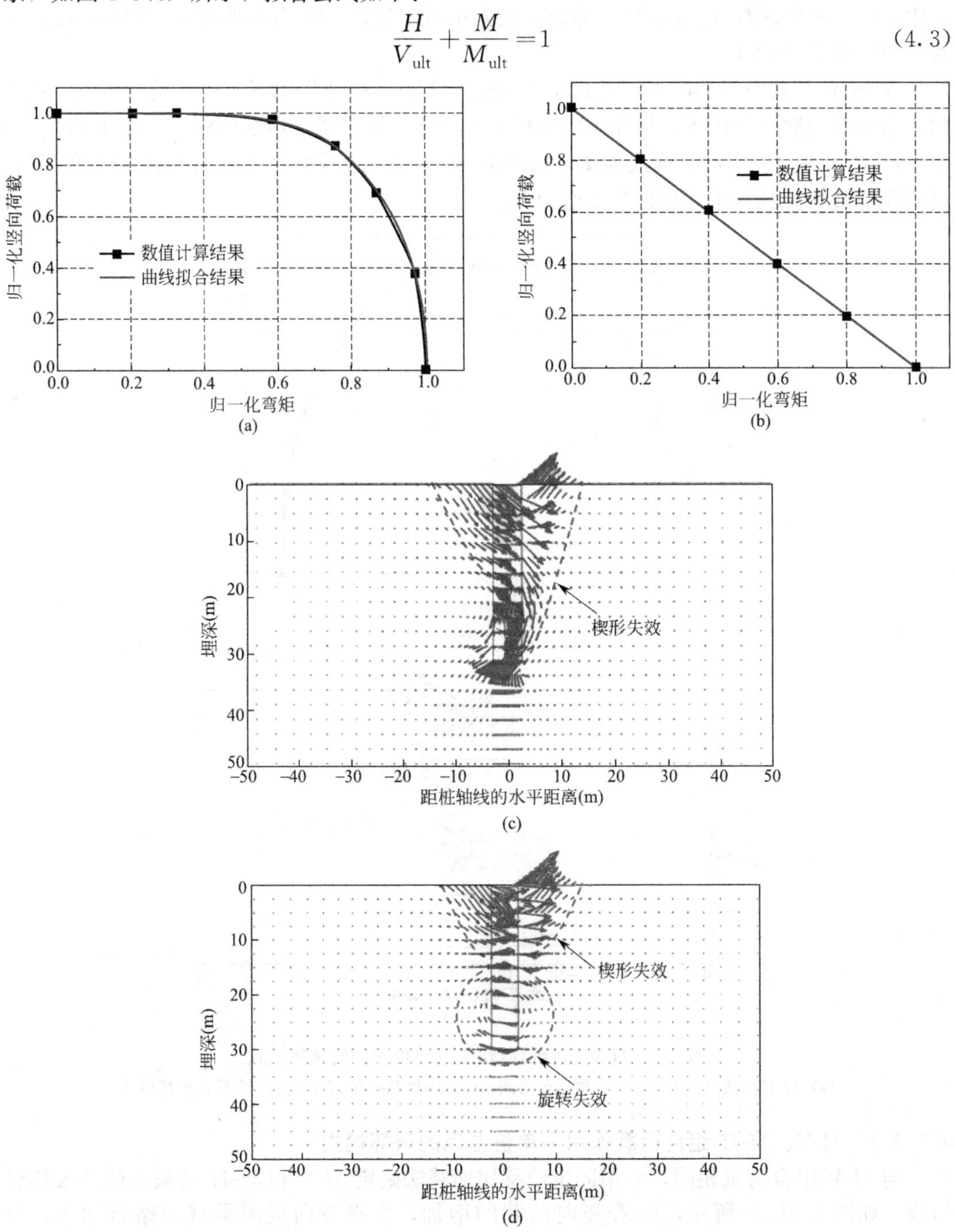

图 4.8　M-V、M-H 组合荷载作用下单桩基础的破坏模式

(a) M-V 荷载空间的归一化破坏包络线；(b) M-H 荷载空间的归一化破坏包络线；(c) M-V 荷载空间下单桩基础的破坏模式；(d) M-H 荷载空间下单桩基础的破坏模式

式中，H 为水平荷载（kN）；H_{ult} 为水平荷载极限（kN）。

单桩基础在 M-V 和 M-H 荷载空间的破坏模式如图 4.8(c)、(d) 所示，M-V 与 H-V 荷载空间的破坏模式相似，呈现“单一破坏区”。破坏主要出现在浅层海床上，深海海床受竖向荷载影响较大，主要是竖向荷载作用。由于弯矩和水平荷载方向均为横向，M-H 荷载空间的破坏模式与单向水平荷载和弯矩荷载空间的破坏模式相同，出现“双破坏区”。

4.1.3.3 *M-H-V* 荷载作用下单桩基础的破坏模式

首先在桩顶施加一定比例的竖向极限荷载，再在 M-H 荷载空间内采用固定位移比加载法，最后可得到 M-H-V 荷载空间下的破坏包络线。

首先将一定比例的竖向极限荷载（V_{ult}，$0.96V_{ult}$，$0.75V_{ult}$，$0.5V_{ult}$，$0.25V_{ult}$，0）施加在单桩顶部的参考点上，得到不同初始竖向荷载下 M-H 荷载空间的破坏包络图，如图

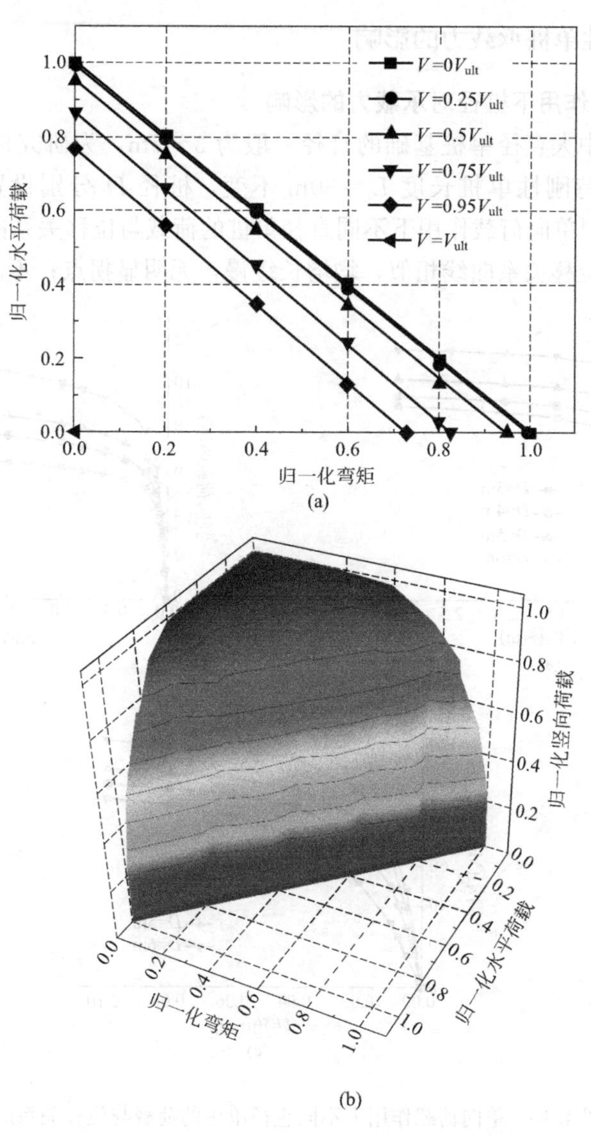

图 4.9 *M-H-V* 荷载作用下单桩基础的破坏模式

(a) *M-H-V* 荷载空间的归一化破坏包络线；(b) 三维 *M-H-V* 荷载空间的归一化破坏包络面

4.9(a) 所示。不同初始竖向荷载作用下破坏包络线的变化趋势一致，随初始竖向荷载的减小，M-H 荷载空间内的破坏包络面积增大。当初始竖向荷载与最终竖向荷载相等时 ($V=V_{ult}$)，破坏包络线在 M-H 空间的坐标 (0,0) 退化到原点。图 4.9(b) 为三维 M-H-V 荷载空间的归一化破坏包络线，三维破坏包络面可由下式表示：

$$\left(\frac{H}{H_{ult}}\right)^2+\left(\frac{V}{V_{ult}}\right)^5+\left(\frac{M}{M_{ult}}\right)^5=1 \tag{4.4}$$

本节所提出的三维荷载空间下的破坏包络公式，对评价单桩基础全寿命周期的服役性能具有重要意义。根据该方法，通过确定实际海洋荷载在破坏面的实际位置，可简单地评估软土的单桩承载力和海床稳定性。如果实际水平、竖向和弯矩荷载的位置位于破坏包络面外，则单桩-土体系处于破坏状态。如果这个点恰好在包络面上，它代表处于临界失效状态。

4.1.4 桩径对刚性单桩承载力的影响

4.1.4.1 单向荷载作用下桩径对承载力的影响

海上风电工程中大直径单桩基础的直径一般为 3～7m，为研究桩径对刚性单桩基础承载力的影响。保持刚性单桩长度 $L=30$m 不变，桩径 D 分别设置为 3m、4m、5m、6m，图 4.10 为不同单向荷载作用下不同直径单桩的荷载与位移关系曲线。不同直径单桩基础的水平荷载与位移关系曲线相似，均增长缓慢，无明显拐点；不同桩径的单桩基础在

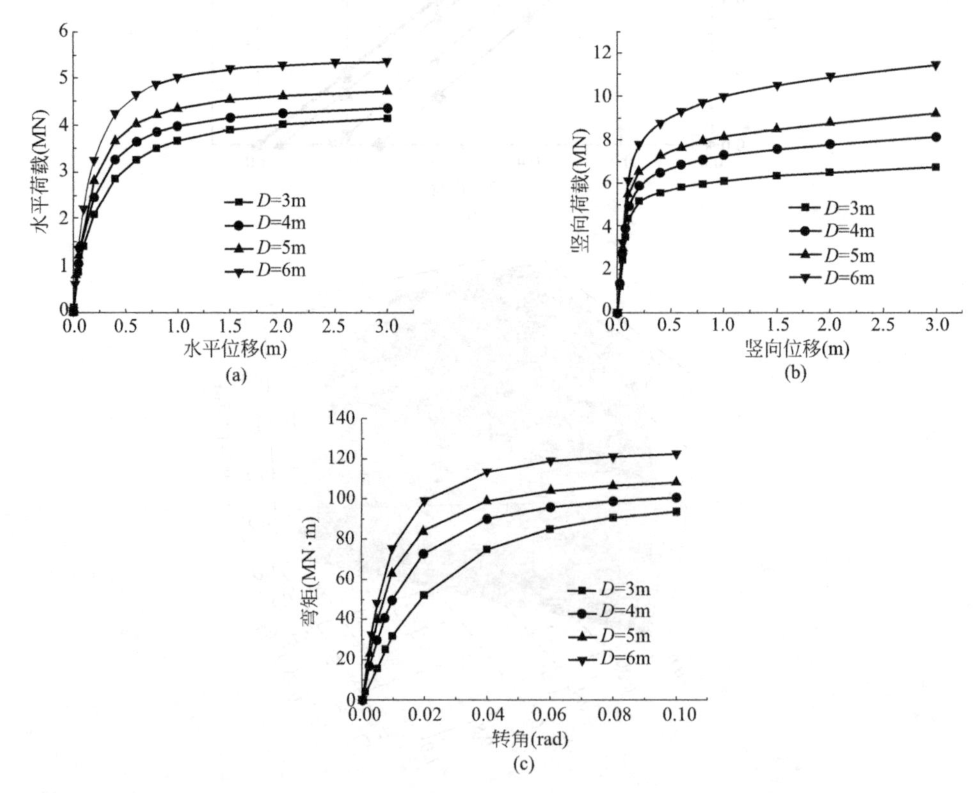

图 4.10 单向荷载作用下不同直径单桩的荷载与位移关系曲线

(a) 不同直径单桩水平荷载-位移响应；(b) 不同直径单桩竖向荷载-位移响应；(c) 不同直径单桩弯矩-转角响应

不同单向水平荷载作用下均表现为渐进破坏。随着桩径的增大（埋深仍为30m），桩的水平承载力有所提高，直径由3m逐渐增大到4m、5m、6m，水平极限承载力分别增大了8.52%、9.66%、14.77%。不同直径单桩基础的水平极限承载力拟合公式如下：

$$H_{\text{ult}}=13.22\frac{D}{L}+2.27 \tag{4.5}$$

式中，H_{ult} 为水平极限承载力（kN）；D 为桩径（m）；L 为桩长，即埋深（m）。

不同直径下的竖向荷载-位移响应和弯矩-转角响应相似。由图4.10(b)、(c)可知，随着桩径的增大（埋深仍为30m），竖向承载力和弯矩均会增大。不同直径单桩基础的竖向极限承载力和弯矩拟合公式如下：

$$V_{\text{ult}}=40.12\frac{D}{L}+2.20 \tag{4.6}$$

$$M_{\text{ult}}=327.64\frac{D}{L}+51.63 \tag{4.7}$$

式中，V_{ult} 为竖向极限承载力（kN）；M_{ult} 为极限弯矩（kN·M）；D 为桩径（m）；L 为埋深（m）。

4.1.4.2 复杂荷载作用下桩径对承载力的影响

在上述不同直径土桩数值模型的基础上，采用定位移比加载法对单桩基础的承载特性进行了研究。图4.11给出了不同直径单桩在不同荷载作用下的破坏包络线，不同直径的

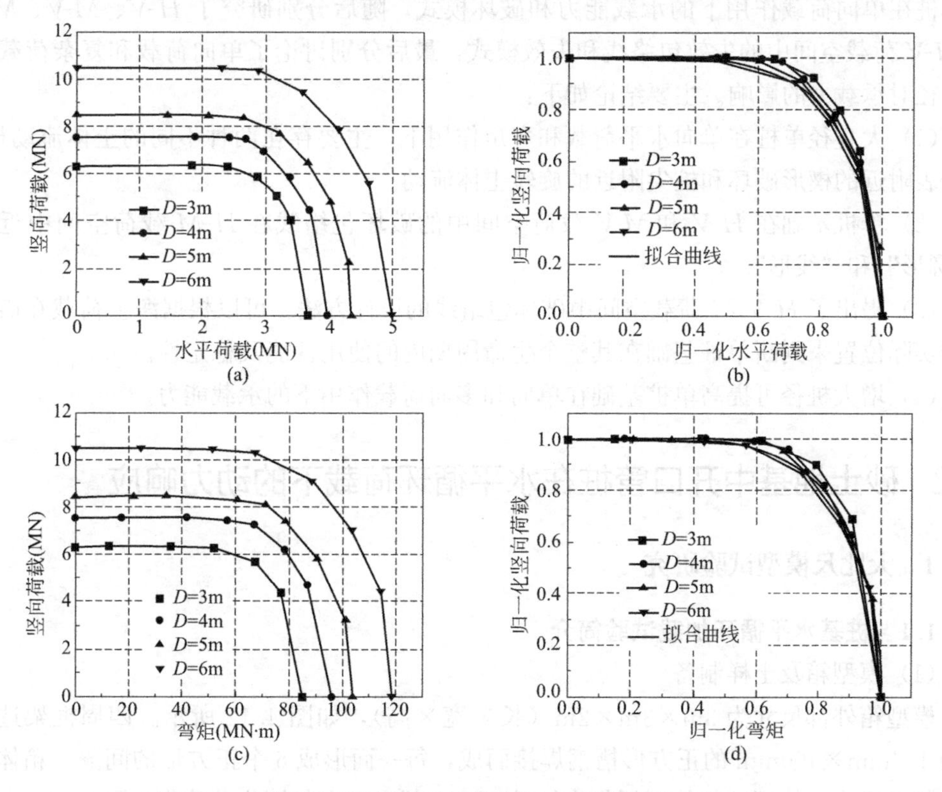

图4.11 不同直径单桩在复杂荷载作用下的破坏包络线（一）

（a）H-V 荷载空间中的失效包络线；（b）H-V 荷载空间的归一化失效包络线；

（c）M-V 荷载空间中的破坏包络线；（d）M-V 荷载空间的归一化破坏包络线

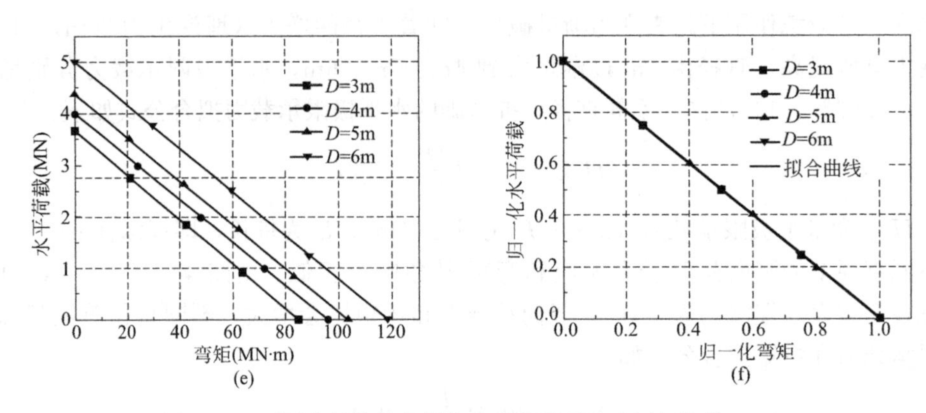

图 4.11 不同直径单桩在复杂荷载作用下的破坏包络线（二）

（e）*M-H* 荷载空间中的破坏包络线；（f）*M-H* 荷载空间的归一化破坏包络线

H-V 和 *M-V* 荷载空间的破坏包络线均呈椭圆形，*M-H* 荷载空间的破坏包络线呈线性。随着单桩直径的增大，破坏包络面积增大，承载能力增大。

4.1.5 小结

本节采用数值模拟方法建立了软土中海上风机单桩基础的三维有限元模型，首先探讨了单桩在单向荷载作用下的承载能力和破坏模式，随后分别研究了 *H-V*、*M-V*、*M-H*、*M-H-V* 荷载空间中的失效包络线和失效模式，最后分别讨论了单向荷载和复杂荷载作用下桩径对承载力的影响。主要结论如下：

（1）大直径单桩在单向水平荷载和弯矩作用下，主要存在两种不同的土体流动机制，即地表附近的楔形破坏和桩尖附近的旋转土体流动。

（2）单桩基础在 *H-V* 和 *M-V* 载荷空间中的破坏包络线在 *H-M* 载荷空间中近似为"椭圆形"和"线形"。

（3）提出了 *H-V-M* 荷载空间中破坏包络线的设计方法，可以根据海上荷载在破坏面上的实际位置来判断单桩基础在其整个生命周期内的使用性能及稳定性。

（4）增大桩径可提高单桩基础在单向和多向荷载作用下的承载能力。

4.2 砂土地基中开口管桩在水平循环荷载下的动力响应

4.2.1 大比尺模型试验研究

4.2.1.1 桩基水平循环加载试验简介

（1）模型箱及土样制备

模型箱外部尺寸为 3m×3m×2m（长×宽×高），如图 4.12 所示。四周框架选用截面为 100mm×100mm 的正方形槽钢焊接而成，每一面形成 6 个正方形的间隔。箱体一面的底部设置成一块可拆卸的钢板作为卸砂口，上部通过安装钢化玻璃作为可视窗口，模型箱底部四个角安装带球阀的排水钢管作为排水装置。利用配套的加载装置，该设备可模拟多种桩基施工条件，可施加静载、水平和竖向循环荷载。

图 4.12　模型箱

试验土样采用青岛海砂，通过自动撒砂装置分层装置土样，保证土样均匀，并采用分层压实法，控制每层压实后的厚度为 0.05m，最终得到土样的相对密实度为 0.73。采用实验室高频振筛机和应变式直剪仪分别测定砂样的颗粒级配和内摩擦角，如图 4.13 所示，中值粒径为 0.72mm，不均匀系数 4.25，曲率系数 1.47，土样的其他物理参数指标如表 4.2 所示。

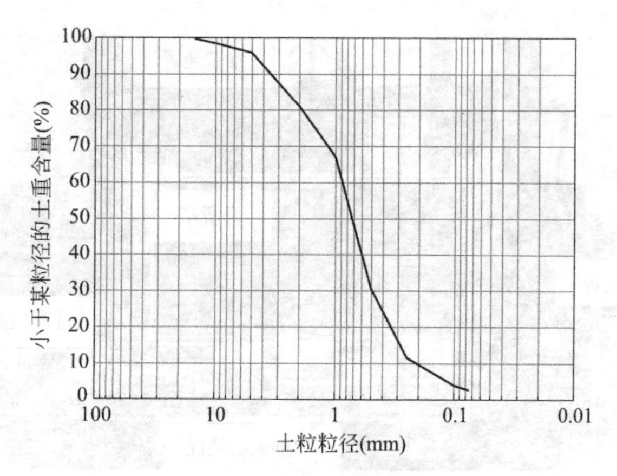

图 4.13　砂样颗粒级配

砂样物理参数指标　　　　**表 4.2**

砂粒相对密度 G_s	最大孔隙比 e_{max}	最小孔隙比 e_{min}	相对密实度 D_r	中值粒径 d_{50}(mm)	粒径范围(mm)	内摩擦角 φ(°)	干密度 ρ_d(kg/mm^3)
2.65	0.52	0.30	0.73	0.72	0-15	42.8	1.95

(2) 双壁开口模型桩

双层桩壁模型管桩由两个 6063 铝合金材料的同心圆管组成，泊松比为 0.3，弹性模量为 72GPa。桩体外径为 140mm，内径 120mm，桩长 1000mm。采用增敏型光纤光栅应变传感器测量内、外管的桩身应变；从桩顶到桩底每隔一定间隔共布置 6 个微型硅压阻式土压力传感器测量桩-土界面土压力，如图 4.14 所示。

(3) 试验流程及加载方案

首先通过不间断静压贯入方法在模型箱中间打入模型桩，模型桩和箱壁的最小距离大

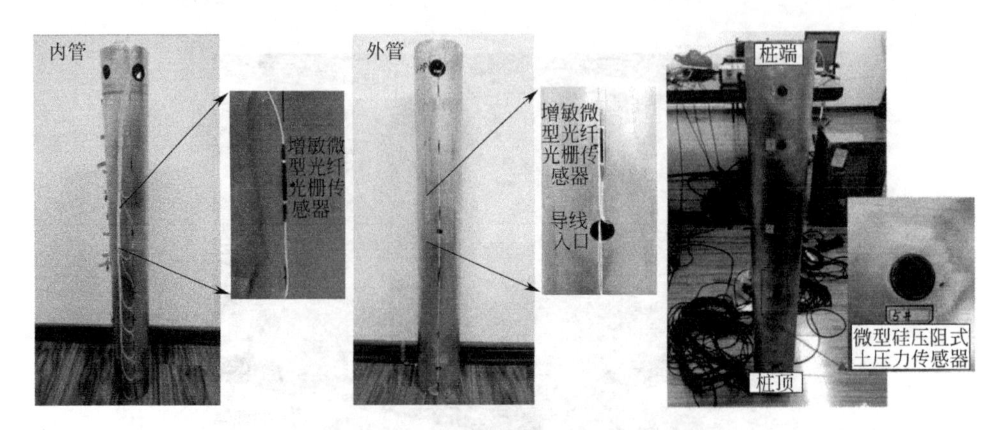

图 4.14　模型桩及桩身传感器布置

于 7 倍桩径，桩端和箱底距离大于 4 倍桩径，可忽略边界效应；然后在距离模型桩两侧 0.1m、0.25m、0.6m 位置处布置 YWD-100 位移传感器（被动区标记为 1～3 号，主动区标记为 4～6 号），用于测量水平循环加载过程中的地表位移；最后通过水平伺服加载装置进行循环加载控制；采用 FS2200RM 光纤光栅和 CF3820 高速静态两台数据采集设备进行数据采集，试验装置如图 4.15 所示。

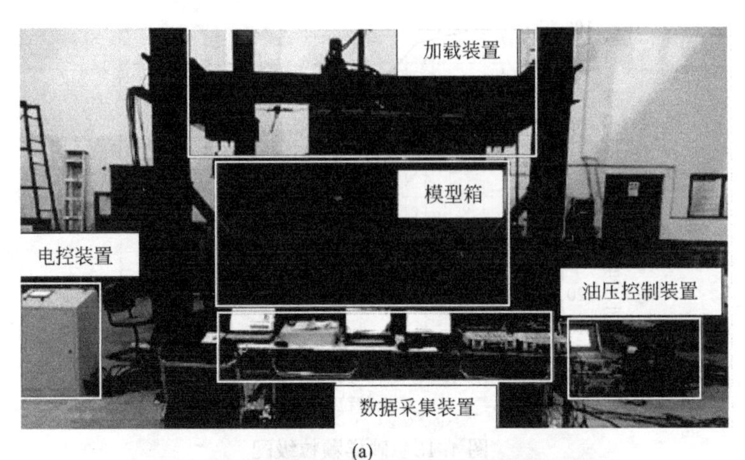

(a)

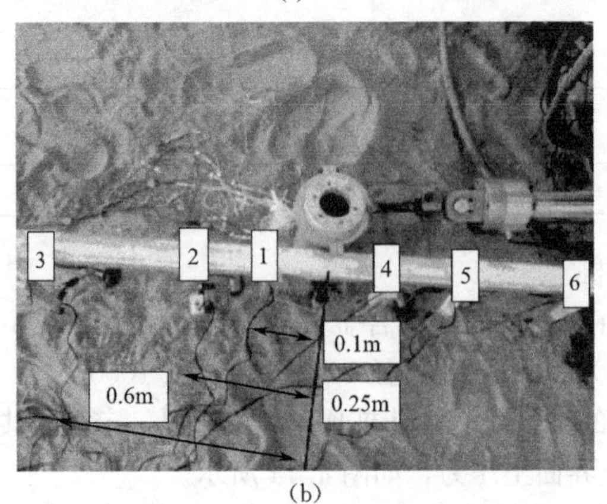

(b)

图 4.15　试验装置

(a) 试验加载系统；(b) 位移传感器布置

根据 Cuèllar（2011）提出的水平受荷桩破坏标准，即水平静载条件下单桩基础的极限承载力可取桩顶位移达到 0.1 倍桩径时对应的荷载，开口桩和闭口桩的水平极限承载力分别为 1587N、1776N。Leblanc 等（2010）定义了两个参数ζ_b与ζ_c来表示循环加载的特征，如公式(4.8）和公式(4.9）所示。其中，P_R 表示水平极限承载力，P_{max} 与 P_{min} 表示一个循环周期中最大荷载和最小荷载。ζ_b 表示循环荷载比，取值范围一般在 0～1 之间；ζ_c 表示循环荷载过程中最小荷载和最大荷载的比值，取值范围一般在－1～1 之间，ζ_c 取值小于 0 代表双向循环，大于等于 0 表示单向循环。在实际的海洋环境中荷载极其复杂并且为不规则的荷载波形，为简化起见，加载形式采用正弦波形式，频率为 4Hz。选用ζ_c 为－1 和 0 两种循环加载形式，如图 4.16 所示，双向荷载幅值分别为 200N、500N、800N，循环荷载比分别为 0.126、0.315、0.504，单向循环荷载比为 0.113。具体试验参数如表 4.3 所示。

$$\zeta_b = \frac{P_{max}}{P_R} \tag{4.8}$$

$$\zeta_c = \frac{P_{min}}{P_{max}} \tag{4.9}$$

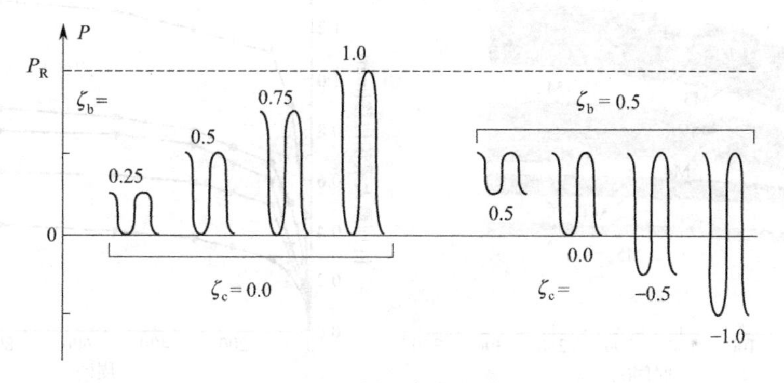

图 4.16　循环荷载示意图

试验方案　　**表 4.3**

试验编号	桩径(mm)	埋深(m)	加载方式	幅值(N)	频率(Hz)	周期(次)
M1	140	0.74	双向	200	4	1000
M2	140	0.74	双向	500	4	1000
M3	140	0.74	双向	800	4	1000
M4	140	0.74	单向	200	4	1000
M5	140(闭口)	0.74	双向	200	4	1000

4.2.1.2　模型试验结果分析

（1）桩顶累积位移

长期侧向循环荷载会使桩-土体系发生变化，进而产生桩体的倾斜，图 4.17 给出了循环加载后的桩顶累积位移变化曲线。由图 4.17(a）可知，在不同的循环加载方式和端口形式下桩顶位移曲线变化规律一致，随着正弦波荷载的施加，桩身位移随时间也呈正弦波式变化，最后总体位移量分别为 0.65mm、0.9mm、1.35mm、0.8mm、0.45mm。

图 4.17(b) 为桩顶最大累积位移随循环周期变化曲线，可知，桩顶最大累积位移随循环周期的增加而逐渐增大，最后逐渐趋于稳定，位移在前 100 个周期增加最快，随后逐渐变缓，其位移量约占总体位移的 76.9%、74.4%、81.4%、78.9%、67.7%；相比于 M1，M2 和 M3 的桩顶累积位移分别增加了 27.7%、51.8%；单向循环加载累积位移量比双向增加 18.75%；闭口管桩位移量比开口减少了 30.7%。

目前，预测水平循环荷载作用下的累积位移主要是通过建立桩身位移与循环次数之间的关系。Hettler (1981) 在干砂中进行循环三轴试验和模型桩试验，认为 N 次循环荷载作用下的桩体水平位移 y_{N} 和第 1 次循环后的桩体位移 y_1 的比值与循环次数 N 有如下关系：

$$y_{\mathrm{N}}=y_1(1+C_N\ln N) \tag{4.10}$$

式中，y_{N} 为 N 次循环后的水平位移；C_N 为弱化系数，建议砂性土 $C_N=0.2$。通过拟合发现本模型试验中弱化系数分别为 0.159、0.173、0.181、0.186、0.171，与朱斌 (2013) 得到的 $C_N=0.17$ 较为接近。

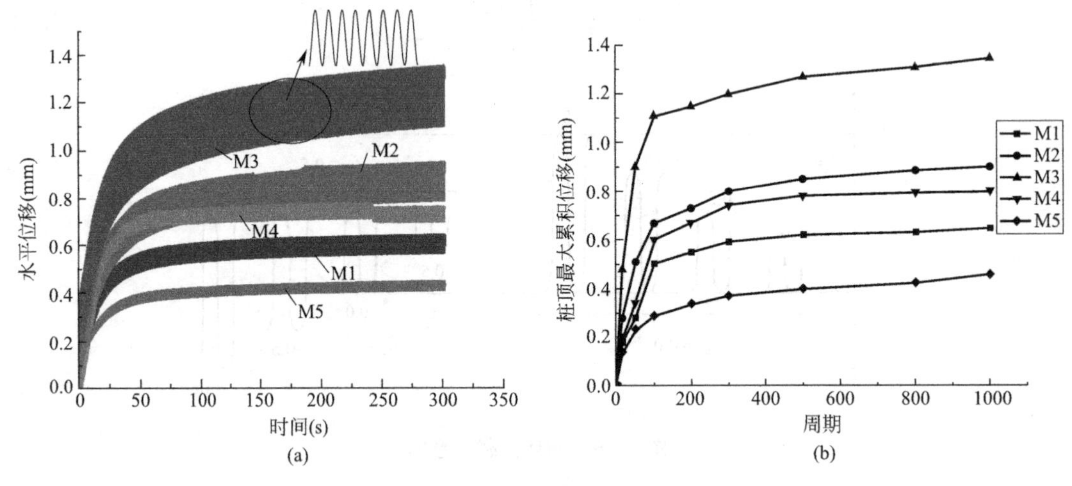

图 4.17　桩顶累积位移

(2) 水平荷载-位移曲线

桩顶水平荷载-位移曲线对于分析单桩水平位移和水平极限承载力之间的相互关系至关重要。通过测试桩顶水平力和水平位移给出了循环荷载下的桩顶荷载-位移关系曲线，如图 4.18 所示。循环荷载中定义桩顶最大荷载和水平位移变化值之比为桩基的水平割线刚度，循环荷载作用下桩周土体刚度会发生变化，继而改变基础的刚度。

由图 4.18(a)～(e) 可以看出荷载-位移曲线呈滞回环型，每次循环滞回环会有部分重叠，在加载第 1～10 个周期时滞回环重叠量大面积较小，随着循环次数的增加滞回环逐渐向位移轴方向倾斜，滞回环曲线重叠量逐渐减小，面积逐渐增大，最后趋于稳定。第 1 循环周期水平割线刚度 k_1 分别为 0.645kN/mm、1.21kN/mm、1.33kN/mm、0.569kN/mm、0.71kN/mm，在第 1000 循环周期水平割线刚度 k_{1000} 分别为 0.57kN/mm、1.04kN/mm、1.10kN/mm、0.496kN/mm、0.65kN/mm，桩基水平割线刚度在 1000 个循环后分别减小了 11.6%、14.0%、17.2%、12.8%、8.5%。其中，前 100 个周期基础水平割线刚度

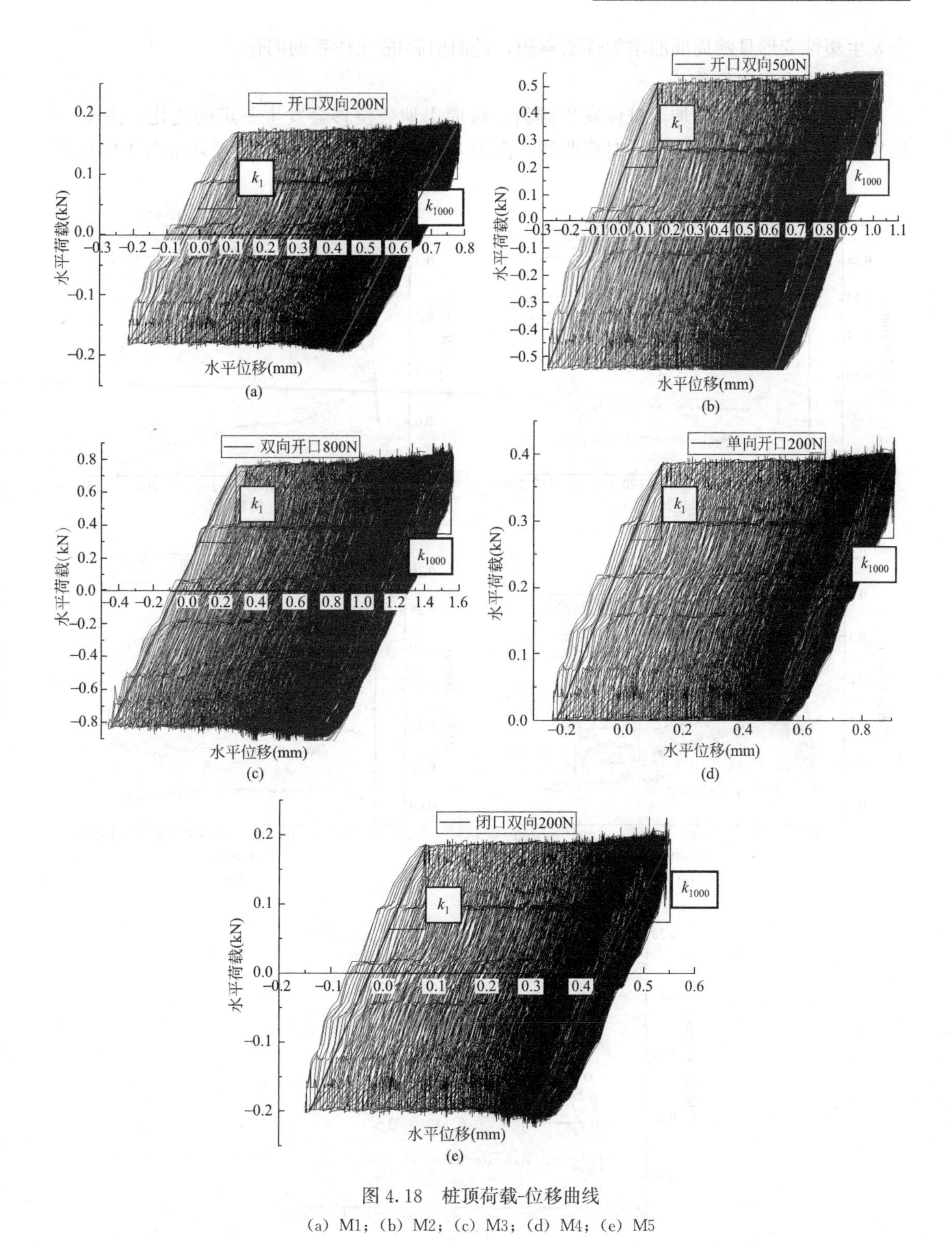

图 4.18　桩顶荷载-位移曲线

(a) M1；(b) M2；(c) M3；(d) M4；(e) M5

分别降低了 6.97%、9.9%、13.5%、8.01%、4.93%，约占总体衰减幅度的 60%。综上可知，循环加载可以降低桩基水平割线刚度，在一定程度上说明，循环加载可以降低土体的水平变形模量。这与张陈蓉（2011）得到的规律相似：在水平循环荷载作用下，桩周土会发生塑性变形且随周期的增加逐渐累积，进而引起桩-土体系的弱化。

（3）地表竖向位移

随着循环荷载的施加，桩体发生倾斜，桩周土地表位移会发生一定的变化，图 4.19 给出了地表位移随时间变化的时程曲线。由图 4.19(a)～(e) 可知，各循环加载下的地表

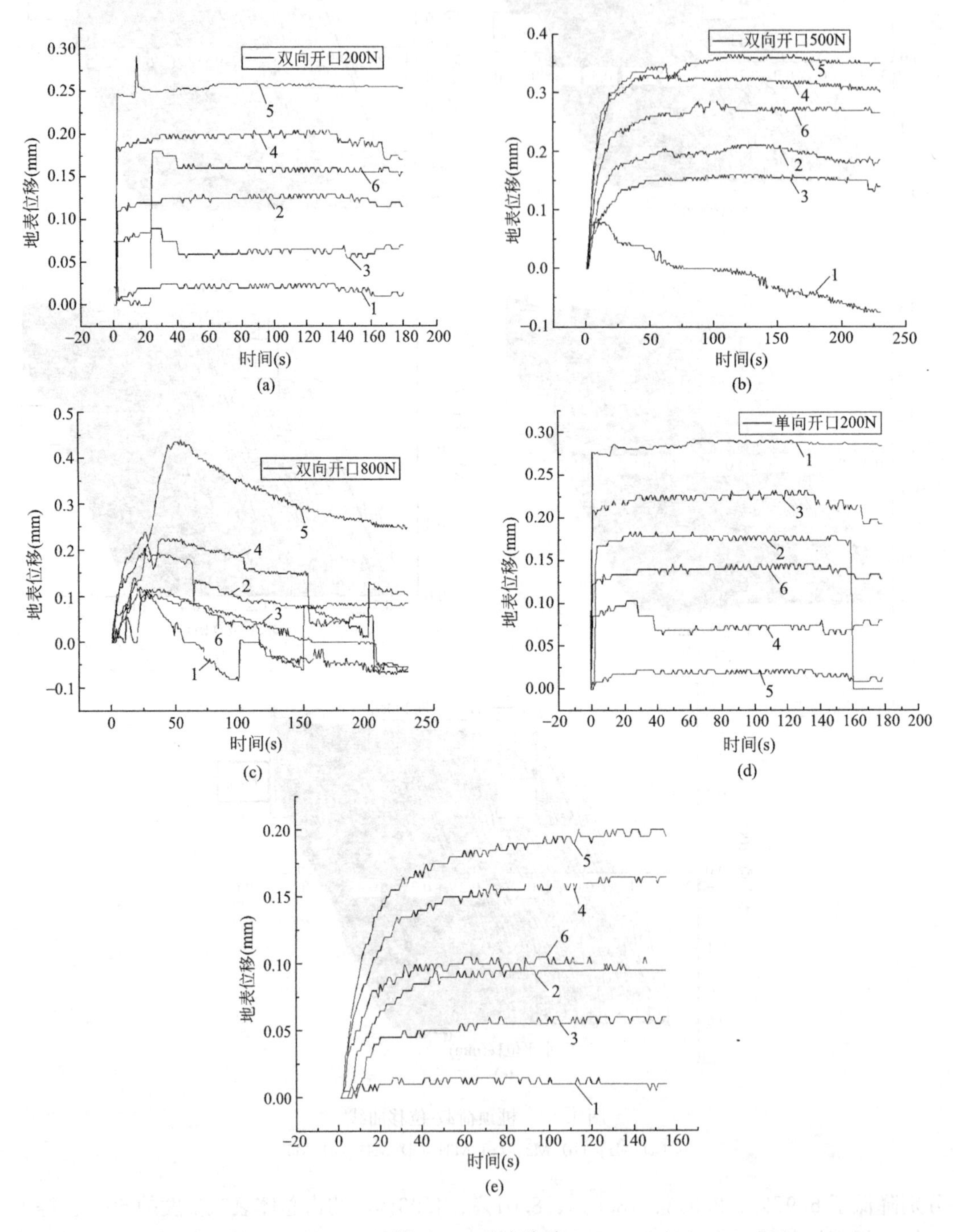

图 4.19　地表位移

(a) M1；(b) M2；(c) M3；(d) M4；(e) M5

位移变化规律大致相同，随着时间的增加位移逐渐增大，且增大幅度逐渐降低。由图4.19(a)可知，随着循环荷载的施加，加载初期位移变化速率较快，随后逐渐趋于稳定。桩体右侧2号位移计处位移最大，左侧5号位移计处位移最大，可知在循环荷载作用下，靠近桩体0.1m范围内土体会出现沉降，然后0.1～0.25m范围内，桩体两侧会出现土体隆起现象，桩左侧位移大于右侧即主动区位移大于被动区。对比发现，不同加载条件下桩体最大地表位移分别为0.25mm、0.35mm、0.4mm、0.28mm、0.18mm，随着循环荷载的增加，地表位移逐渐增大，单向循环位移大于双向循环，开口桩地表位移大于闭口桩，此规律和桩顶累积位移变化规律相似，且桩周土的严重扰动范围为2～3倍的桩径范围内。

（4）桩身侧摩阻力和侧向压力

随着水平循环荷载的施加桩周土体发生扰动，桩体产生一定的倾斜，桩身的受力方向也会发生倾斜，如图4.20所示。水平循环荷载改变了桩体的运动方向，使桩体的侧摩阻力和侧向压力与传统竖向荷载作用下的桩体不同。图4.21给出了M1桩侧摩阻力随深度变化曲线。可知，单位侧摩阻力沿深度变化规律大致相同，随着深度的增加单位侧摩阻力逐渐增大，其他桩体桩身摩阻力沿深度变化规律与M1相似，并且随着周期变化均不明显。

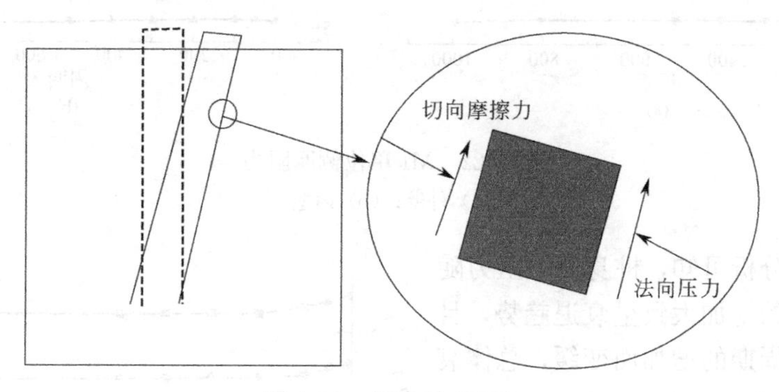

图4.20　桩身受力方向

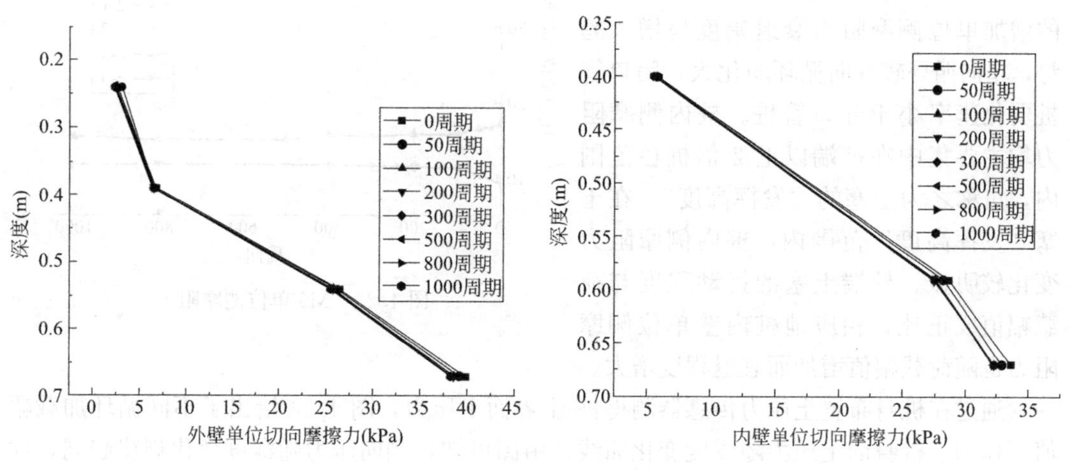

图4.21　M1沿桩身的单位侧摩阻力

不同循环荷载幅值下开口管桩的单位侧摩阻力变化规律相似，图 4.22 和图 4.23 分别给出了开口管桩 M1 和闭口桩 M5 的桩身单位侧摩阻力随循环周期的变化曲线。由图 4.22 可知，靠近桩底处单位侧摩阻力随循环周期的增加而减小；靠近桩顶处侧摩阻力呈现增大趋势，且均主要在前 100 个周期内变化较大；桩身中间位置处侧摩阻力变化较小。随循环周期的增加，桩底处侧摩擦力总体弱化了约 3.8%，桩顶处侧摩擦力增加了约 3.4%。桩体侧摩阻力随水平循环荷载的施加总体呈衰退趋势，衰退幅度在 3.8%左右，且退化幅度主要在前 100 个周期，约占总体退化幅度的 70%以上。

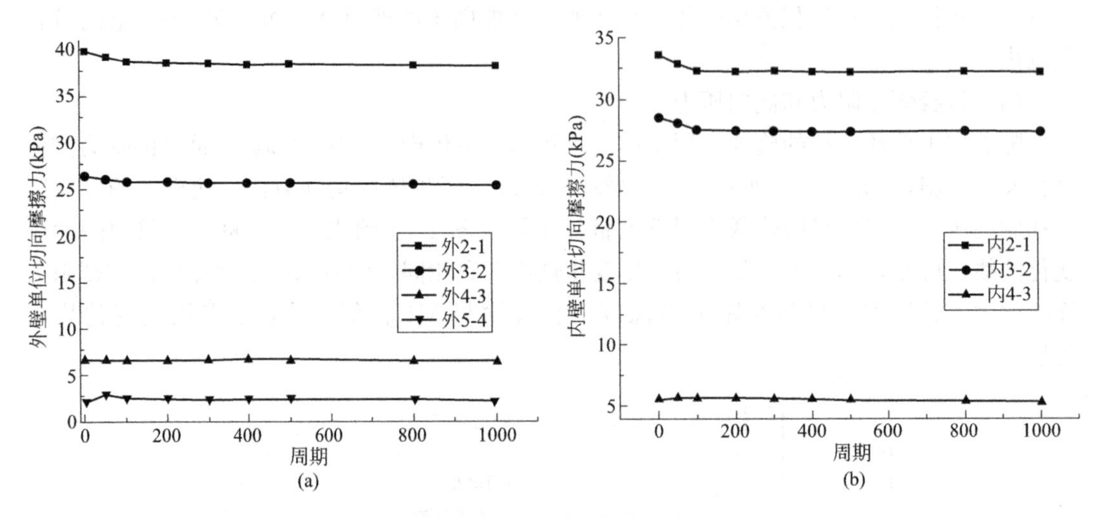

图 4.22　M1 单位侧摩阻力

(a) 外壁；(b) 内壁

通过对比分析可知，桩身侧摩阻力随水平循环荷载的施加大致呈衰退趋势，且衰退趋势随着周期的增加而变缓，总体衰退幅度分别为 3.6%、3.8%、4.2%、3.7%、3.4%。可知，随着循环荷载幅值的增加单位侧摩阻力衰退幅度呈增大趋势，单向循环较双向循环弱化大，闭口管桩弱化速率小于开口管桩。桩内侧摩阻力均主要集中在桩端以上 2 倍桩径范围内，可称之为土塞的“发挥高度”。在土塞“发挥高度”范围内，桩内侧摩阻力变化较明显。桩端土塞的扰动程度与荷载幅值成正比，相应地桩内壁单位侧摩阻力也随荷载幅值增加而衰退程度增大。

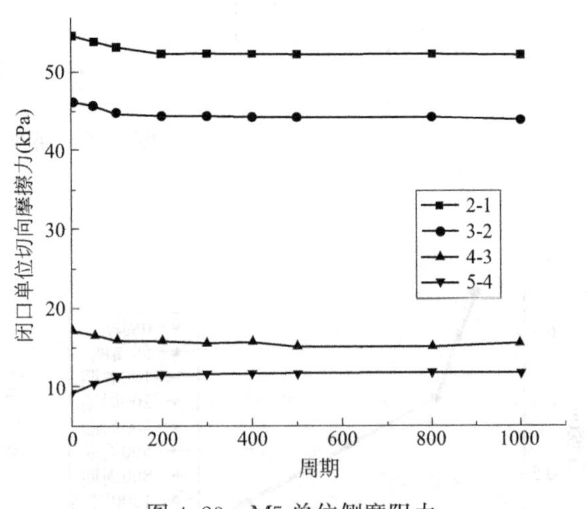

图 4.23　M5 单位侧摩阻力

通过在桩身布置土压力传感器测得桩-土界面土压力，图 4.24 给出了不同循环加载幅值下作用于桩身的土压力随深度变化曲线，由图可知，侧向压力随深度变化规律趋同，即随深度的增加而逐渐变大。由图 4.24(a) 可知，在 0.61m 深度处测得的侧向压力值变化

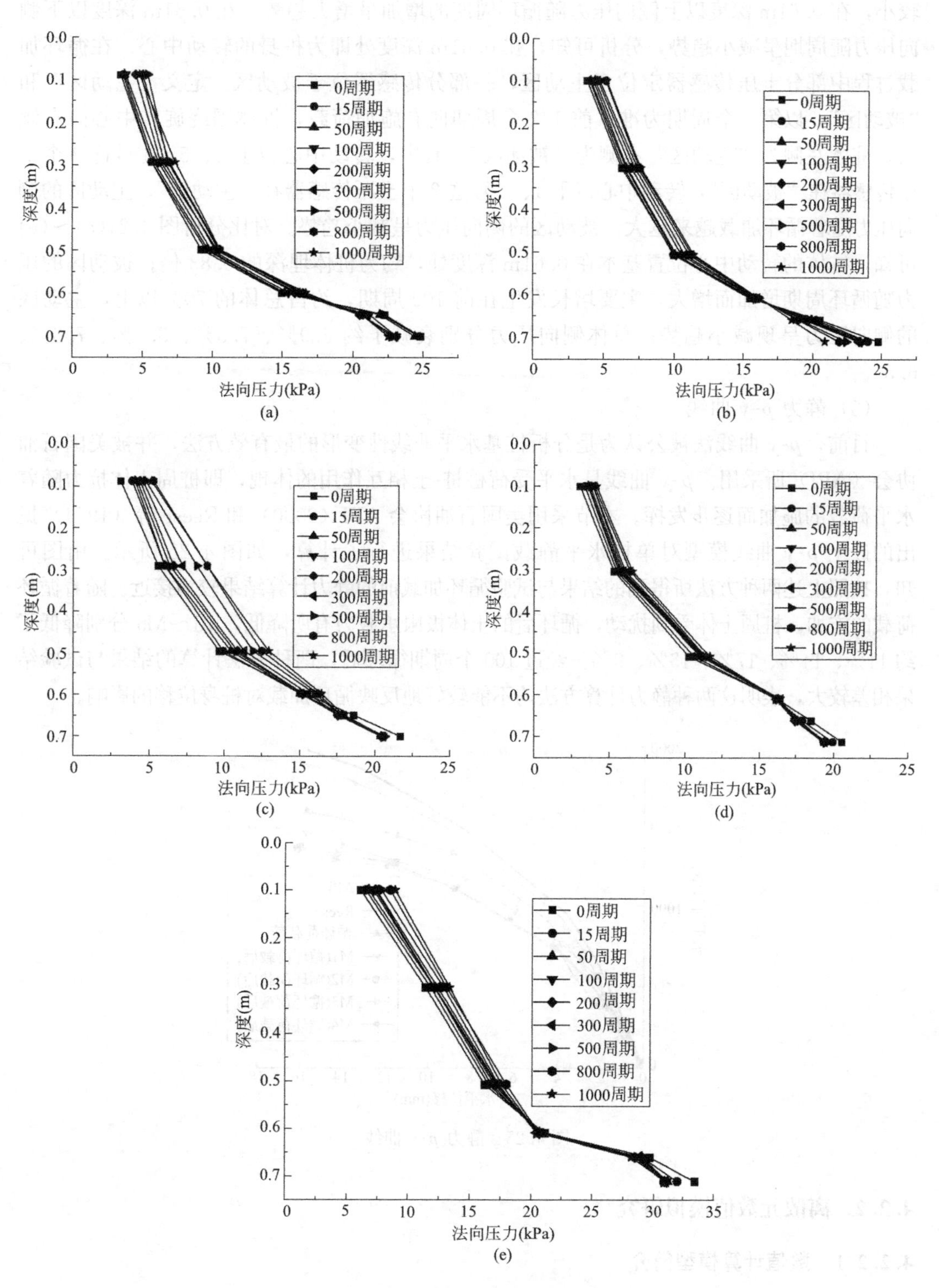

图 4.24 侧向压力随深度变化

(a) M1；(b) M2；(c) M3；(d) M4；(e) M5

较小，在 0.61m 深度以上侧向压力随循环周期的增加呈增大趋势，在 0.61m 深度以下侧向压力随周期呈减小趋势，分析可知，在 0.61m 深度处即为桩身的转动中心。在循环加载过程中部分土压传感器定位于主动区，一部分传感器位于被动区。定义“主动区”和“被动区”，以第一个周期为准，前 1/2 个周期向右施加荷载，桩体围绕旋转中心向右倾斜，桩体左侧为“主动区”右侧为“被动区”。其中，转动中心以上 4、5、6 号这 3 个土压传感器在“被动区”，转动中心以下 1、2 号这 2 个土压传感器在“主动区”，主动区的侧向压力随着循环加载越来越大，被动区的侧向压力呈减小趋势。对比分析图 4.24(a)～(e) 可知，桩体的转动中心位置基本在 0.61m 深度处，约为桩体埋深的 0.83 倍；被动区的压力随循环周期增加而增大，主要增长发生在前 100 周期，约占总体的 70%以上，主动区的侧向压力呈现减小趋势；总体侧向压力分别衰减了约 6.9%、7.5%、8.8%、7.3%、6.5%。

(5) 静力 *p-y* 曲线

目前，*p-y* 曲线法被公认为是分析桩基水平非线性变形的最有效方法，并被美国石油协会（API）所采用。*p-y* 曲线是水平受荷桩桩-土相互作用的体现，即桩周土体抗力随着水平荷载的施加而逐步发挥。本节采用美国石油协会 API（2000）和 Reese 等（1974）提出的砂土 *p-y* 曲线模型对单桩水平静载试验结果进行了计算，如图 4.25 所示。由图可知，按照上述两种方法所得到的结果与试验循环加载前的静力计算结果较为接近。随着循环荷载的施加，桩周土体受到扰动，循环后的土体极限承载力有所降低，M1～M5 分别降低了约 11%、14%、17%、13%、9%。经过 100 个周期循环后，两种方法计算的结果与试验结果相差较大，表明这两种静力计算方法均不能较好地反映循环加载对桩身位移的影响。

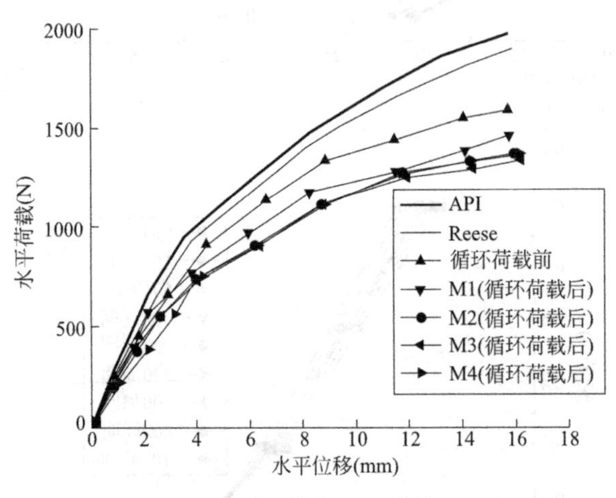

图 4.25　静力 *p-y* 曲线

4.2.2　离散元数值模拟研究

4.2.2.1　数值计算模型简介

采用离散元计算软件 PFC^{2D} 开展数值分析，计算模型尺寸为 2.4m×2.4m（长×高）。采用 GM（Grid Method）法生成土样，具体过程参考 3.2.1 节介绍。模型颗粒的最大粒径为 3.52mm，最小粒径为 2.25mm，中值粒径 d_{50}=2.92mm，不均匀系数 C_u=

$d_{60}/d_{10}=1.26$，土样所选参数如表4.4所示。

本模型采用3组桩体外径分别为22.5mm、45mm、90mm的开口刚性管桩和一组直径为45mm的闭口管桩。参照3.2.1节介绍的桩体生成法生成桩，其尺寸如表4.4所示。桩体由半径为1.125mm的颗粒组成，颗粒之间彼此重叠，两相邻颗粒中心之间的距离为d_{pp}（0.2R），如图4.26所示。组成桩体的颗粒直径远小于桩体直径，且颗粒间距离较短，表面较为光滑，其粗糙度接近初始设定值，颗粒和桩体接触力的方向与桩体轴力方向相同，桩体轴阻计算更容易且准确性高。

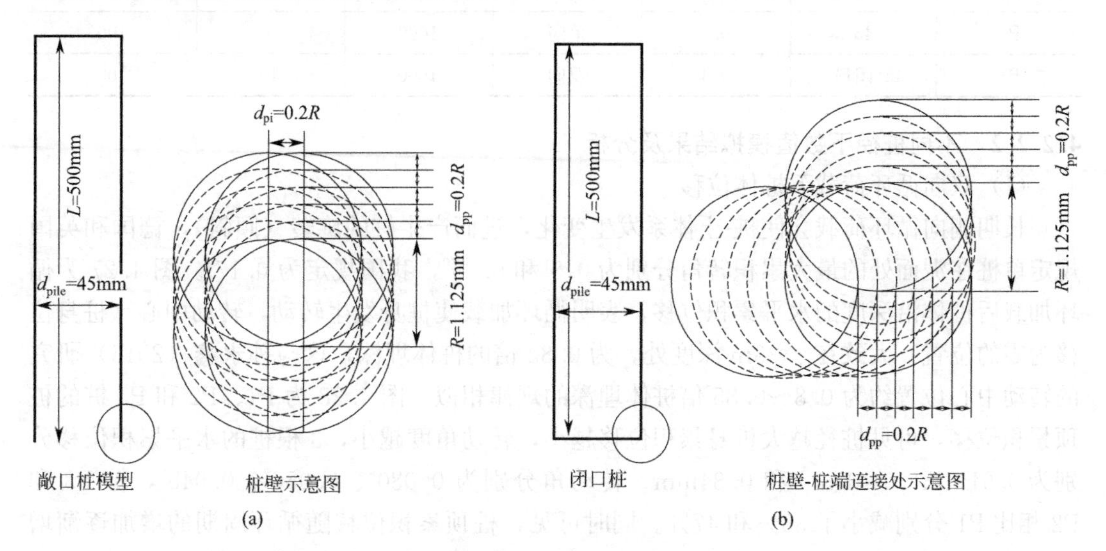

图4.26 桩体组成

(a) 开口管桩；(b) 闭口管桩

土样及桩体参数取值 表4.4

物理参数	取值	物理参数	取值
砂样颗粒密度(kg/m^3)	2650	颗粒间摩擦系数μ	0.5
桩密度(kg/m^3)	66.65	颗粒杨氏模量E_p(Pa)	4e7
重力加速度(m/s^2)	9.8	颗粒间法向接触刚度k_n(N/m)	8e7
颗粒中值粒径d_{50}(mm)	2.92	颗粒间剪切接触刚度k_s(N/m)	2e7
模型桩直径$d_{桩}$(mm)	25.5,45,90	墙体、颗粒刚度比k_s/k_n	0.25
模型桩长度(mm)	500	墙体法向接触刚度k_n(N/m)	6e12
模型桩壁厚d_{pw}(mm)	2.15	初始平均孔隙比	0.25
模型箱宽度(mm)	2400	最终平均孔隙比(最终平衡)	0.185
模型箱深度(mm)	2400		

模拟过程中，在模型桩顶部分级施加竖向荷载直至达到设定贯入深度0.4m，每个特定载荷下系统循环平衡，直到此荷载下桩体位移达到最大值，然后立即施加下一级荷载。水平静载模拟计算结果表明三种直径开口管桩和闭口管桩的水平极限承载力分别为6012N、8118N、13451N、9326N。采用单向循环加载和双向循环加载两种水平循环加载方式，加载形式均采用正弦波形式，具体参数如表4.5所示。

数值模拟加载方案　　表 4.5

试验编号	桩径(mm)	埋深(m)	加载方式	幅值(N)	频率(Hz)	周期
P1	22.5	0.4	双向	1000	40	100
P2	45	0.4	双向	1000	40	100
P3	90	0.4	双向	1000	40	100
P4	45	0.4	双向	3000	40	100
P5	45	0.4	双向	5000	40	100
P6	45	0.4	单向	1000	40	100
P7	45(闭口)	0.4	双向	1000	40	100

4.2.2.2 不同桩径下数值模拟结果及分析

(1) 双向循环荷载下桩体位移

长期侧向循环荷载会使桩-土体系发生变化，进而产生桩的旋转（倾斜），德国和英国规定单桩在泥面处的最大累积转角分别为 0.5°和 0.25°，我国规定为 0.17°。图 4.27 为循环加载后桩体沿深度的水平累积位移，表明循环加载使桩身发生转动，转动中心（桩身位移为零的位置）大致在 0.33m 深度处，为 0.82 倍的桩体埋深，这与孙永鑫（2016）研究的转动中心位置约为 0.8～0.85 倍桩体埋深的规律相似。图 4.28 为 P1、P2 和 P3 桩的桩顶累积位移，可见桩径越大桩身累积位移越小，转动角度越小，3 根桩的水平累积位移分别为 0.61mm、0.41mm 和 0.34mm，转动角分别为 0.080°、0.056°、0.045°，桩 P3 和 P2 相比 P1 分别减小了 33%和 47%。同时可见，桩顶累积位移随循环周期的增加逐渐增大，最后趋于稳定，主要位移发生在前 10 个循环，位移量约占总体位移的 71%，这与 Chen et al.（2015）研究所得规律相似：前 10 个周期对桩顶累积位移影响较大。根据公式(4.10) 拟合后 P1、P2 和 P3 桩的弱化系数分别为 0.24、0.22、0.19，可见桩径越大，循环弱化系数越小。

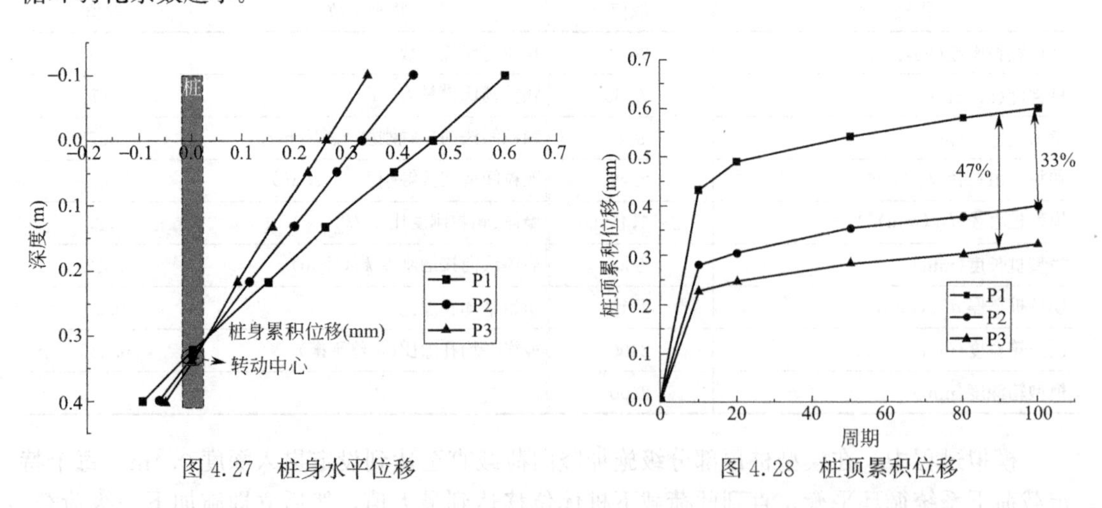

图 4.27　桩身水平位移　　图 4.28　桩顶累积位移

(2) 荷载-位移曲线

图 4.29 给出了 3 根桩在循环荷载下的桩顶荷载-位移曲线，定义荷载幅值和位移之比为桩基的水平割线刚度。P1、P2 和 P3 桩在第 1 循环时的水平割线刚度 k_1 分别为

5.79kN/mm、6.67kN/mm、8.573kN/mm；20 循环时的 k_{20} 分别为 5.15kN/mm、6.18kN/mm、8.12kN/mm；100 个循环后的 k_{100} 分别为 4.91kN/mm、5.88kN/mm、7.73kN/mm。可知，基础水平刚度随循环周期发生显著降低，3 根桩在 100 个循环后分别降低了 15.2%、11.8%、9.8%，随桩径增大衰减幅度略有减小。同时可见，刚度衰减主要发生在前 20 个周期，分别降低了 10.9%、7.31%、5.26%，约占总体降低幅度的 72.7%、62.0%、53.6%，这与 Duan（2016）研究所得规律相似：水平刚度变化主要发生在前 20 个周期。随着循环荷载的施加，桩周土受到扰动，从而造成桩基基础刚度的变化。在循环荷载作用下桩-土体接触面会发生松动或脱开现象，桩土脱开后，桩体在脱开区域内循环运动，这一区域的土体不再提供抗力，从而导致桩-土体系刚度降低，桩体位移相应增大。

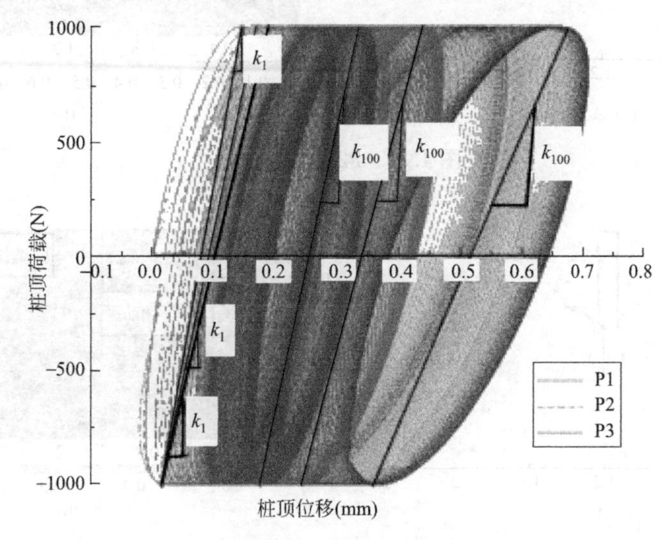

图 4.29　荷载位移曲线

（3）桩周土体位移

图 4.30～图 4.32 分别为 P1、P2 和 P3 桩的桩周土位移矢量图和位移云图。从位移矢量图可知，桩前土总体呈向上运动趋势，桩后土总体呈向下运动趋势，土塞向上产生微小的位移。由位移云图可知，桩周土的影响范围呈“蝴蝶”形，但桩左侧主动区的位移大于右侧被动区处位移。桩体外侧可划分为严重扰动区、部分扰动区和非扰动区，严重扰动区的范围约为 1～3 倍桩径。此外，桩径越小，水平双向循环荷载下桩周土体的影响范围越

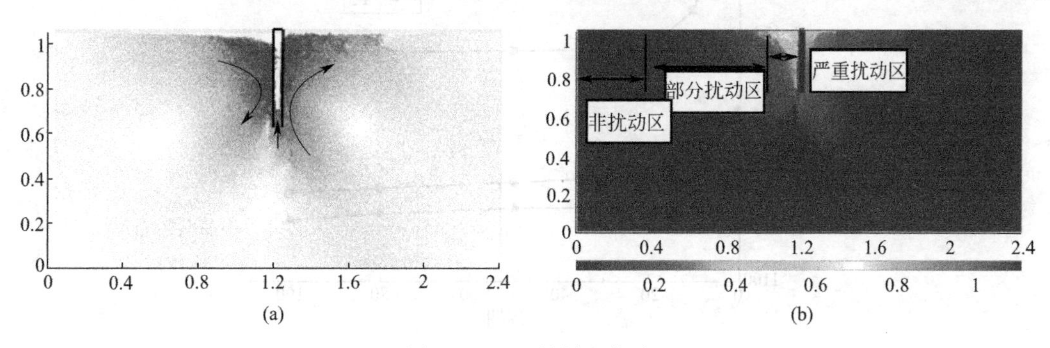

图 4.30　P1 桩周土位移

大。分析发现，沉桩后 P1、P2、P3 桩的土塞率（*PLR*）分别为 0.2、0.48、0.8，土塞率随着桩径增大而增大，土塞率越大说明进入桩内颗粒就越多，挤土效应越不明显，因此 P3 桩的桩周土影响范围较小；水平极限承载力分别为 6012N、8118N、13451N，桩径越大水平极限承载力越大，随着循环荷载的施加桩体扰动越不明显，桩周土影响范围越小。

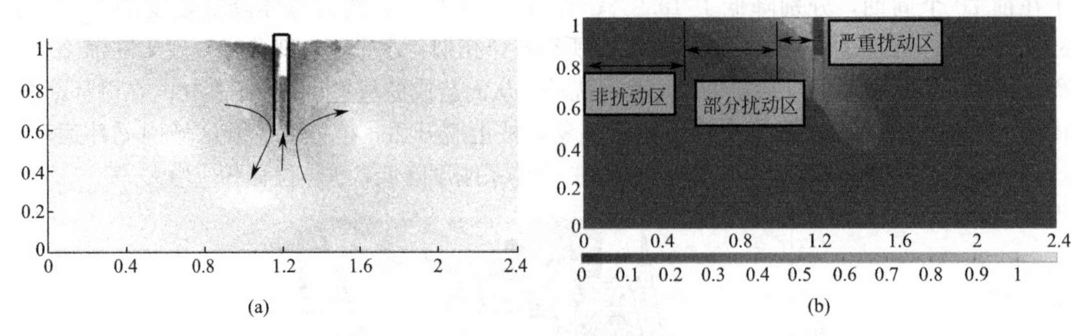

图 4.31　P2 桩周土位移

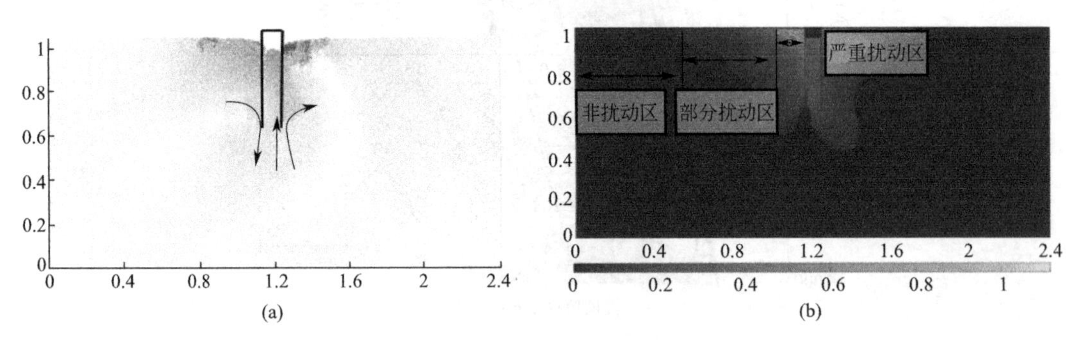

图 4.32　P3 桩周土位移

（4）桩管壁端阻

循环加载下 P1、P2、P3 桩的桩壁端阻变化规律如图 4.33 所示，随着循环荷载的施

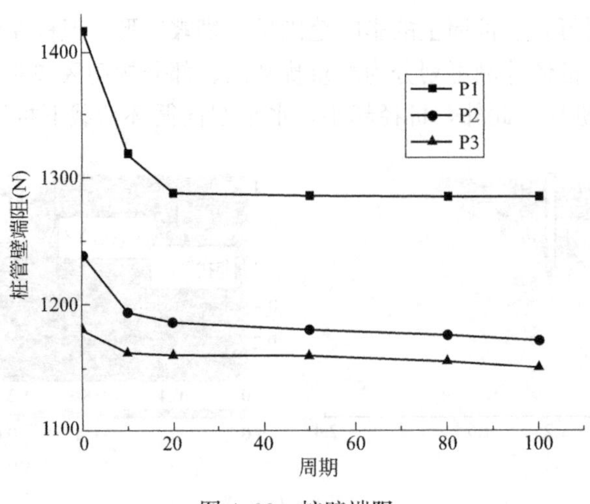

图 4.33　桩壁端阻

加，桩底土体发生扰动，端阻呈现一定幅度的降低，其衰减幅度随桩径增加而减小，100个循环后分别降低了8.5%、4.9%、2.6%，其中前10个周期的降低幅度占到总体的83.3%、80.1%、69.7%。分析发现，随着循环荷载的施加，桩底土体发生扰动导致端阻降低，桩径越大桩周土体扰动越小，因此P3桩的端阻降低幅度最小。

(5) 桩侧摩阻力（切向摩擦力）

图4.34～图4.36分别给出了桩P1、P2和P3内、外侧摩阻力变化曲线，侧摩阻力沿深度会有一定的波动。主要原因是组成桩体的颗粒直径较小，土样的颗粒较大，跟桩身接触的颗粒接触数目不确定，桩土间的接触力也会出现突变现象，如图4.37所示。桩基在不同循环周期下，侧摩阻力随深度分布变化规律趋同，桩身侧阻沿桩身虽有一定波动，但随深度的增加单桩侧阻总体呈增大趋势。以图4.35(a)为例，桩顶附近处桩基左侧的侧摩阻力呈减小趋势，但下降速率随循环周期增加逐渐变慢；而桩底处的侧摩阻力呈增加趋势。这是因为水平循环荷载作用下桩体围绕转动中心发生向右的累积转角，一定程度减小了桩顶左侧土体与桩之间的摩擦力。由此可知：转动中心以上左侧的桩外侧摩阻力呈减小

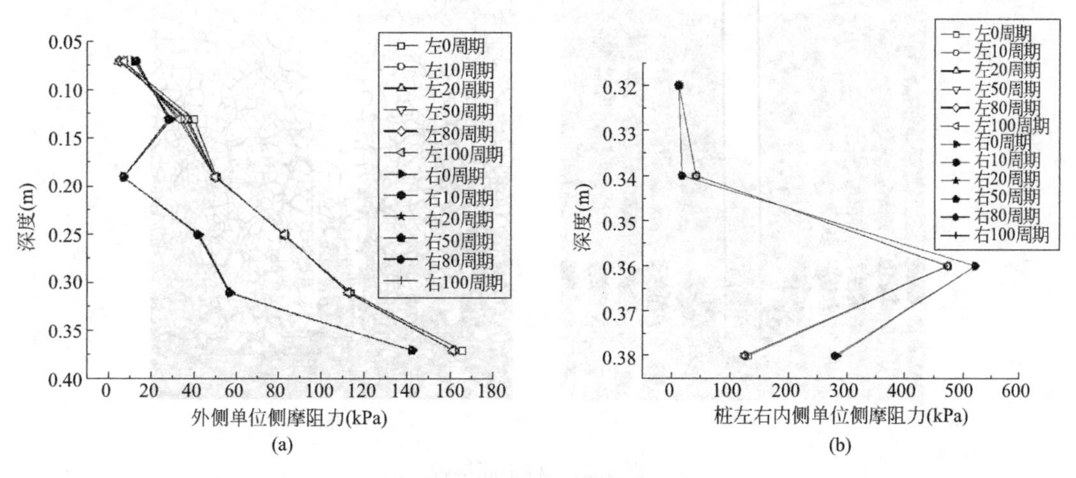

图4.34 P1桩内、外侧摩阻力

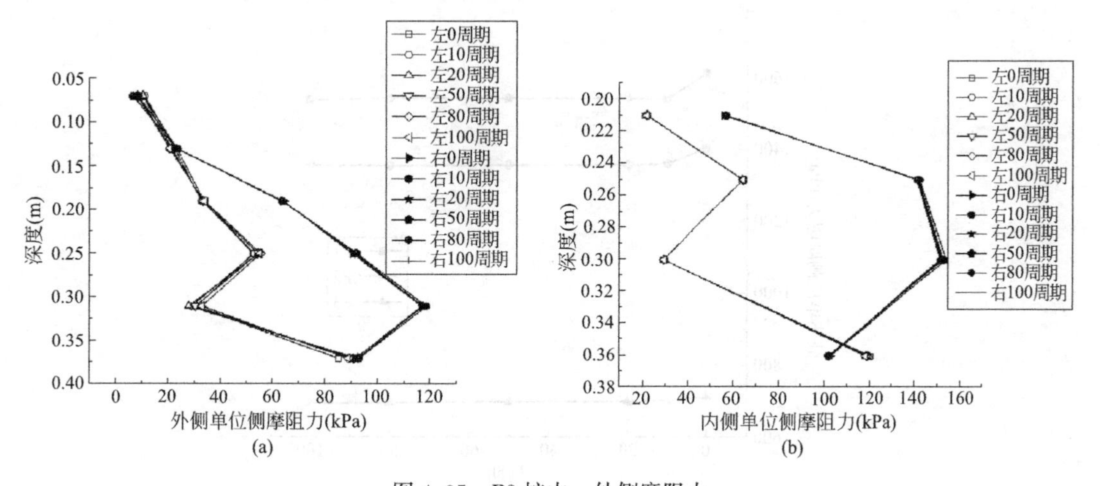

图4.35 P2桩内、外侧摩阻力

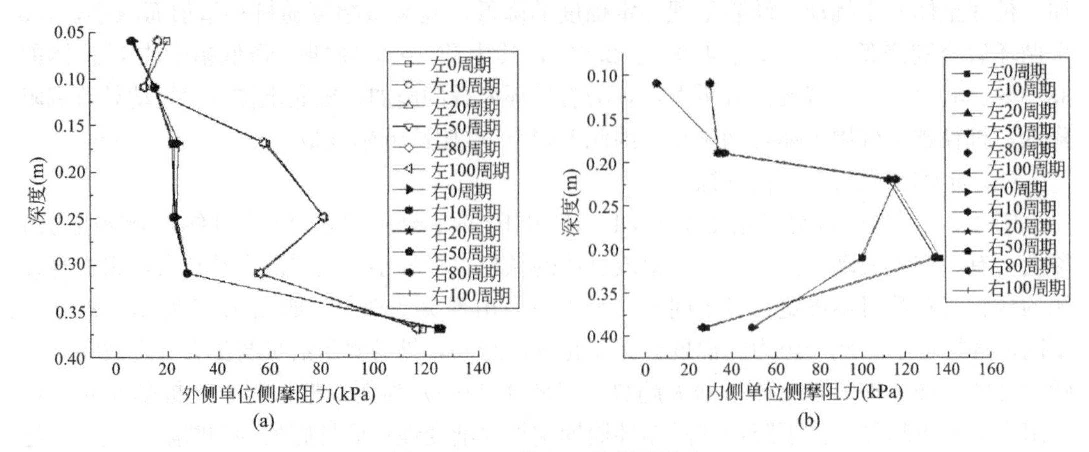

图 4.36　P3 桩内、外侧摩阻力

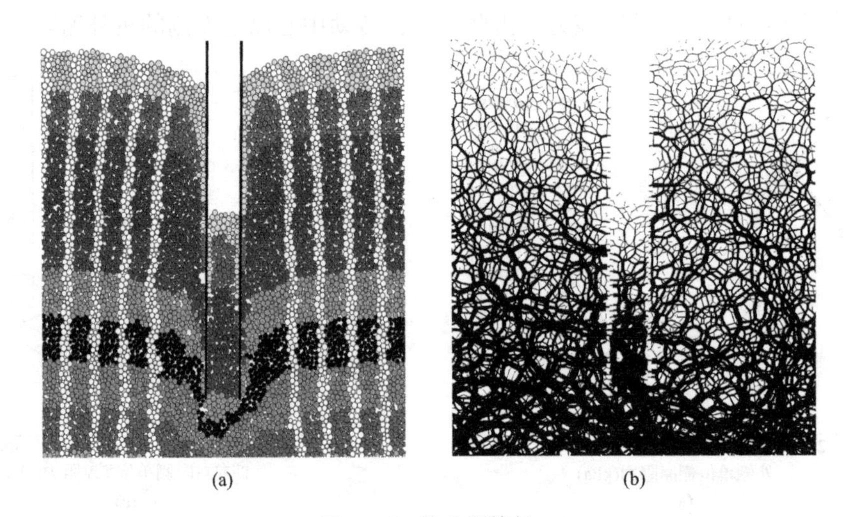

图 4.37　桩土间接触

(a) 桩土颗粒；(b) 桩土接触力链

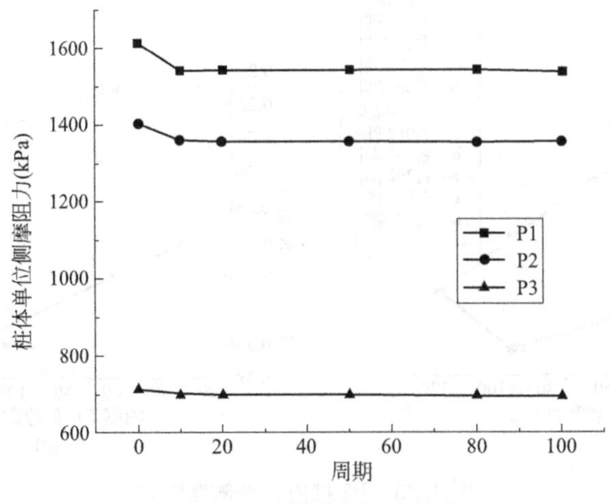

图 4.38　桩体单位侧摩阻力

趋势，而转动中心以下则反之。上述变化趋势主要发生在前 10 个循环内，且右侧的桩外侧摩阻力变化规律与左侧相反。同时发现，虽然 3 根桩的直径差异大，但桩内侧摩阻力均主要集中在桩端以上 1～2 倍桩径范围内，可称之为土塞的“发挥高度”。这与 De & Randolph（1997）研究发现的“有效高度”范围相一致。在土塞“发挥高度”范围内，3 根桩内侧摩阻力的分布规律相似：沿深度虽有波动但整体呈先增大后减小的趋势，在桩端处发生锐减。通过对比发现，桩右侧的内、外侧摩阻力均大于左侧的侧摩阻力。

图 4.38 为桩 P1、P2 和 P3 的总单位侧摩阻力随循环周期的变化规律。随循环周期的增加，3 根桩的总单位侧摩阻力逐渐衰减，100 个循环后降低幅度分别 4.6%、3.4%、2.6%，且衰减主要发生在前 10 个循环周期内。

（6）桩侧向压力（法向压力）

图 4.39～图 4.41 分别给出了 P1、P2 和 P3 桩的内、外侧向压力随深度变化曲线。可知，桩基在不同周期下，侧向压力随深度变化规律趋同，桩右侧被动区的侧向压力为负值，

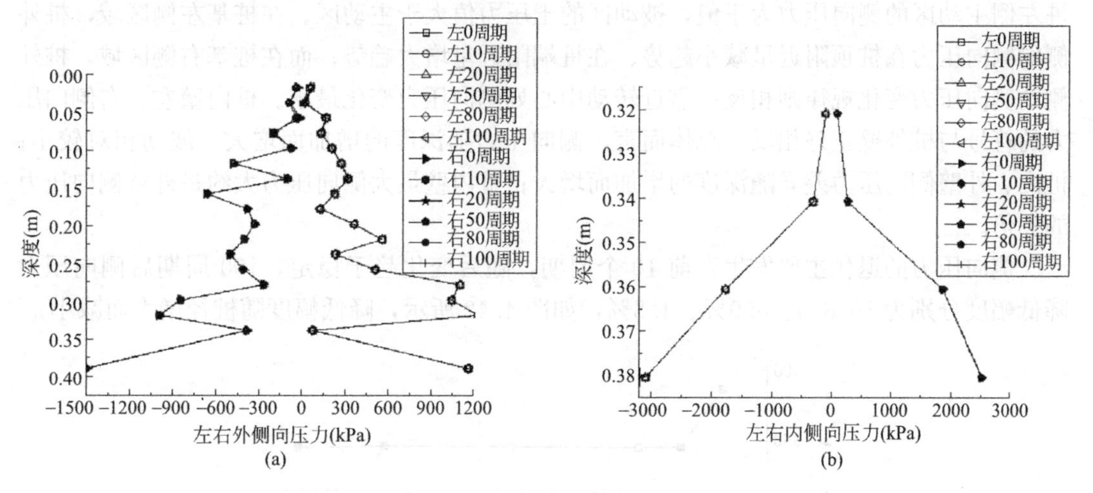

图 4.39　P1 桩内、外侧向压力

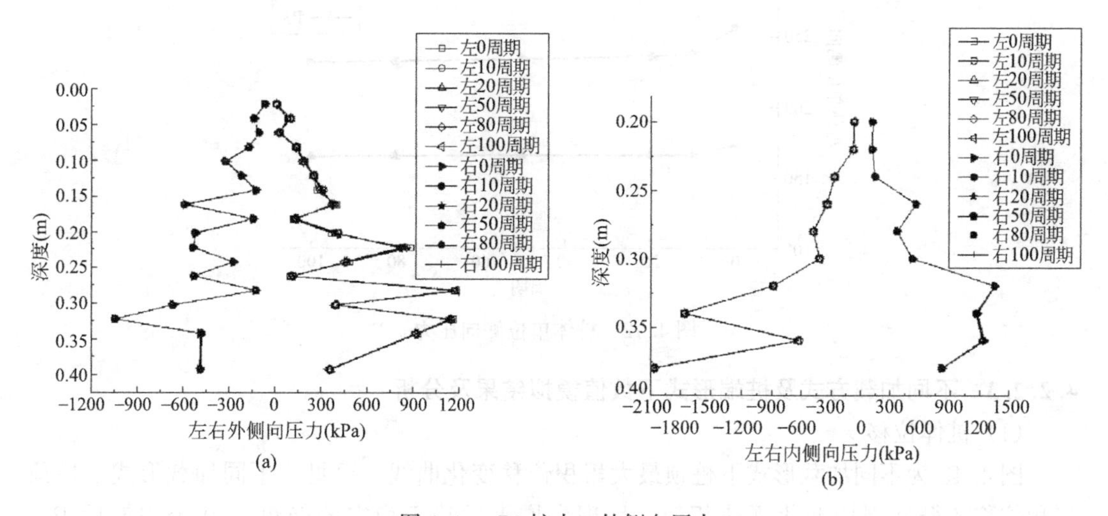

图 4.40　P2 桩内、外侧向压力

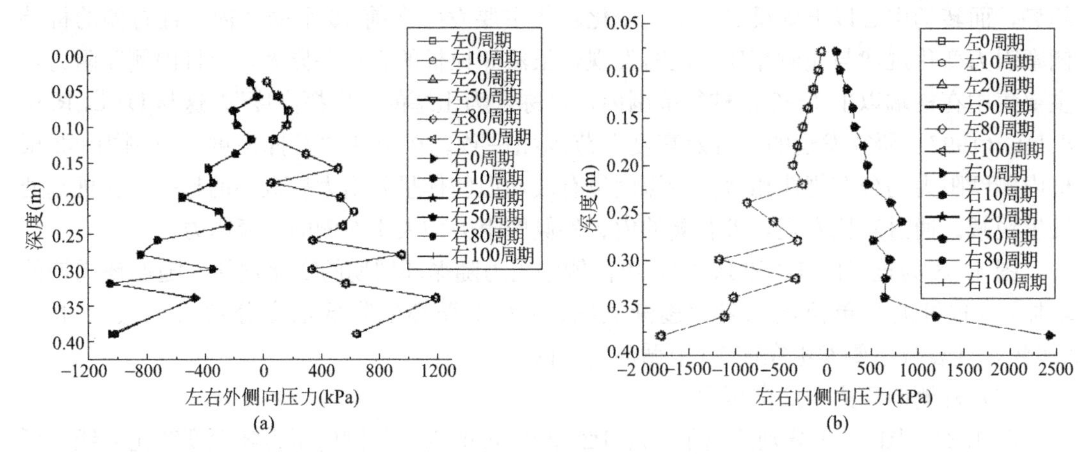

图 4.41　P3 桩内、外侧向压力

桩左侧主动区的侧向压力为正值，被动区的土压力值大于主动区。在桩基左侧区域，桩外侧的侧向压力在桩顶附近呈减小趋势、在桩端附近呈增大趋势；而在桩基右侧区域，桩外侧的侧向压力变化规律则相反；靠近转动中心处侧向压力变化最小。桩内壁左、右侧向压力的符号与桩外壁正好相反。总体而言，侧向压力随深度的增加而增大，波动相对较小；桩内、外壁侧向压力差异随深度的增加而增大；桩内壁最大侧向压力大约是外壁侧向压力的 2 倍。

侧向压力的退化主要发生在前 10 个周期，随后变化趋于稳定，100 周期后侧向压力降低幅度分别为 10.8%、8.9%、4.8%，如图 4.42 所示，降低幅度随桩径增大而减小。

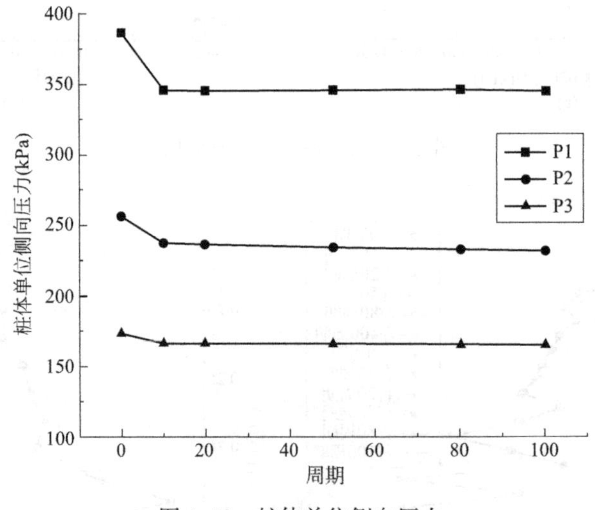

图 4.42　桩体单位侧向压力

4.2.2.3　不同加载方式及桩端形式下数值模拟结果及分析

（1）桩体位移

图 4.43 为不同加载形式下桩顶最大累积位移变化曲线。可见，不同加载形式下桩顶累积位移随循环周期变化规律相似，呈现先增大后趋于稳定的趋势。10 个周期后 P2、P4、P5、P6 和 P7 桩的桩顶累积位移量分别为 0.35mm、0.6mm、0.98mm、0.45mm、

0.28mm，循环结束后桩顶最大累积位移分别为 0.41mm、0.71mm、1.13mm、0.55mm、0.38mm。可知，桩顶最大累积位移随循环周期的增加而逐渐增大，前 10 个周期变化速率较快，20 个周期后速度逐渐变缓，累积位移主要发生在前 10 个周期，其位移量约占总体位移的 74.5%、84.5%、88.2%、81.8%、73.7%；随着循环荷载比的增加桩顶累积位移也随之增大，分别增加了 33.8%、57.7%；单向循环加载后累积位移量比双向增加了 14.6%；闭口管桩位移量比开口管桩减少了 19.1%。

根据公式(4.10) 拟合后的弱化系数分别为 0.22、0.24、0.26、0.27、0.21。可知，随着循环荷载比的增加弱化系数也逐渐增大，单向循环荷载弱化系数发展最快，闭口弱化系数最小。归一化模拟和试验结果，试验中周期数均除以 1000，模拟中周期数均除以 100，如图 4.43(b) 所示，可知：桩顶累积位移变化规律相似，累积位移主要发生在前 1/10 个加载周期，数值模拟得到的弱化系数略大于试验弱化系数。

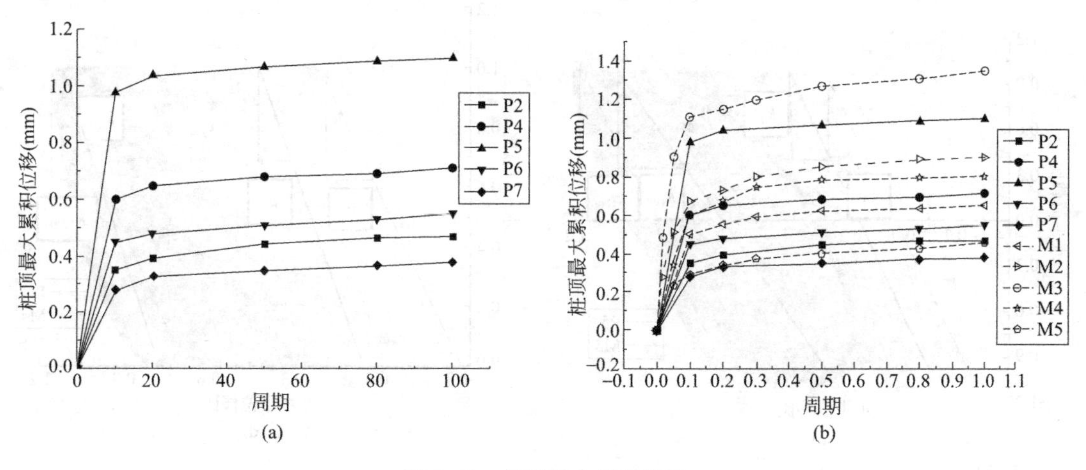

图 4.43　桩顶最大累积位移

(a) 模拟累积位移；(b) 归一化累积位移

(2) 荷载-位移曲线

在水平循环荷载作用下，桩土相互作用会发生一定的弱化。对试验和模拟结果进行归一化分析，水平荷载除以对应荷载幅值，水平位移除以对应的最大累积位移，图 4.44 分别给出了归一化后的不同循环加载条件下的荷载-位移曲线。由图 4.44(a)～(e) 可知，曲线基本上呈滞回环型，随循环周期的增加滞回环的面积逐渐增大，说明桩顶位移逐渐增大，水平刚度呈减小趋势。第 1 循环周期水平割线刚度 k_1 分别为 6.67kN/mm、8.57kN/mm、9.09kN/mm、5.88kN/mm、7.69kN/mm，在第 10 循环周期水平割线刚度 k_{10} 分别为 6.18kN/mm、7.65kN/mm、7.32kN/mm、5.21kN/mm、7.35kN/mm，在第 100 循环周期水平割线刚度 k_{100} 分别为 5.88kN/mm、7.32kN/mm、6.94kN/mm、4.84kN/mm、7.14kN/mm，总体降低了 11.8%、14.6%、23.6%、17.7%、7.2%，刚度衰减主要发生在前 10 周期，衰减量约占总体的 62.0%、73.6%、82.3%、64.4%、61.8%。对比分析可知，试验中水平刚度总体降低了 11.6%、14.0%、17.2%、12.8%、8.5%，与数值模拟结果相近。可见，水平割线刚度都随加载周期的增加而逐渐减小，减小量主要发生在前 1/10 个加载周期，约占总体的 60%。

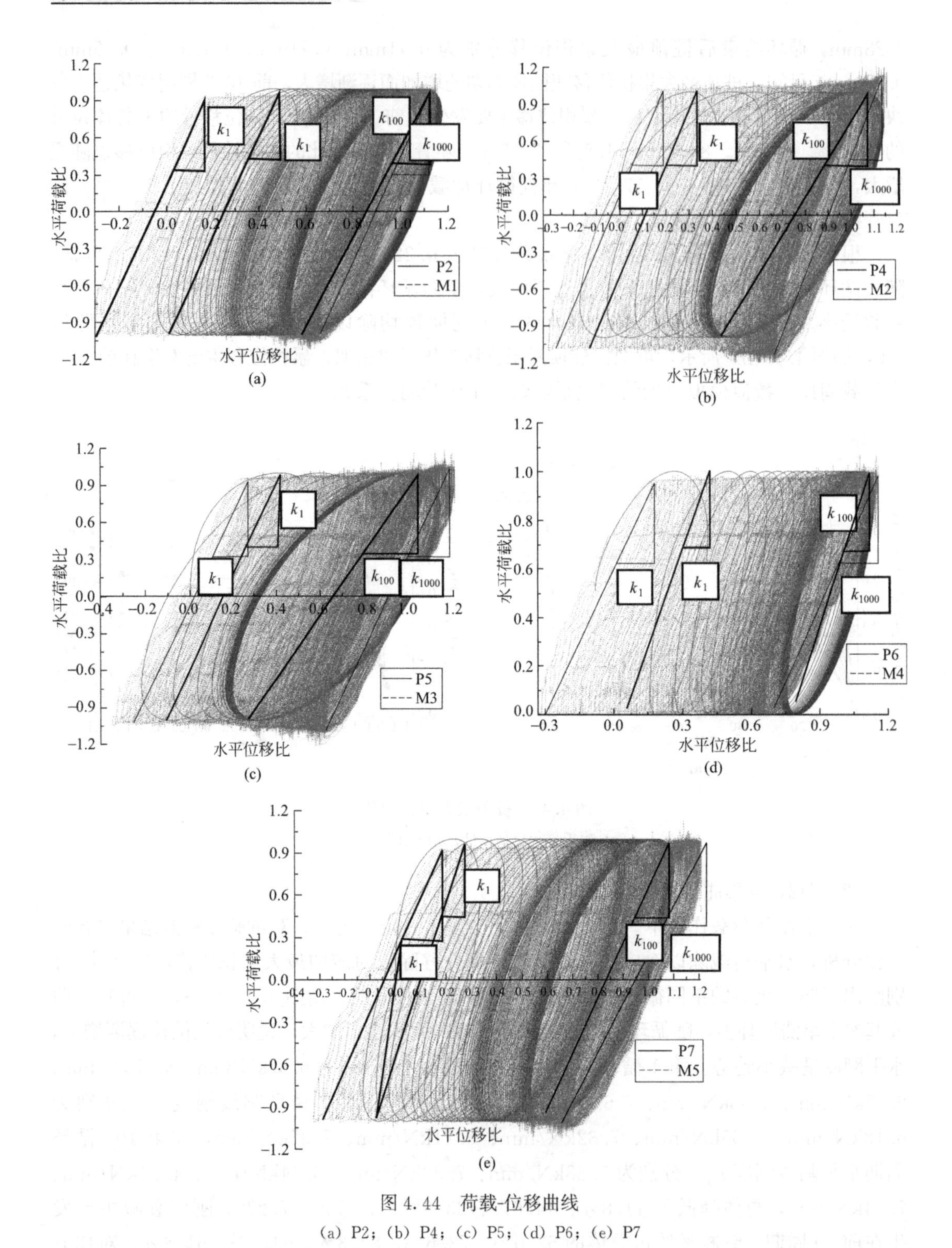

图 4.44 荷载-位移曲线

(a) P2；(b) P4；(c) P5；(d) P6；(e) P7

（3）桩周土位移

图 4.45～图 4.49 分别为桩 P2、P4、P5、P6、P7 的桩周土位移矢量图和位移云图。由图可知，随着侧向荷载的施加，桩周土颗粒发生扰动，桩体向加载方向发生一定的倾斜。由

位移矢量图可见，桩前土和桩后土的颗粒运动范围大致相反，土塞运动方向总体向上。由位移云图可见，桩周土的影响范围近似呈“蝴蝶”形，与 4.2.2.2 节一致，桩周土也可以分成不同扰动区，桩顶范围的土体位移较大，桩底范围的土颗粒位移较小，桩主动区的位移大于被动区。以图 4.45 为例进行分析，4～5 倍桩径范围内土颗粒位移最大，距桩体距离越远颗粒位移越小，左侧最大影响范围约为 15 倍桩径，右侧最大影响范围约为 12 倍桩径，桩底影响范围约为 5 倍桩径。水平循环荷载作用下桩周土影响范围远大于沉桩过程中的影响范围，为沉桩过程的 3 倍左右。

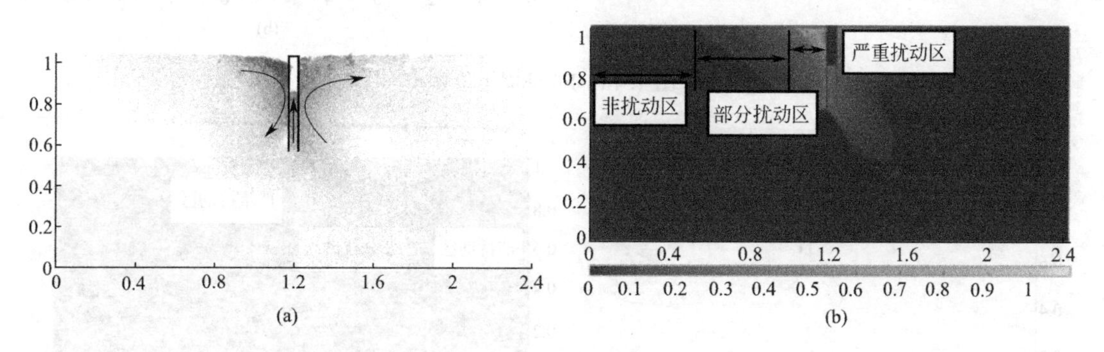

图 4.45　P2 桩周土位移

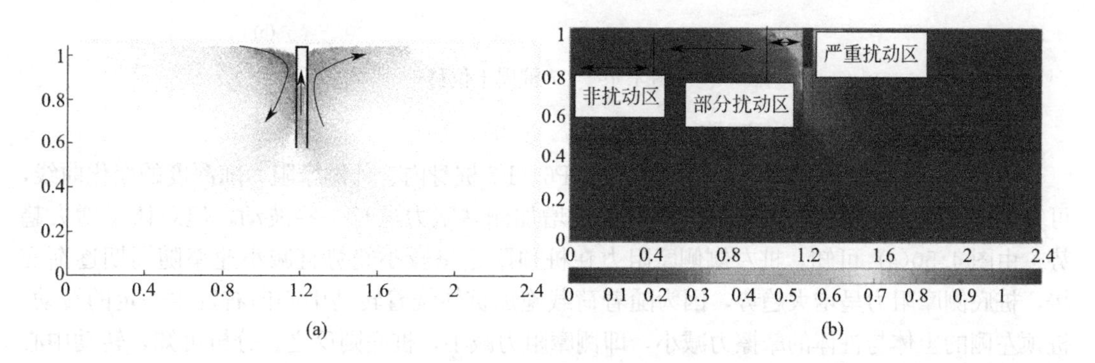

图 4.46　P4 桩周土位移

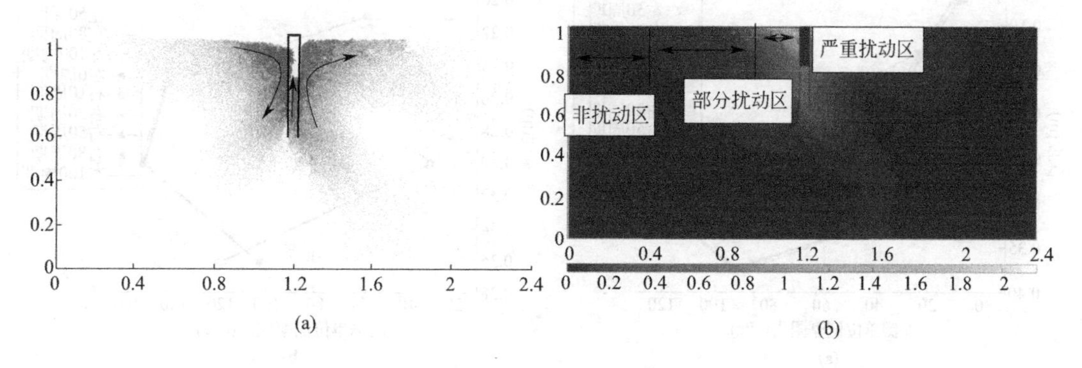

图 4.47　P5 桩周土位移

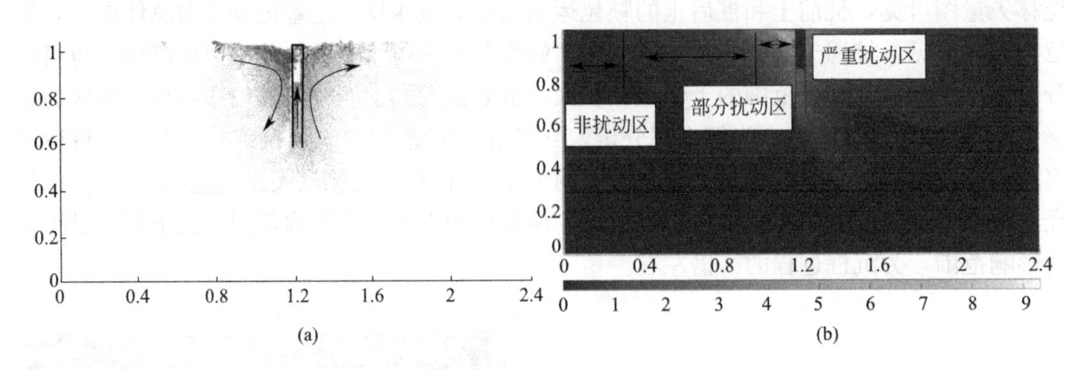

(a) (b)

图 4.48 P6 桩周土位移

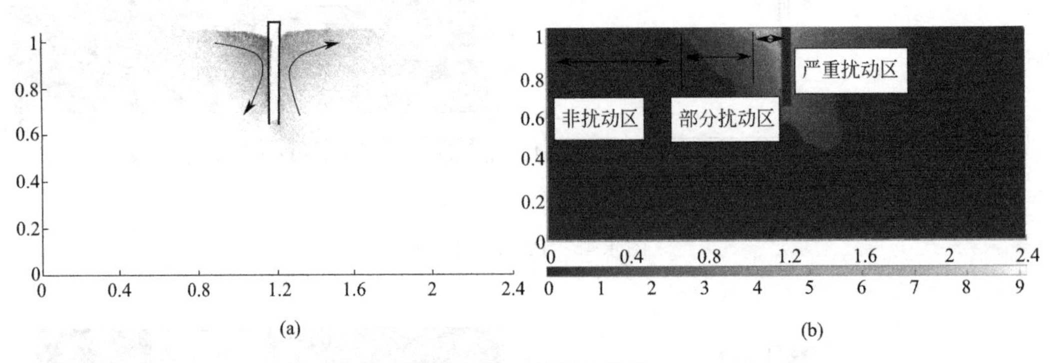

(a) (b)

图 4.49 P7 桩周土位移

（4）桩侧摩阻力（切向摩擦力）

图 4.50～图 4.54 给出了 P2、P4、P5、P6、P7 桩身内、外侧摩阻力随深度的变化曲线，可知，侧摩阻力变化规律大致相同，随深度增加侧摩阻力虽有一些波动，但总体呈增大趋势。由图 4.50(a) 可知，桩左侧侧摩阻力在桩顶附近呈减小趋势且减小速率随周期逐渐变缓，桩底侧摩阻力呈增大趋势，因为随着荷载施加桩体绕着转动中心向右发生一定的转动，桩顶左侧的土体与桩体的摩擦力减小，即侧摩阻力减小，桩底则反之。分析可知，转动中心

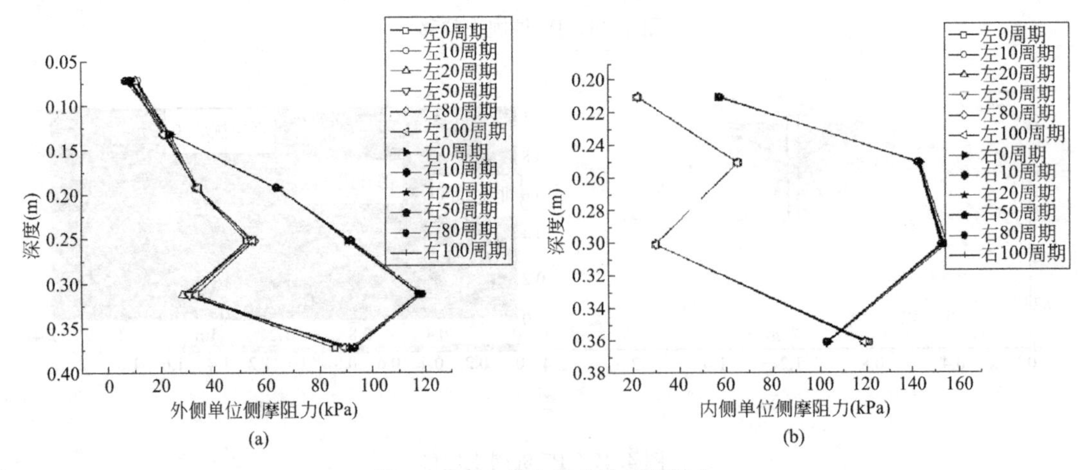

(a) (b)

图 4.50 P2 桩内外单位侧摩阻力

以上左侧外侧摩阻力呈减小趋势，转动中心以下呈增大趋势，且在前 10 个周期变化较大，桩右侧外侧摩阻力和左侧规律相反。由图 4.50(b) 可知，桩内左右两侧的侧摩阻力随周期变化较小，对比内外侧摩阻力发现，右侧侧摩阻力均大于左侧侧摩阻力。

对比分析图 4.50～图 4.54 可知，桩 P5 的侧摩阻力变化最大，桩 P2、P7 变化较小。由 P2、P4、P5 可知，随循环荷载的增加桩身侧阻的变化也逐渐变大，且均主要发生在前 10 个周期。由 P2、P6 可知，桩身侧摩阻力在单向循环荷载下的变化趋势要大于双向循环荷载。对比 P2、P7 发现，开口和闭口管桩在循环荷载比为 0.1 左右时侧摩阻力变化较小，原因可能是施加的循环荷载比远小于极限承载力，其对桩体的影响较小，对比 P2、P4、P5 也证明了这一点。

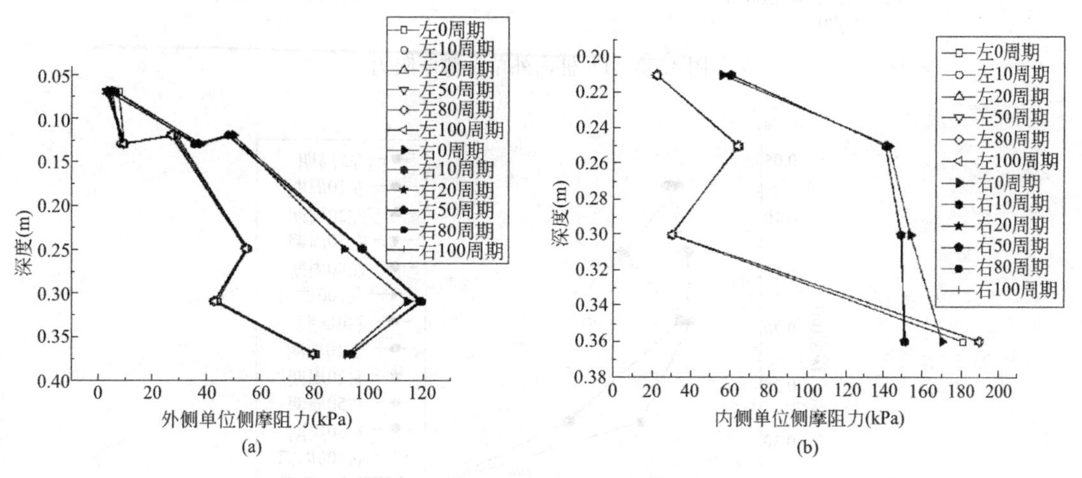

图 4.51　P4 桩内外单位侧摩阻力

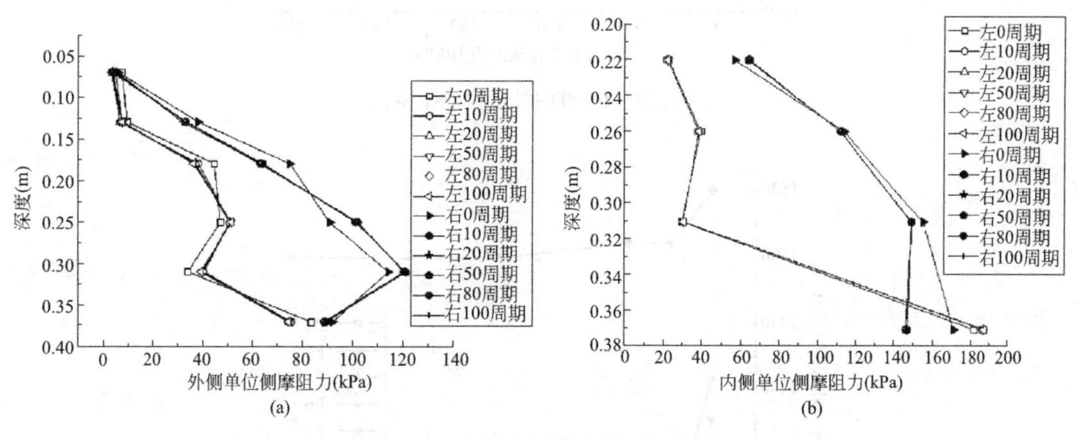

图 4.52　P5 桩内外单位侧摩阻力

图 4.55 给出了 P2、P4、P5、P6、P7 总单位侧摩阻力随周期的变化规律。可知，随着周期的增加桩身总侧摩阻力均呈减小趋势，100 次循环后总体减小了 3.4%、3.8%、5.1%、3.5%、2.0%，减小量主要集中在前 10 个周期，约占总体的 77%以上。对比分析 4.2.2.2 节不同直径下的侧摩阻力弱化幅度 4.6%、3.4%、2.6%，可知相比于桩基直径，循环荷载比对桩侧摩阻力的影响更大。

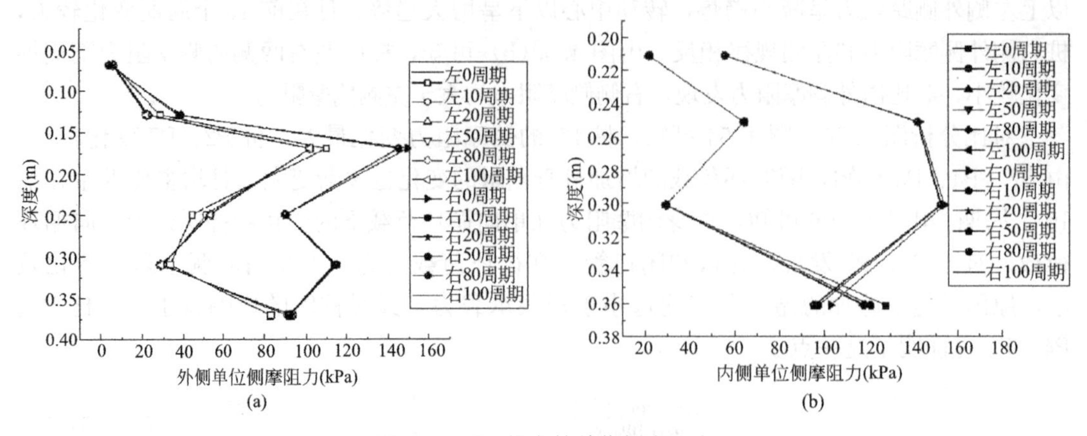

图 4.53　P6 桩内外单位侧摩阻力

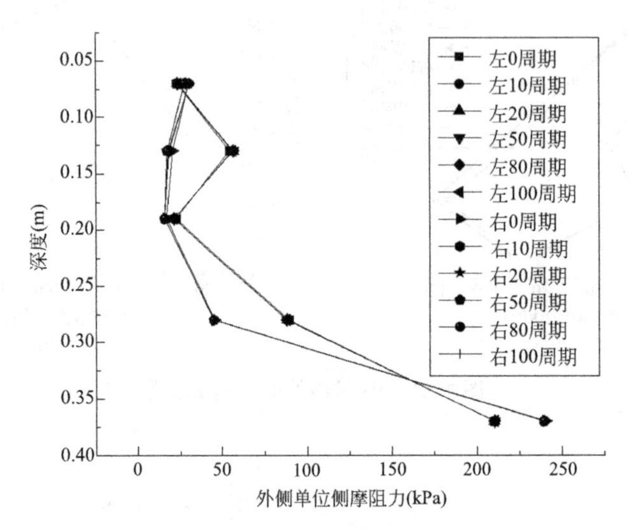

图 4.54　P7 桩内外单位侧摩阻力

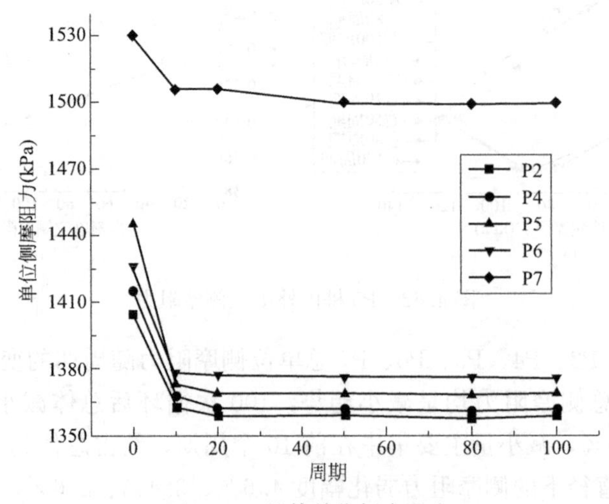

图 4.55　桩体单位侧摩阻力

(5) 桩侧向压力（法向压力）

图4.56～图4.60给出了P2、P4、P5、P6、P7桩侧向压力随深度变化曲线，由图可知，桩身侧向压力变化规律基本一致，随深度增加虽有波动但整体呈增大趋势。

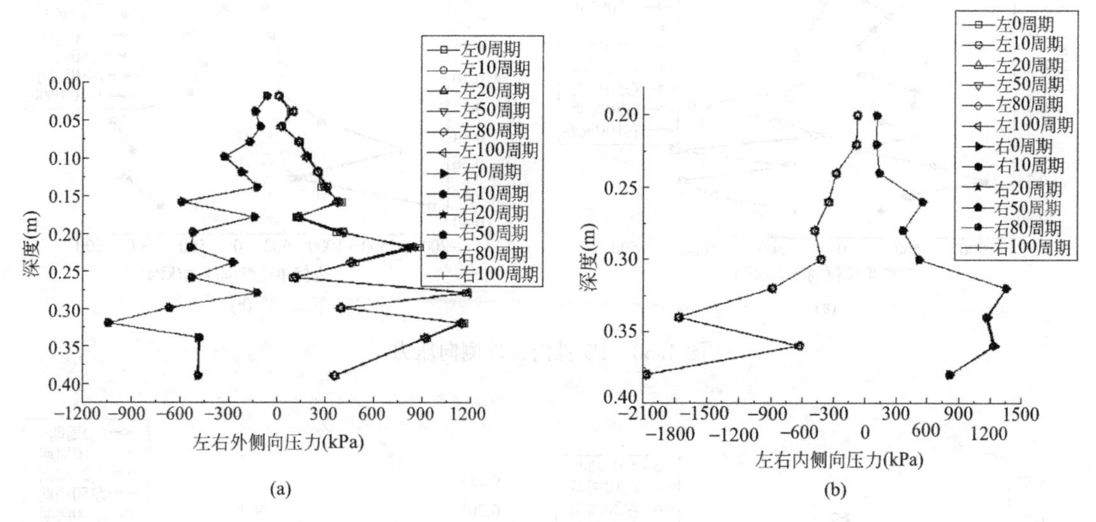

图4.56　P2桩内、外侧向压力

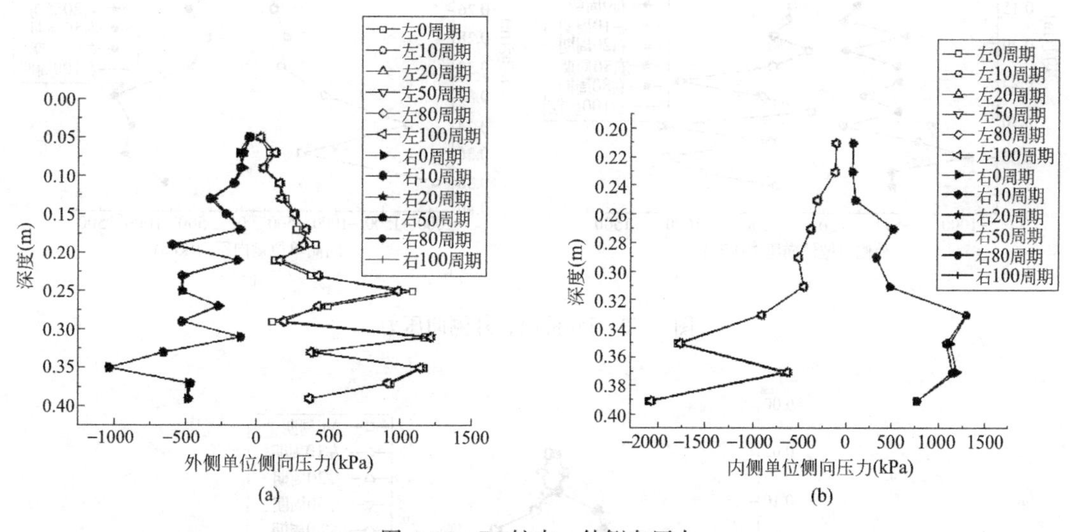

图4.57　P4桩内、外侧向压力

由图4.56(a)可知，桩左侧外侧向压力为正值，桩右外侧向压力为负值，桩身外侧向压力沿深度大致呈增大趋势。桩左侧靠近桩顶的压力随周期呈减小趋势，因为桩向右有一定的累积位移，桩左侧底部压力则呈增大趋势，靠近转动中心处的侧向压力随周期变化较小，桩右侧的侧向压力变化规律与左侧相反。由图4.56(b)可知，桩内侧的侧向压力值的正负号与外侧相反，内侧侧向压力变化趋势也随深度呈增大趋势，桩身波动趋势较小，桩身侧向压力值大于外侧。对比P4、P5、P6、P7和P2可知，桩身侧向压力变化趋势基本一致，均主要发生在前10个周期，随后逐渐趋于稳定，随着不同荷载比、加载方式、桩端形式的不同侧向压力的幅值呈一定的差异。

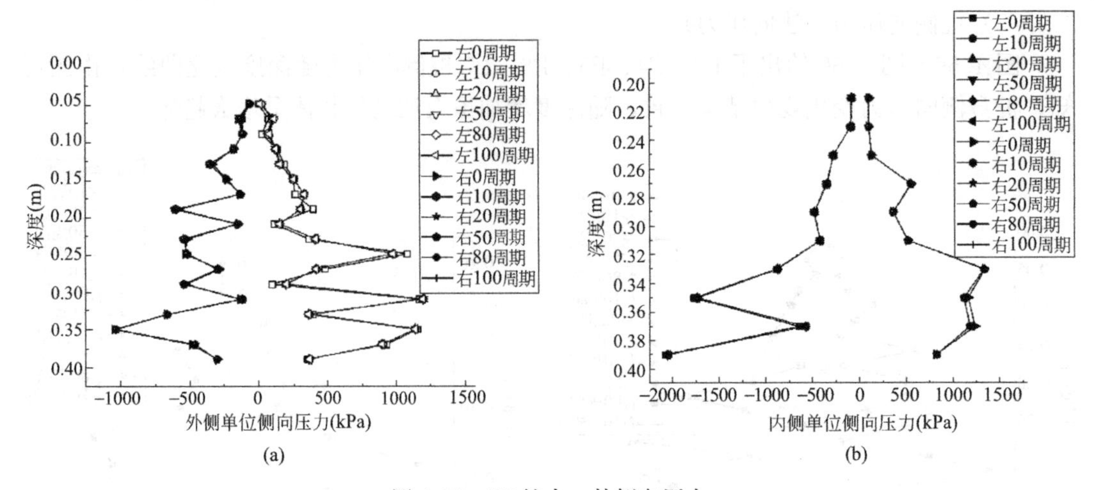

图 4.58 P5 桩内、外侧向压力

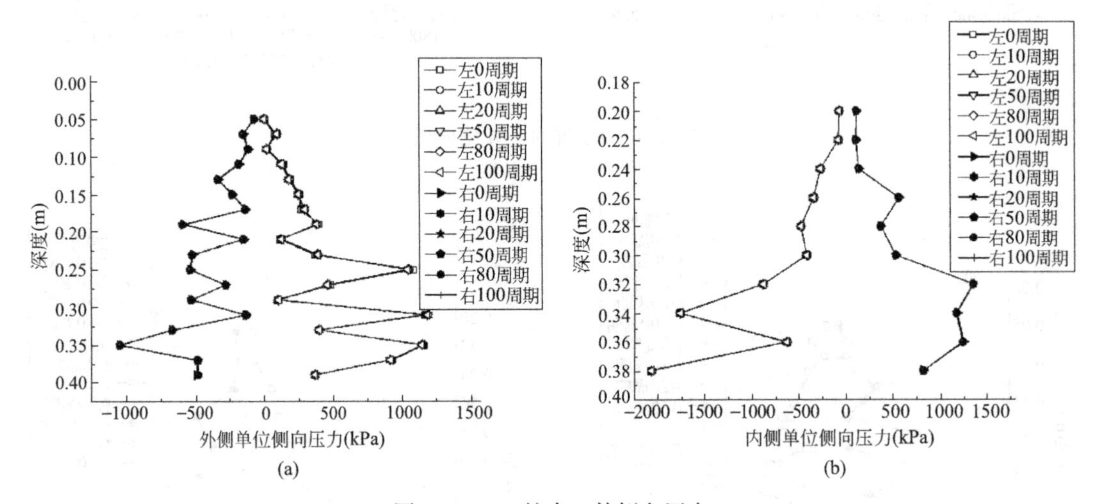

图 4.59 P6 桩内、外侧向压力

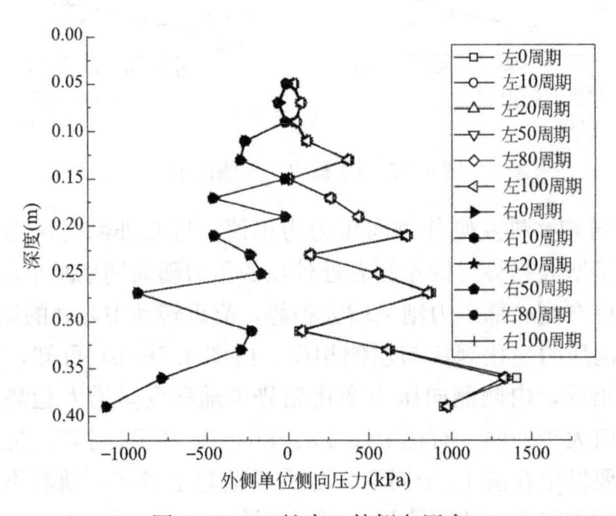

图 4.60 P7 桩内、外侧向压力

图 4.61 分别为 P2、P4、P5、P6、P7 桩总侧向压力随循环周期的变化曲线。可知，开、闭口桩在单向和双向循环荷载下桩-土界面的压力均呈现衰退趋势，总体降低了 8.9%、9.3%、10.1%、9.7%、8.2%，衰退主要发生在前 10 个周期，约占总体的 74% 以上。与 4.2.1.2 节的试验结果相接近，侧向压力随周期增加而增大，且主要发生在前 100 周期，约占总体的 70%以上，主动区的侧向压力呈现减小趋势；对比分析，总体侧向压力衰减了 6.9%、7.5%、8.8%、7.3%、6.5%。可见，衰退幅度都随循环荷载比的增大而增大，单向加载大于双向，闭口管桩小于开口管桩。

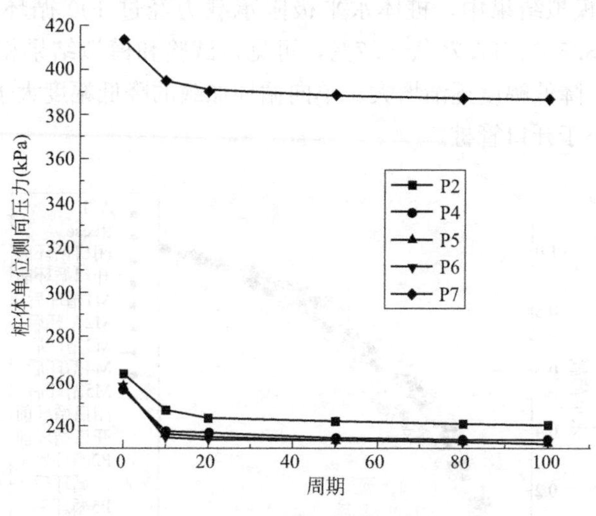

图 4.61　桩体单位侧向压力

（6）静力 p-y 曲线

图 4.62 和图 4.63 分别给出了各桩在循环加载前后的静力计算曲线。由图 4.62 可知，随着水平荷载增加水平位移也不断增加，其增加速率逐渐减小；经过 100 个循环周期后，桩体的水平极限承载力会有一定的衰退，衰退幅度分别为 15.1%、11.7%、9.7%。桩径变化对 p-y 曲线影响较大，且桩径越大衰退幅度越小。由图 4.63 可知，随着不同循环加载方式的施加，桩体水平极限承载力分别降低了 11.7%、14.5%、23.5%、17.7%、7.2%。

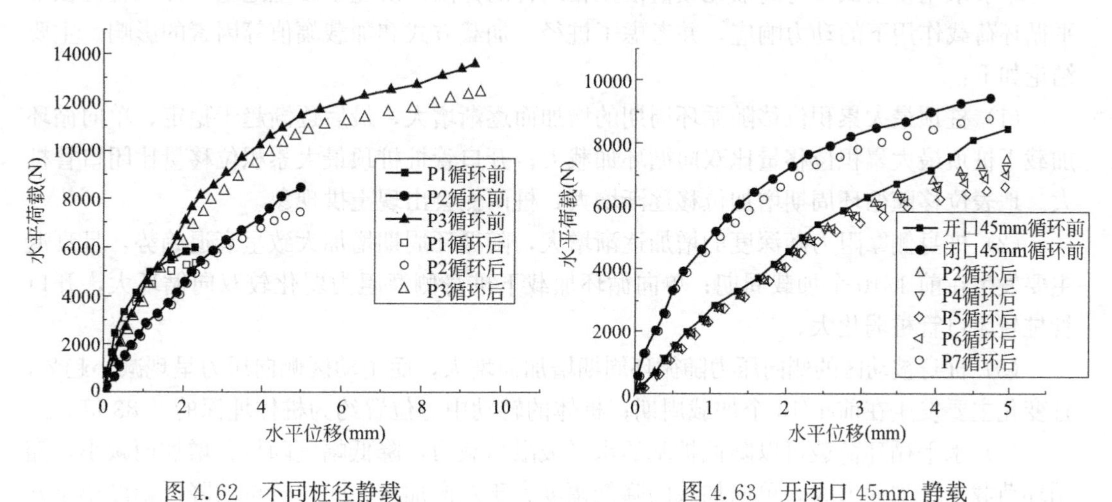

图 4.62　不同桩径静载　　　图 4.63　开闭口 45mm 静载

对比分析可知，循环荷载可以降低桩基的水平承载力，不同加载条件下降低的幅度各有不同；降低幅度随桩径的增加而呈减小趋势，随循环荷载比的增加而增大，单向加载的降低幅度大于双向加载，闭口管桩的降低幅度小于开口管桩；与桩径相比，循环荷载比对桩基水平极限承载力降低幅度的影响更大。

归一化试验和模拟静载曲线，每根桩体水平荷载均除以对应的最大值，水平位移也除以对应的最大值，如图 4.64 所示。由试验结果可知，随着循环荷载的施加，桩周土体受到扰动，循环后的土体极限承载力有一定降低，M1～M5 循环分别降低了约 11%、14%、17%、13%、9%，模拟结果中，桩体水平极限承载力经过 100 循环周期后分别降低了 11.7%、14.5%、23.5%、17.7%、9.7%，可见，试验和模拟结果相似，极限承载力随循环荷载比的增加，降低幅度逐渐增大，单向循环加载的降低幅度大于双向循环加载，闭口管桩的降低幅度小于开口管桩。

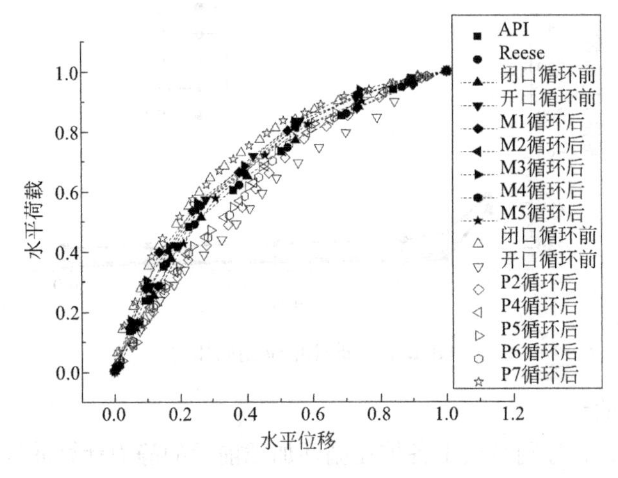

图 4.64 归一化静载曲线

4.2.3 小结

本节采用模型试验与离散元数值模拟相结合的方法，研究了砂土地基中开口管桩在水平循环荷载作用下的动力响应，并考虑了桩径、加载方式和加载幅值等因素的影响。主要结论如下：

(1) 桩顶最大累积位移随循环周期的增加而逐渐增大，最后逐渐趋于稳定；单向循环加载下桩顶最大累积位移量比双向循环加载大；开口管桩桩顶最大累积位移量比闭口管桩大。地表位移随循环周期增加位移逐渐增大，桩两侧会出现土拱现象。

(2) 桩身侧摩阻力随深度的增加逐渐增大，随循环周期增加大致呈衰退趋势，且衰退主要发生在前 1/10 个加载周期；单向循环加载下桩身侧摩阻力弱化较双向循环大，开口管桩较闭口管桩弱化大。

(3) 桩身被动区的侧向压力随循环周期增加而增大，而主动区侧向压力呈现减小趋势，且变化主要发生在前 1/10 个加载周期；桩体的转动中心位置约为桩体埋深的 0.83 倍。

(4) 水平循环荷载可以降低桩基的水平极限承载力，降低幅度随桩径增加而减小，随循环荷载比增加而增大，单向加载的降低幅度大于双向加载，闭口管桩的降低幅度小于开口管桩；与桩径相比，循环荷载比对桩基水平极限承载力降低幅度的影响更大。

（5）桩基水平割线刚度随循环次数增加不断衰减，减小量主要发生在前1/10个周期，约占总体衰减量的60%以上。

4.3　砂土地基中闭口桩在水平循环荷载下的动力响应

4.3.1　模型试验和现场试验综述

为研究循环荷载对风力发电机一阶固有频率的影响，Bhattacharya等（2013a，b）、Lombardi等（2013）和Yu等（2015）针对单桩、导管架和多桩基础等开展了广泛的研究。试验通常采用激振器在特定的时间间隔（或特定周期数）施加不同频率或不同荷载幅值的循环加载，然后通过自由振动试验来测量系统的频率和阻尼。在自由振动试验中，激振器与塔架断开，给塔架施加一个小振幅振动并记录系统的加速度。这一系列试验建立了不同桩周土体应变场、动荷载频率、荷载循环次数下风机系统频率和阻尼变化的数据库。

图4.65为Bhattacharya等（2013a）和Yu等（2015）在单桩模型试验中得到的不同桩周土体应变水平下桩基固有频率与循环次数的变化关系，主要结论如下：（1）对于应变硬化的桩周土体（例如松散砂和中密砂），土体刚度随循环次数增加而增大，整个系统的固有频率可能会由于致密而增大；（2）在应变软化区（黏土区），土体刚度随荷载循环次数的增加而减小，整体系统的固有频率也相应减小。当然，这取决于桩周土体的应变水平和循环次数。

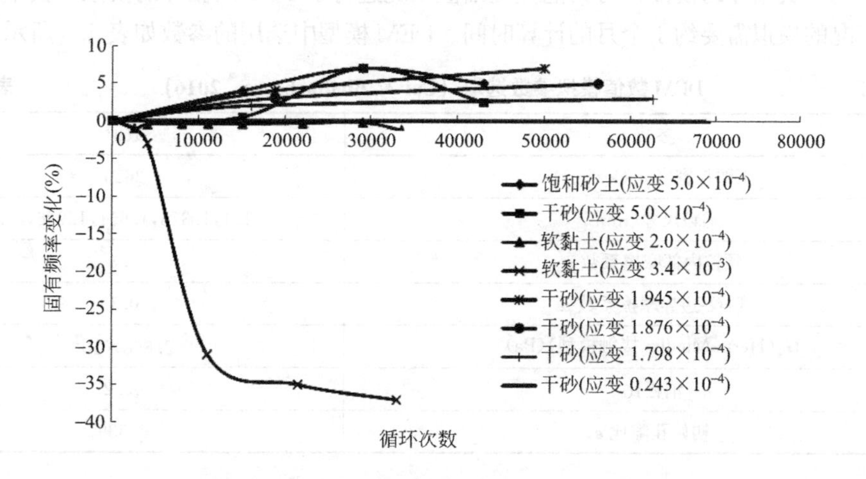

图4.65　桩基固有频率-循环次数关系曲线（Cui and Bhattacharya，2016）

目前已有一些土-结动力相互作用的现场测试结果，下文将对此进行简要讨论。（1）对霍恩海风电场的一个风机结构进行了固有频率测量，发现在运行3个月后，其固有频率从1.23Hz下降到1.13Hz（Lowe，2012）。（2）Kuhn（2000，2002）报道Lely风电场使用6年后，其风机目标设计频率从0.4Hz增加到0.63Hz。

4.3.2 离散元数值模拟研究

4.3.2.1 数值模型简介

Cui & Bhattacharya（2016）采用数值模拟方法研究了风机单桩基础周围土体的刚度变化的潜在机制。研究发现，离散单元法（DEM）比其他数值方法（如有限元法）更适用，它可以直接监测土体刚度的变化，更重要的是它可以从微观力学角度分析刚度的变化。在其研究中采用了弹性赫兹敏德林接触模型（Mindlin and Deresiewicz，1953），并采用一个修正并验证过其准确性的开源 DEM 代码（Cui，2006；Cui 等，2007；O'Sullivan 等，2008 年）进行研究。

在 Cui & Bhattacharya（2016）的研究中，DEM 土体槽模型为 100mm×100mm×50mm，填充了约 13000 个半径在 1.1～2.2mm 范围内的球形颗粒，并在自重作用下平衡。单桩直径为 20mm，嵌入深度为 40mm。在桩基安装完成后允许土颗粒再次沉降。其工作目的是为细观力学研究获得土体行为的定性特征，而不是定量地重现模型试验。因此，DEM 模型中的颗粒尺寸较大，这可能会造成尺寸效应。当土颗粒在土槽中沉降完成后，对桩施加水平循环运动，以此模拟 OWT 单桩基础在循环荷载作用下的循环运动。在该阶段，桩的运动是平移运动，而不是旋转运动。选用三种不同的应变振幅（0.1%，0.01%和 0.001%），以研究应变水平的影响。对于每种应变振幅，应用两种类型的循环荷载，分别是应变在（－0.1%，0.1%）、（－0.01%，0.01%）和（－0.001%，0.001%）范围内的对称循环荷载和应变在（0，0.2%）、（0，0.02%）和（0，0.002%）范围内的不对称循环荷载。考虑到计算成本，Cui & Bhattacharya（2016）对 0.1%应变幅值工况进行了 500 次循环的模拟，对其他应变幅值工况进行了 1000 次循环的模拟，其中 0.1%应变幅值工况的模拟需要约 1 个月的计算时间。DEM 模型中选用的参数如表 4.6 所示。

DEM 数值模拟参数选取（Cui & Bhattacharya，2016） **表 4.6**

参数	数值
土颗粒密度 ρ_s(kg/m^3)	2650
颗粒尺寸(mm)	1.1,1.376,1.651,1.926,2.2
颗粒内部摩擦系数 μ	0.3
颗粒-边界摩擦系数 μ	0.1
G_s(Hertz-Mindlin 接触模型)(Pa)	2.868×10^7
泊松比	0.22
初始孔隙比 e	0.539

4.3.2.2 应力-应变关系与阻尼比

作用于桩上的水平应力和应变关系曲线如图 4.66 所示。从图中可以看出，应力-应变曲线呈滞回环分布，表明在循环加载过程中发生了能量耗散；滞回环的面积随应变幅值的增加而增大，表明应变幅值较大时滞回圈的能量耗散较大。滞回阻尼比 α 可由下式（Karg，2007）确定：

$$\alpha=\frac{A}{4\pi A_{\Delta}} \tag{4.11}$$

式中，A 为滞回环面积，表示耗散的能量；A_Δ 是如图 4.2(a) 和 (b) 所示的三角形的面积，表示一个荷载周期内土体储存的弹性能量。

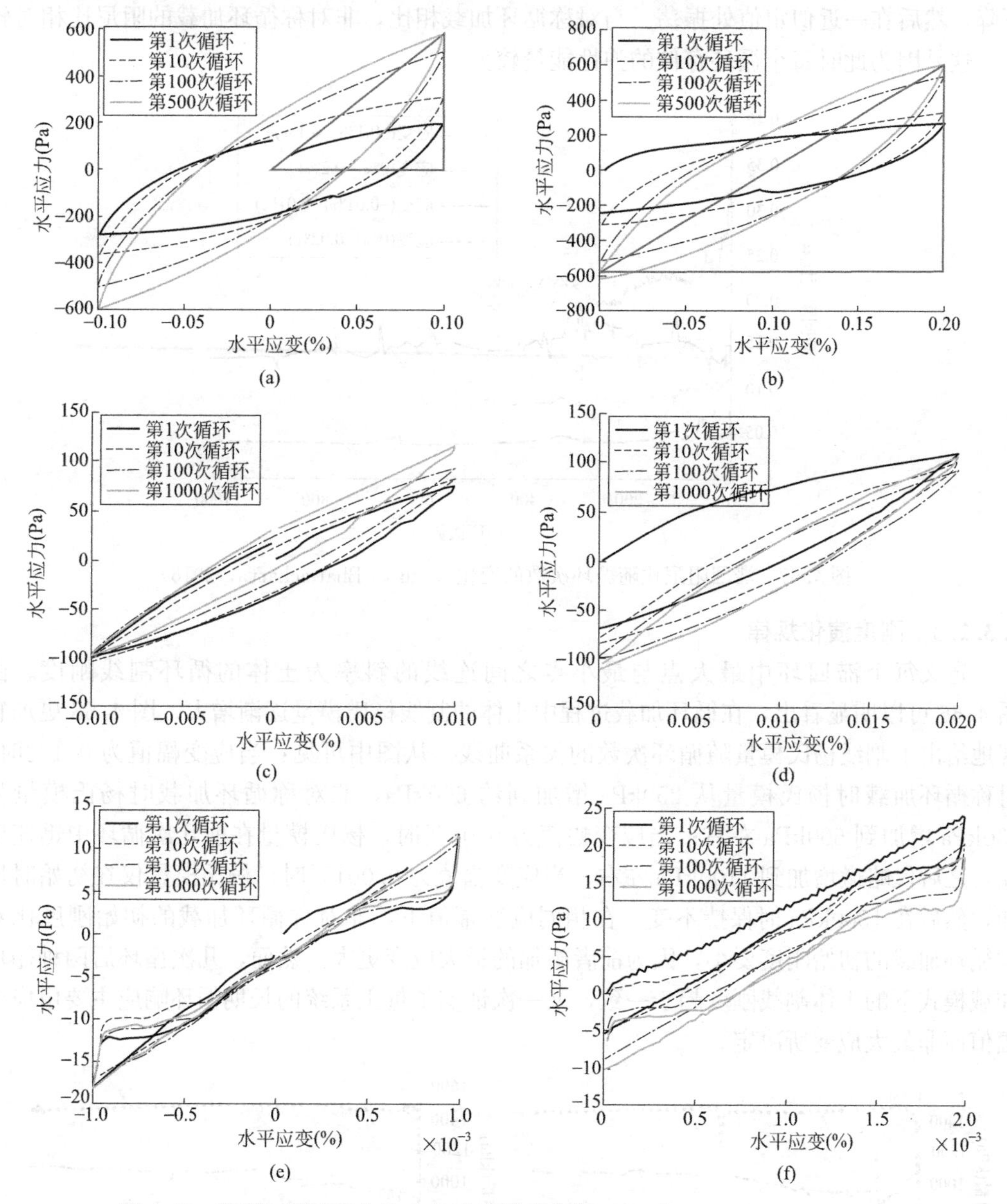

图 4.66　循环加载过程中的应力-应变关系曲线（Cui & Bhattacharya，2016）
(a) 应变（−0.1%，0.1%）；(b) 应变（0%，0.2%）；(c) 应变（−0.01%，0.01%）；(d) 应变（0%，0.02%）；
(e) 应变（−0.001%，0.001%）；(f) 应变（0%，0.002%）

从图 4.66 中还可以看出，虽然非对称循环加载的前半周期应力为正，但当应变为零时应力减小到负值。经过几次循环后，最小负应力近似等于最大正应力。此外，经过多次循环后对称循环加载和非对称循环加载两种工况的应力大小和滞回环形状基本相同。不对称循环加载工况下桩土系统经过多个循环后表现出与具有相同应变幅值的对称循环加载工况相同的行为，说明桩土系统长期循环响应主要由应变幅值而非最大应变决定。

循环加载过程中阻尼比的变化如图 4.67 所示。从图中可见：当应变幅值为 0.01%时，阻尼比在一定值附近振荡；而当应变幅值为 0.1%时，阻尼比在前 30 个周期内急剧下降，然后在一近似定值处振荡。与对称循环加载相比，非对称循环加载的阻尼比相对较低，这是因为此时每个循环存储的弹性能量较大。

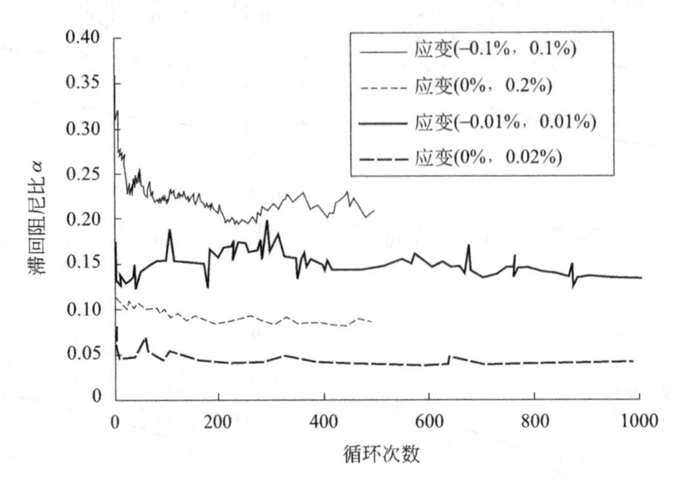

图 4.67 滞回阻尼比随循环次数的变化（Cui & Bhattacharya，2016）

4.3.2.3 刚度演化规律

定义每个滞回环中最大点与最小点之间连线的斜率为土体的循环割线刚度。由图 4.66 可以明显看出，在循环加载过程中土体的割线杨氏模量逐渐增大。图 4.68 更加直观地给出了割线杨氏模量随循环次数的关系曲线。从图中可见：当应变幅值为 0.1%时，对称循环加载时杨氏模量从 250kPa 增加到约 600kPa，非对称循环加载时杨氏模量从 130kPa 增加到 600kPa 左右；当应变幅值为 0.01%时，杨氏模量在前几次循环中迅速增加，之后仅略微增加到 1100kPa 左右；当应变幅值为 0.001%时，杨氏模量仅在初始时增加，然后在 1500kPa 时保持不变。在相同应变幅值下，非对称循环加载的初始刚度比对称循环加载的初始刚度要小，因为前者施加的最大应变更大。然而，几次循环后两种循环加载模式下的土体割线刚度趋于一致，又一次证实了桩土系统的长期循环响应主要由应变幅值而非最大应变所决定。

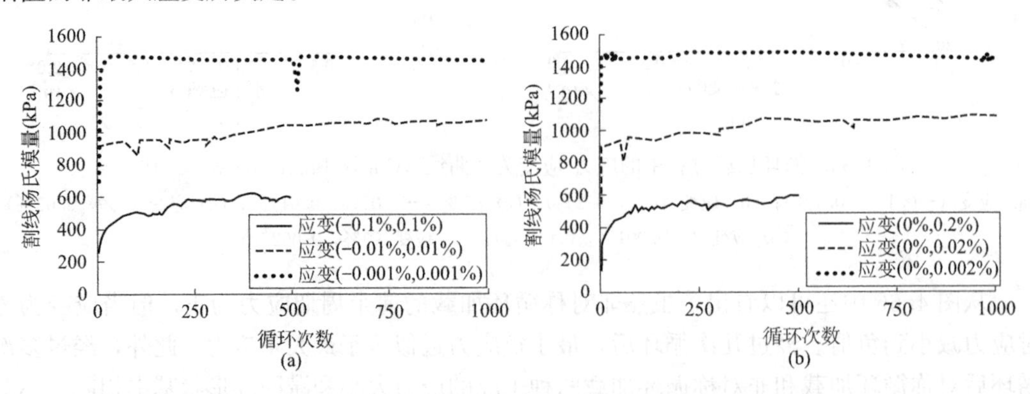

图 4.68 每次循环结束后的土体割线杨氏模量（Cui & Bhattacharya，2016）
（a）对称循环加载；（b）非对称循环加载

图 4.69 为应变幅值为 0.1%时，前半个循环和第 500 循环的杨氏模量与水平应变的关系曲线。可见刚度-应变曲线在第一个循环中呈现与剪切模量-剪切应变曲线相似的 S 形。循环加载后，不同应变水平下的刚度均显著增加。如图 4.68 所示，当应变幅值为 0.01%和 0.001%时刚度也会增加，但增幅相对较小。

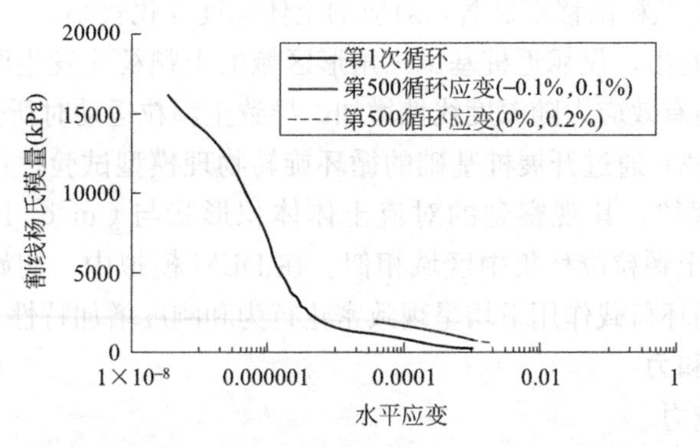

图 4.69　割线杨氏模量-水平应变关系曲线（Cui & Bhattacharya，2016）

4.3.2.4　桩周土体位移

在模型试验中（例如 Bhattacharya 等，2013a）可以观察到桩周土体的沉降。为研究地基沉降规律，Cui & Bhattacharya（2016）针对应变幅值为 0.1%时对称循环荷载下前 50 个循环和后 50 个循环中的土体颗粒位移增量进行分析，如图 4.70 所示，并同时给出

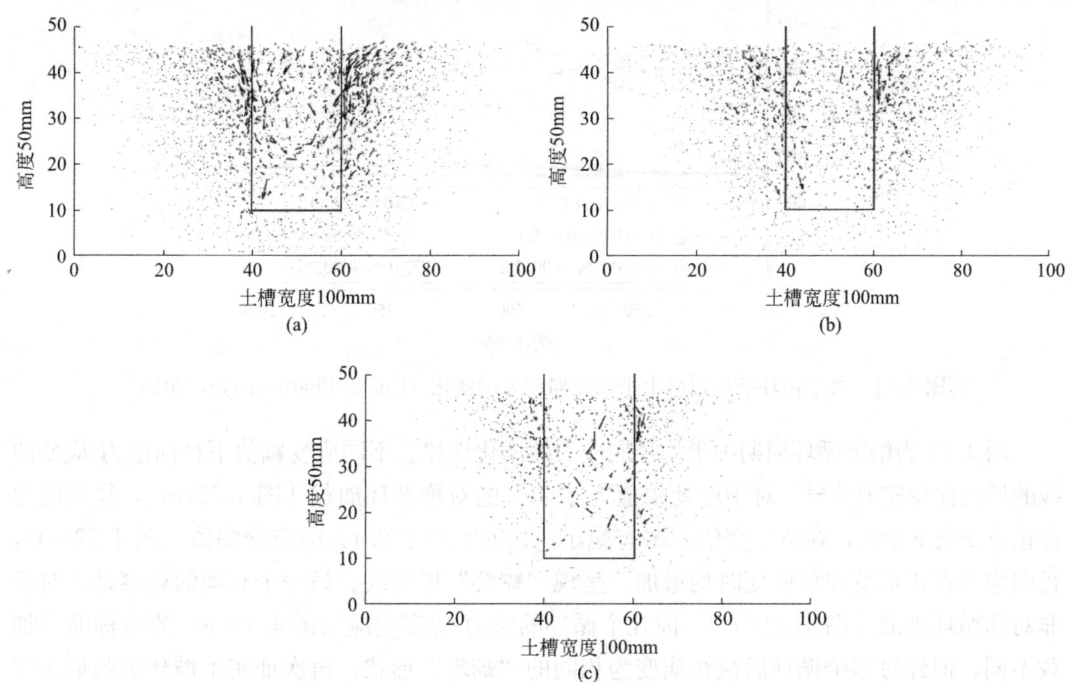

图 4.70　给定循环周期结束时土体位移的增量（单位：mm）（Cui & Bhattacharya，2016）

(a) 应变（−0.1%，0.1%），1st-50th 周期；(b) 应变（−0.1%，0.1%），51st-100th 周期；(c) 应变（−0.01%，0.01%），1st-1000th 周期

了对称循环荷载作用下应变幅值为0.01%的土体颗粒位移增量图。图中每个箭头都从一个土颗粒的原始中心开始，结束于给定循环周期结束后的新中心处。显然，桩周土颗粒向下移动，引起地基沉降，桩周土体致密化是导致桩周土体刚度增加的主要原因。此外，土颗粒位移仅在前50个循环中较为明显，因此土体刚度在前50个循环中显著增加。当应变幅值为0.01%时，土颗粒位移不显著，对应的土体刚度变化较小。

图4.70还可以看出，仅靠近桩基倒三角形区域的土颗粒才发生明显的对流位移，这是因为土体中的竖向有效应力随深度线性增加，导致土颗粒运动时所受约束随深度越来越大。Cuéllar等（2012）通过开展桩基础的循环旋转物理模型试验，得到了桩周土体颗粒对流和土体致密化规律，其观察到的对流土体体积形状与Cui & Bhattacharya（2016）DEM模拟中得到的土颗粒位移集中区域相似。在DEM模拟中，初始孔隙比为0.539的模型（中密砂）在循环荷载作用下均呈现致密化行为和刚度增加特性。

4.3.2.5 接触应力和力

（1）平均径向应力

每个循环结束时作用于桩上的平均径向应力演变如图4.71所示。由于土体发生致密化，在循环荷载作用下应变幅值为0.1%时的径向应力先增加到峰值，然后在一个近似定值处浮动。径向应力的增加会增大侧向摩擦力和桩侧摩阻力。当应变幅值较小时，由于土颗粒位移较小，径向应力的增加不明显。

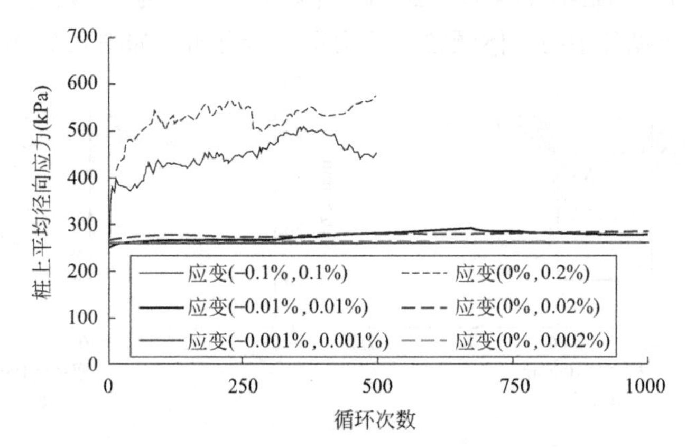

图4.71 每个循环结束时桩上平均径向应力的演化（Cui & Bhattacharya，2016）

图4.72为给定循环周期中平均径向应力的演化规律。不同应变幅值下径向应力-应变曲线的形状存在较大差异。对于应变幅值为0.01%的对称循环加载［图4.72(c)］，径向应力在正应变值下增大，在负应变值下略有减小。然而，对于0.1%的应变幅值［图4.72(a)］，径向应力在正应变和负应变时均增加，呈现“蝴蝶”形曲线。另一个有趣的观察是，对于非对称循环加载［图4.72(b)］，前几个循环的应力-应变响应与图4.72(a)的对称循环加载不同，但经过多个循环后最终演变为相同的“蝴蝶”形状，再次证实了循环加载最大应变不同的影响可以在多次循环后消除，桩土系统循环响应的主导因素是应变幅值。对土颗粒对流模式进行了比较，然而并没有明显差异。换言之，对于对称循环加载，土颗粒流动并不是导致径向应力-应变曲线形状变化的主要原因。进一步的研究将从土颗粒的微观结构/组构角度寻找其潜在机理。径向应力的不对称响应可能表明桩身两侧的径向应力不平

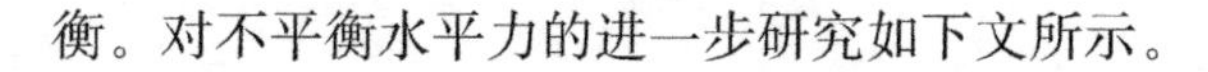
衡。对不平衡水平力的进一步研究如下文所示。

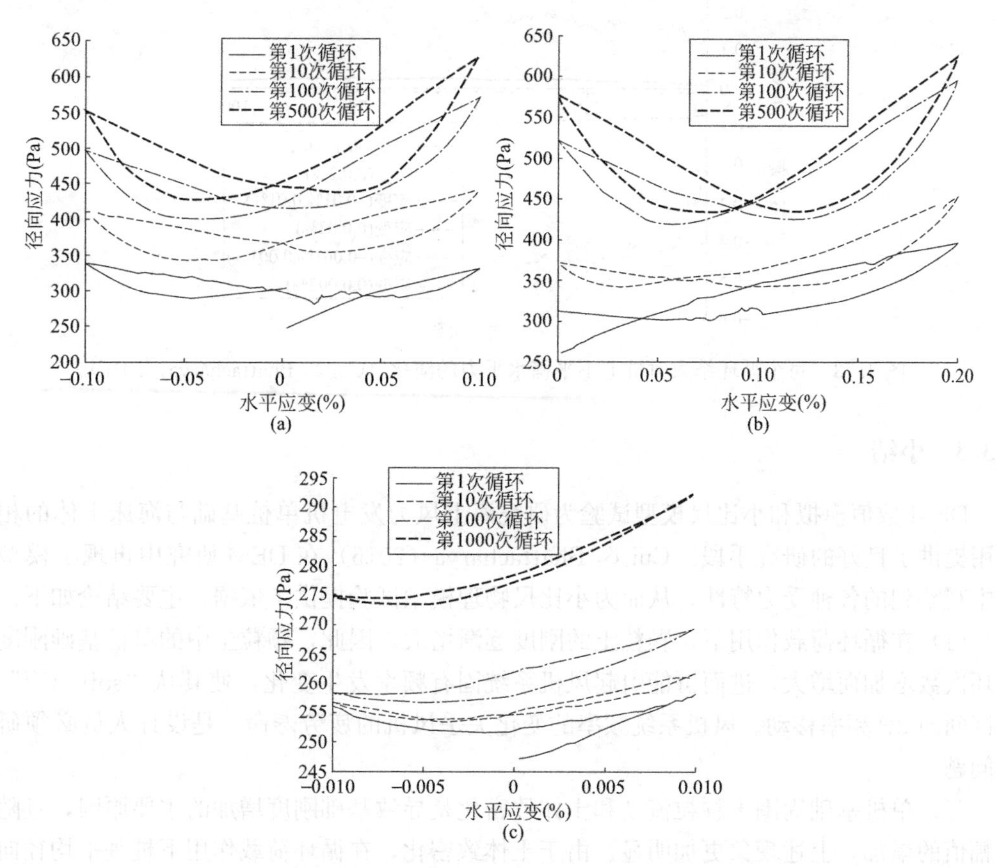

图 4.72　典型循环中平均径向应力的演化（Cui & Bhattacharya，2016）

(a) 应变（−0.1%，0.1%）；(b) 应变（0%，0.2%）；

(c) 应变（−0.01%，0.01%）

（2）不平衡水平力

由图 4.66 循环应力-应变曲线所形成的滞回环可以看出，在每个循环结束时应力并没有回到零点，而是逐渐增大。每个周期结束时不平衡水平力的演变如图 4.73 所示。从图中可见，随着应变幅值的增加，不平衡水平力的作用更加明显。还可看出，相比于对称循环加载，不对称循环加载下不平衡力较大，且方向相反。这是由于在非对称循环荷载作用下，桩只向右移动，对右侧土体产生明显的压缩作用，因此，在每个循环结束时桩的水平力方向向左；而在对称循环荷载作用下，桩体将两侧土体压缩到相同应变水平，在一个完整的循环周期结束时，剩余的水平力方向向右。通过对比图 4.66(a) 和（b）可以清楚地发现，尽管两种加载模式下滞回环中的应力大小近似相等，但对称循环加载周期结束时位于滞回环的中间，而非对称循环加载周期结束时在滞回环的左边角落。因此，与对称循环荷载相比，尽管不对称循环荷载下不会引起土体不同的动态响应（应力-应变曲线），但将产生更大的不平衡水平力，从长远角度看会导致桩基过度倾斜，更加不利于桩基的稳定运行。Cui & Bhattacharya（2016）的研究通过对桩基施加一恒定的速度来模拟其受力特性，然而，通过对桩基施加荷载/弯矩来研究桩基的自由运动及桩土相互作用机制更加符合真实工况。

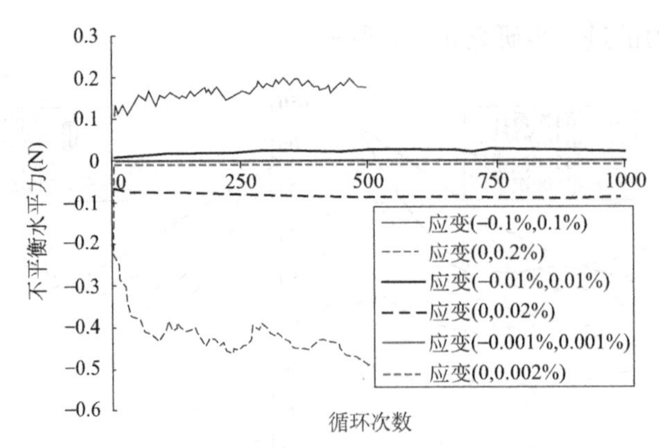

图 4.73　每个循环结束时桩上不平衡水平力的演化（Cui & Bhattacharya，2016）

4.3.3　小结

DEM 数值模拟和小比尺模型试验为研究海上风力发电机单桩基础与海床土体的相互作用提供了良好的研究手段。Cui & Bhattacharya（2016）在 DEM 研究中再现了模型试验中观察到的各种受力特性，从而为小比尺物理模型试验提供了依据。主要结论如下：

（1）在循环荷载作用下，颗粒土的刚度逐渐增大。因此，颗粒土中的单桩基础刚度随循环次数增加而增大，进而可能引起风机系统固有频率发生变化，使其从“soft-stiff”频率区间向 3P 频率移动。风机系统频率的变化关乎风机的疲劳寿命，是设计人员必须研究的问题。

（2）单桩基础周围土颗粒流动和土体致密化是导致基础刚度增加的主要原因，且随应变幅值的增加，上述现象更加明显。由于土体致密化，在循环荷载作用下桩基平均径向应力增大，桩侧摩阻力也相应增大。

（3）非对称循环加载下土体最大应变较大，因此第一个循环产生的应力较大；然而，非对称循环加载和对称循环加载在应力大小和应力-应变曲线形状上的差异在循环加载下很快消除。桩土动态应力-应变响应的长期控制因素是循环应变幅值。

（4）不对称循环加载会产生更大的不平衡水平力，从长远角度来看对单桩基础稳定性的影响更大。

参考文献

Leblanc C，Houlsby G T，Byrne B W，et al. Response of stiff piles in sand to long-term cyclic lateral loading [J]. Géotechnique，2010，60 (2)：79-90.

Hettler A. Verschiebung Starrer und Elastischer Gründungskörper in Sand bei Monotoner und Zyklischer Belastung [D]. Ver" oentlichungen des Institutes für Bodenmechanik und Felsmechanik der Universität Fridericiana in Karlsruhe，Deutsch-land，1981，Heft 90. (German)

朱斌，熊根，刘晋超，等. 砂土中大直径单桩水平受荷离心模型试验 [J]. 岩石工程学报，2013，35 (10)：1807-1815.

张陈蓉，俞剑，黄茂松. 软黏土中水平循环荷载作用下刚性短桩的 p-y 曲线分析 [J]. 岩石工程学报，2011，33 (S2)：78-82.

American Petroleum Institute. Recommended practice for planning，designing and constructing fixed offshore platforms-working stress design [M]. 21st ed. Washington D C：American Petroleum Institute，2000.

Reese L R，Cox W R，Koop F D. Analysis of laterally loaded piles in sand [J]. Offshore Technology in Civil Engineering，1974：95-105.

孙永鑫．近海风机超大直径单桩水平承载特性试验与数值分析 [D]. 浙江大学，2016.

Chen R P，Sun Y X，Zhu B，Guo W D. Lateral cyclic pile-soil interaction studies on a rigid model monopile [J]. Geotechnical Engineering，2015，168：120-130.

Duan N. Mechanical Characteristics of monopile foundation in Ssand for offshore wind turbine [D]. University College London，2016.

De Nicola A，Randolph M F. The plugging behaviour of driven and jacked piles in sand [J]. Géotechnique，1997，47 (4)：841-856.

Bhattacharya S，Cox J A，Lombardi D，Muir Wood D. Dynamics of offshore wind turbines on two types of foundations [C]. Proceedings of the Institution of Civil Engineers：Geotechnical Engineering，2013a，166 (GE2)：159-169.

Bhattacharya S，Nikitas N，Garnsey J，Alexander N A，Cox J，Lombardi D，Muir Wood D，Nash D F T. Observed dynamic soil-structure interaction in scale testing of offshore wind turbine foundations [J]. Soil Dynamics and Earthquake Engineering，2013b，54：47-60.

Cuéllar P，Georgi S，Baeßler M，Rücker W. On the quasi-static granular convective flow and sand densification around pile foundations under cyclic lateral loading [J]. Granular Matter，2012，14 (1)：11-25.

Cui L. Developing a virtual test environment for granular materials using discrete element modelling [D]. PhD. Thesis，University College Dublin，Ireland，2006.

Cui L，Bhattacharya S. Soil-monopile interactions for offshore wind turbines [C]. Proceedings of the ICE-Engineering and Computational Mechanics，2016，169 (4)：171-182.

Cui L，O'Sullivan C，O'Neil S. An analysis of the triaxial apparatus using a mixed boundary three-dimensional discrete element model [J]. Géotechnique，2007，57 (10)：831-844.

Karg C. Modelling of strain accumulation due to low level vibrations in granular soils [D]. PhD thesis，Ghent University，Ghent，Belgium，2007.

Kühn，M. Dynamics of offshore wind energy converters on monopile foundations-experience from the Lely offshore wind farm. OWEN Workshop "Structure and Foundations Design of Offshore Wind Turbines"，2000，Rutherford Appleton Lab.

Kuhn M. Offshore wind farms. In Wind Power Plants：Fundamentals，Design，Construction and Operation (Gasch R and Twele J (eds)). Springer，Heidelberg，Germany，2002：365-384.

Lowe J. Hornsea met mast-a demonstration of the 'twisted jacket' design. Proceedings of the Global Offshore Wind Conference，ExCel London，London，UK，2012.

Lombardi D，Bhattacharya S，Muir Wood D. Dynamic soil-structure interaction of monopile supported wind turbines in cohesive soil [J]. Soil Dynamics and Earthquake Engineering，2013，49：165-180.

Mindlin R，Deresiewicz H. Elastic spheres in contact under varying oblique forces [J]. ASME Journal of Applied Mechanics，1953，20：327-344.

O'Sullivan C，Cui L，O'Neil S. Discrete element analysis of the response of granular materials during cyclic loading [J]. Soils and Foundations，2008，48 (4)：511-530.

Yu L Q，Wang L Z，Guo Z，et al. Long-term dynamic behavior of monopile supported offshore wind turbines in sand [J]. Theoretical and Applied Mechanics Letter，2015，5 (2)：80-84.

第5章
桩-土界面的循环剪切特性

海上风机桩基础在服役期间长期承受来自风、波浪、洋流等产生的循环荷载作用，导致桩-土界面发生反复剪切，改变界面的力学特性，进而影响桩基础的长期承载特性。循环荷载下桩-土界面研究是桩土体系相互作用的重要研究方向，而桩-土界面又可归结为土与结构接触面问题，其力学响应受结构面、粗糙度、剪切速率、循环次数、颗粒级配等诸多因素的影响。本章利用自制的新型可视化界面剪切仪结合细观拍照和数字图像相关测量技术，分别针对钢板-标准砂和混凝土-标准砂两种界面开展恒刚度循环剪切试验，研究了桩-土界面的力学特性演化规律，揭示了结构面材料、粗糙度、剪切速率、初始法向应力和剪切位移对土与结构接触面强度循环弱化效应的影响机制，对评估和解决循环荷载下桩基础的长期服役特性具有重要的理论与实践指导意义。

5.1 界面循环直剪试验试验装置及试验方案

5.1.1 CNS剪切仪研制机理及试验设备

根据扰动程度可将桩侧土体划分为三个区域：剪切区、弹性区以及未扰动区。剪切区土体紧邻桩身，存在某一特定的薄层剪切带，剪切过程中发生较大变形；未扰动区为远场土体不发生任何变形；弹性区土体位于剪切区与未扰动区之间，以水平向弹性变形为主，如图5.1所示。

基于此，利用CNS恒刚度剪切试验类比桩-土界面的剪切特性及桩侧土体的变形特征，能够更加真实地再现桩-土体系，如图5.2所示。其中，下剪切盒内混凝土试块或钢板试块模拟桩身，上剪切盒内部土样模拟桩侧剪切区土体。理想化弹簧组（上端固定）通过上顶板施加弹性区土体对剪切区土体的法向作用，弹簧变形量Δt表示剪切带厚度的变化量。

剪切带厚度的变化（Δt）会导致桩侧法向应力的变化（$\Delta\sigma_n$），由于桩侧弹性区土体采用理想化弹性弹簧进行类比，两者之间的关系如下式所示：

$$\Delta\sigma_n=\frac{4\cdot G\cdot\Delta t}{D}=k\cdot\Delta t \tag{5.1}$$

式中，G为桩周土体的剪切模量；k为CNS剪切仪弹簧刚度；D为桩径。

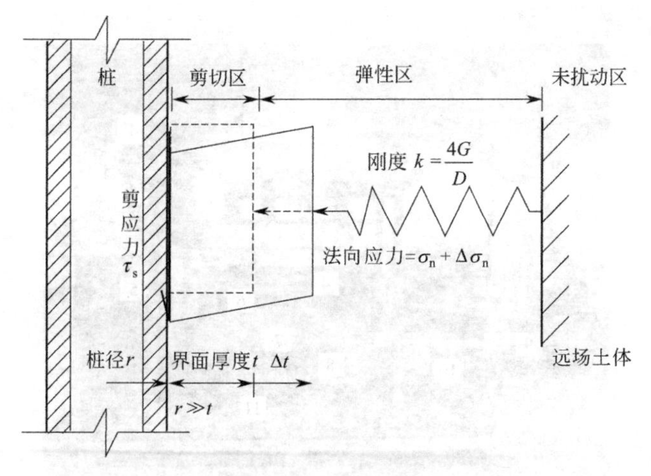

图 5.1　桩-土体系

根据 CNS 剪切仪研制机理，制成室内大型恒刚度桩-土界面剪切仪，原理示意图及实物图分别如图 5.3 和图 5.4 所示。装置由 CNS 恒刚度弹簧加载系统、桩-土界面剪切模拟系统、滚轴双向传动系统以及试验数据采集系统四部分组成。剪切仪上剪切盒内部尺寸为 700mm×300mm×300mm（长×宽×高），其前侧板厚 20mm，预留尺寸为 500mm×210mm 窗口，安装 20mm 厚有机玻璃。下剪切盒外部尺寸为 900mm×320mm×120mm（长×宽×高），内部（放置混凝土或钢板试块）尺寸为 500mm×300mm×100mm（长×宽×高）。剪切盒外部焊接刚性支架，安装照相设备。剪切过程中，钢板在剪切方向上始终位于上剪切盒对应的范围内，保证了剪切面积的恒定。采用弹簧提供法向恒刚度，其劲度系数 $k=50\text{kPa/mm}$。可实现的剪切速率范围为 0.15～15mm/min。下剪切盒试块表面预埋光纤光栅应变传感器测量桩-土界面的剪应力。

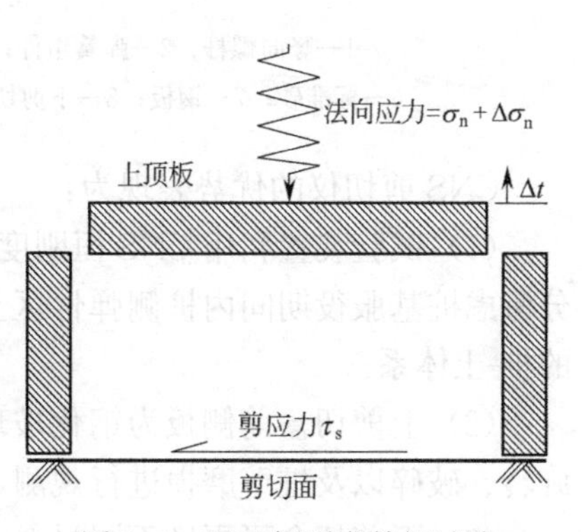

图 5.2　CNS 恒刚度剪切试验

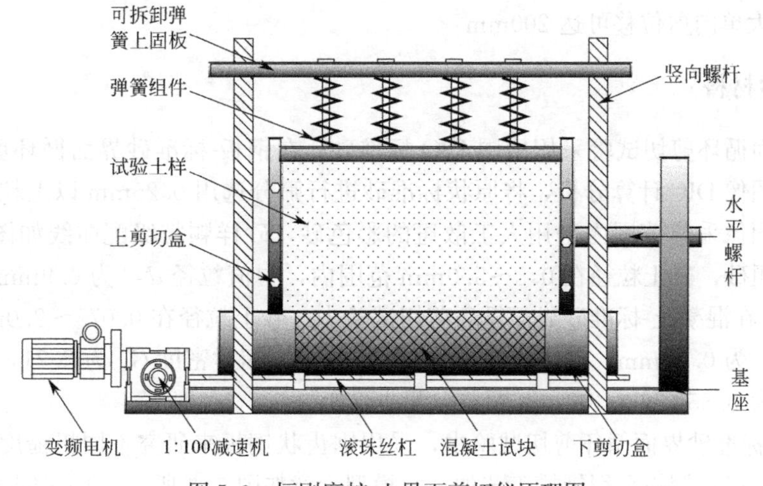

图 5.3　恒刚度桩-土界面剪切仪原理图

图 5.4　恒刚度桩-土界面剪切仪

1—竖向螺杆；2—弹簧组件；3—可拆卸弹簧固定板；4—上剪切盒；5—水平螺杆；
6—标准砂；7—钢板；8—下剪切盒；9—变频电机；10—1∶100 减速机；11—混凝土试块

CNS 剪切仪的优势表现为：

（1）试验装置利用 CNS 恒刚度类比桩-土界面的剪切特性及桩侧土体的变形特征，充分考虑桩基服役期间内桩侧弹性区土体对桩-土界面剪切作用的影响，能够客观再现真实的桩-土体系。

（2）上剪切盒前侧板为钢化玻璃，可采用 CCD 摄录设备对桩-土界面对土颗粒位移、旋转、破碎以及桩壁磨损进行观测，从细观角度对桩-土界面剪切特性进行分析。

（3）下剪切盒可更换不同材料的面板，能够模拟多种接触面剪切工况。

（4）可实现单向直剪、往复循环直剪，特别适合研究界面剪切的循环弱化效应。

（5）传统直剪仪在剪切过程中剪切面积不断减小，尺寸效应比较明显。本装置为大型恒刚度桩-土界面剪切仪，土体与模拟桩的有效接触面达到 0.21m^2，实验过程中剪切接触面始终保持恒定，极大地降低了尺寸效应的影响，保证了试验数据的可靠性。

（6）在不改变桩-土接触面面积的情况下，试验装置能够实现最大往复剪切位移 100mm，最大单向剪位移可达 200mm。

5.1.2　试验材料

桩土界面循环剪切试验采用中国 ISO 标准砂。在钢板-标准砂界面循环剪切试验中，为配合后期图像 DIC 计算分析，将原状标准砂进行筛分选用 0.25mm 以上粒径砂样作为试验用砂，图像采集范围内采用人工散斑的彩色砂，砂样颗粒级配曲线如图 5.5(a) 所示，试样为粗砂，砂土粒径在 0.5～5.0mm 范围内，中值粒径 d_{50} 为 0.9mm，相对密度 G_s 为 2.82。在混凝土-标准砂界面循环剪切试验中，砂土粒径在 0.075～2.0mm 范围内，中值粒径 d_{50} 为 0.34mm，砂土内摩擦角 φ 为 40.4°，相对密度 G_s 为 2.71，最大、最小孔隙比分别为 0.856 和 0.402，其颗粒级配曲线如图 5.5(b) 所示。

在钢板-标准砂界面循环剪切试验中，采用锯齿状钢板来研究不同粗糙度下界面循环弱化效应。锯齿状钢板采用刨槽工艺加工，模型示意如图 5.6 所示。4 种不同粗糙度钢板

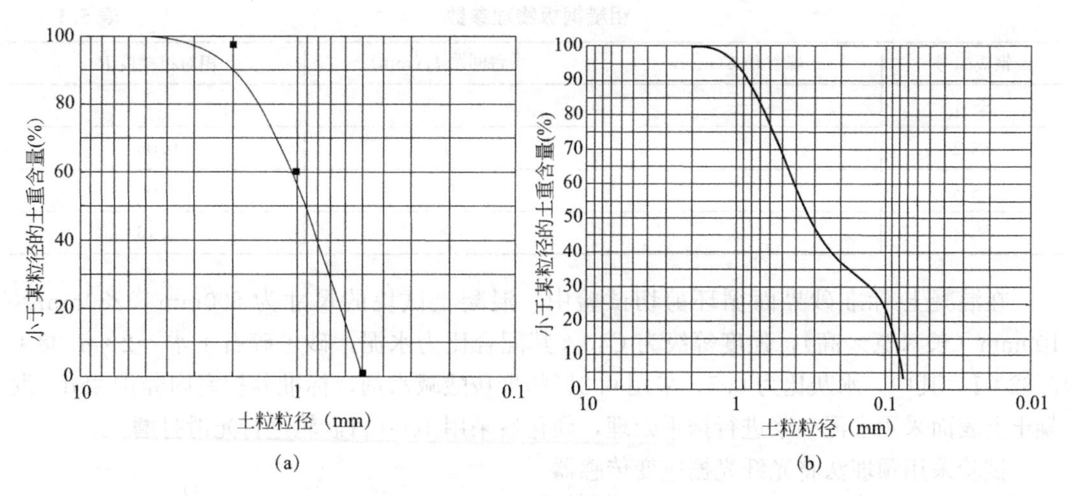

图 5.5　筛分后颗粒级配曲线

（a）钢板-标准砂界面；（b）混凝土-标准砂界面

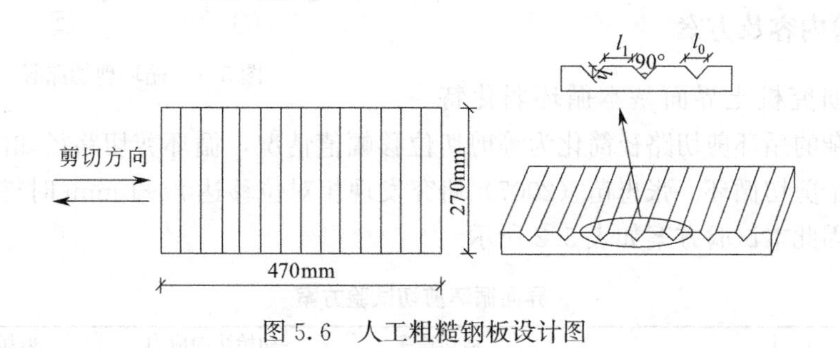

图 5.6　人工粗糙钢板设计图

的平面尺寸均为 470mm×270mm，厚度均为 5mm，其断面锯齿的倾角均为 45°，峰谷距 h 及平台间距 l_1 的取值见表 5.1。

目前结构面粗糙度的评定标准不一，不同量化表达式考虑的影响因素也不同，本节基于灌砂法定义粗糙度。灌砂法中平均灌砂高度表达式：

$$H=\frac{\sum V_i}{A_0} \tag{5.2}$$

相对粗糙度 R 表达式：

$$R=\frac{H}{d_{50}} \tag{5.3}$$

规则锯齿状钢板相对粗糙度为：

$$R=\frac{\sum V_i}{A_0 d_{50}}=\frac{\sum A_i \times b}{a \times b \times d_{50}}=\frac{\sum A_i}{a \times d_{50}}=\frac{h l_0}{2 d_{50}(l_0+l_1)} \tag{5.4}$$

式中，A_0 为钢板为理想平滑面时的表面积，其长、宽分别用 a、b 表示；V_i 为第 i 个凹槽的体积；A_i 为第 i 个锯齿凹槽横截面积；h 为锯齿凹槽峰谷距；l_0 为每个锯齿凹槽横截面水平投影长度；l_1 为平台间距；d_{50} 为中值粒径。

粗糙钢板物理参数　　表 5.1

钢板编号	峰谷距 h(mm)	平台间距 l_1(mm)	相对粗糙度 R
SS-1	—	—	0
SS-2	0.5	5	0.05
SS-3	1	10	0.09
SS-4	1	5	0.16

在混凝土-标准砂界面循环剪切试验中，混凝土试块的尺寸为 500mm×280mm×100mm（长×宽×高），强度等级为 C40，其配合比为水泥：砂：碎石：水＝2：4.08：7.82：1，其中，水灰比为 0.5，采用 0.8%的聚羧酸减水剂，标准养护室内养护 28d，混凝土上表面采用水泥砂浆进行抹平处理，硬化后采用 1000 目砂轮进行光滑打磨。

试验采用预埋法将光纤光栅应变传感器与电阻式微型土压力计埋入试块表面，分别测试接触面的水平剪应力与法向土压力。

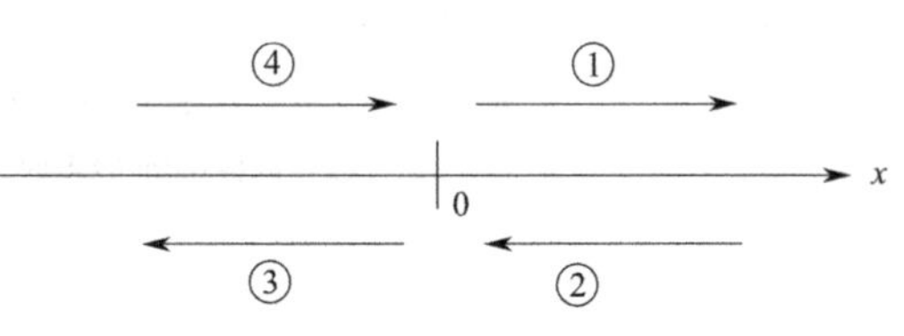

图 5.7　循环剪切路径

5.1.3　试验内容及方案

为便于研究桩土界面基本循环弱化特性，将较复杂的循环剪切路径简化为等剪切位移幅值情况，循环剪切路径如图 5.7 所示，①～④为一个剪切循环。张忠苗（2007）研究发现相对位移达 2～10mm 时桩侧摩阻力能充分调动，因此本试验方案如表 5.2 所示。

界面循环剪切试验方案　　表 5.2

试验编号	粗糙度 R	剪切速率 (mm/min)	初始法向应力 (kPa)	剪切位移幅值 (mm)
SS-1	0	1.5	110	3
SS-2	0.05	1.5	110	3
SS-3	0.09	1.5	110	3
SS-4	0.16	1.5	110	3
CS-1	—	5	90	10
CS-2			110	
CS-3	—	5	90	5
CS-4			110	

5.2　钢板-标准砂界面循环剪切试验结果及分析

5.2.1　剪切应力和剪切位移的关系

4 组不同粗糙度下剪应力-剪切位移关系曲线如图 5.8(a)～(d) 所示，选取第 1、5、25、30 次循环作为分析对象。由图 5.8 可知，粗砂与钢板界面剪切位移关系呈“闭合环”状，剪切应力弱化主要发生在 5～10 次循环，随着循环次数的增加，弱化速率逐渐减小；

粗糙度越大，“滞回环”越偏，且倾斜角度越大。与前 5 循环相比最大正位移处剪切应力循环结果衰减幅度如表 5.3 所示。

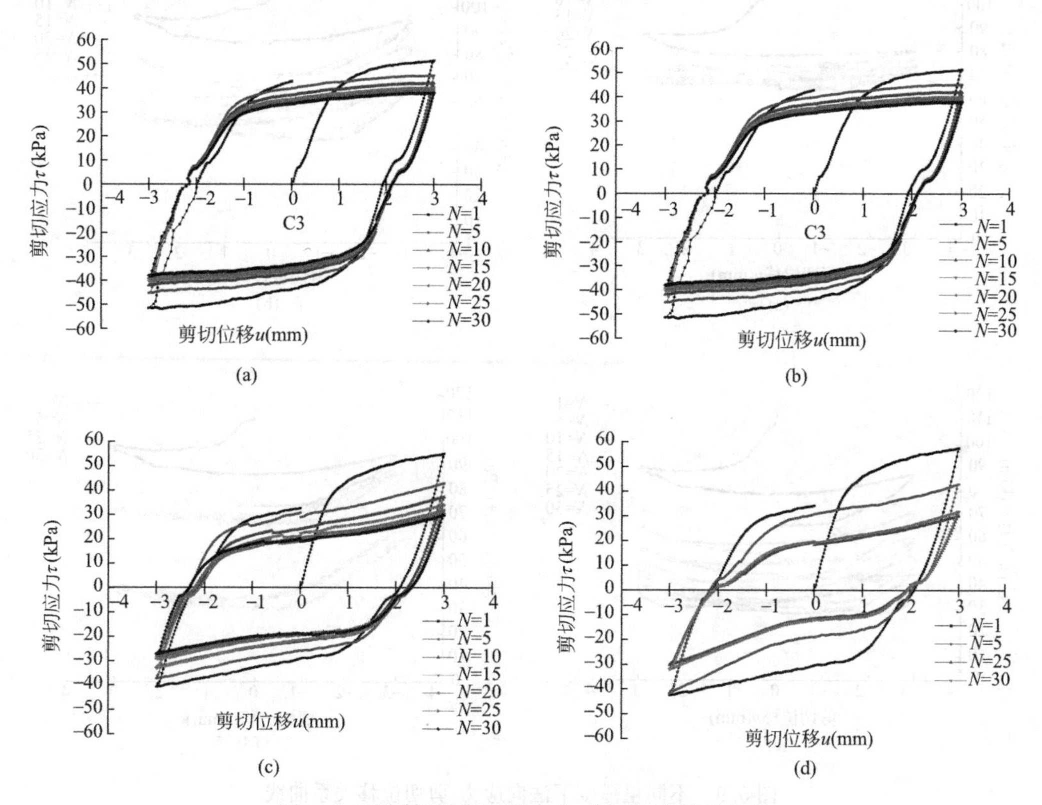

图 5.8 不同粗糙度下剪应力-剪切位移关系曲线

(a) SS-1；(b) SS-2；(c) SS-3；(d) SS-4

不同循环剪切应力较前 5 次循环衰减幅度 **表 5.3**

试验编号	粗糙度 R	不同循环剪切应力较前 5 次循环衰减幅度(%)					
		5	10	15	20	25	30
SS-1	0	12.02	7.08	4.09	2.48	2.04	1.30
SS-2	0.05	15.06	9.52	6.61	4.40	2.58	1.75
SS-3	0.09	21.84	13.00	8.88	6.07	4.48	2.48
SS-4	0.16	25.00	—	—	—	—	6.14

5.2.2 法向应力和剪切位移的关系

4 组不同粗糙度钢板界面的法向应力-剪切位移关系曲线如图 5.9(a)～(d) 所示。可见，随循环剪切的进行，法向应力呈现不同程度的增大与缩小；典型法向应力-剪切位移关系曲线大致呈对称“碟”状。循环剪切过程中，法向应力呈现衰减趋势，且随着循环次数的增加衰减速率逐渐减小，最后趋于平稳。第 5、10、15、20、25、30 循环在最大正位移处法向应力较前 5 次衰减幅度如表 5.4 所示。可知，随着循环次数和剪切位移的增加，颗粒破碎，剪切带变厚，法向应力减小，且弱化幅度减小。

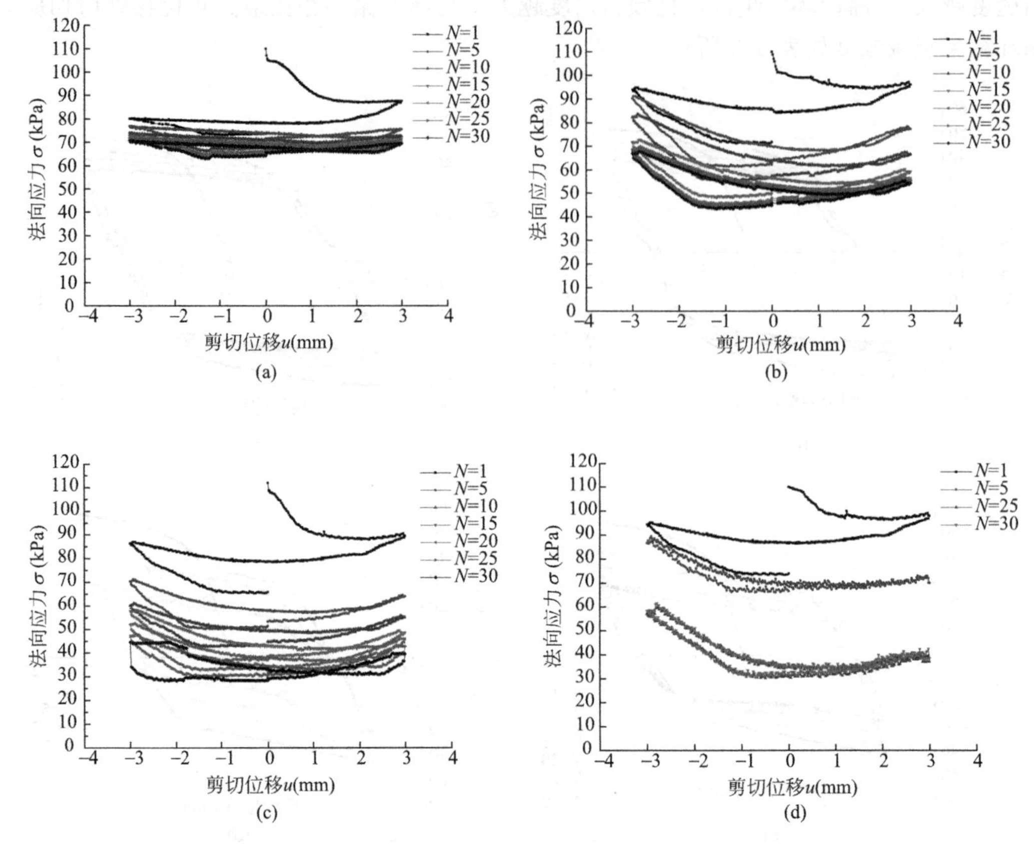

图 5.9　不同粗糙度下法向应力-剪切位移关系曲线

(a) SS-1；(b) SS-2；(c) SS-3；(d) SS-4

不同循环法向应力较前 5 次循环衰减幅度　　**表 5.4**

试验编号	粗糙度 R	不同循环法向应力较前 5 次循环衰减幅度(%)					
		5	10	15	20	25	30
SS-1	0	13.80	3.85	1.78	1.11	0.86	0.7
SS-2	0.05	19.5	13.76	11.15	4.90	1.60	1.98
SS-3	0.09	28.48	13.97	11.75	5.53	6.83	7.31
SS-4	0.16	28.6	—	—	—	—	3.96

5.2.3　粗糙度对循环剪切应力弱化的影响

本节引入无量纲剪应力比 D_τ 和法向应力比 D_σ 来描述界面剪应力及法向应力的弱化规律，拟合曲线绘制于图 5.10 和图 5.11 中。剪应力比 D_τ 和法向应力比 D_σ 表达式如下所示：

$$D_\tau=\tau_n/\tau_1 \tag{5.5}$$

$$D_\sigma=\sigma_n/\sigma_1 \tag{5.6}$$

式中，τ_n 和 τ_1 分别为第 n 次循环和第 1 次循环的剪切强度；σ_n 和 σ_1 分别为第 n 次循环

和第1次循环的法向应力。

由图5.10可知，界面粗糙度相同时，随循环次数的增加剪切强度呈明显衰减趋势，且第1次循环的衰减程度最大；剪切强度衰减幅度随剪切次数增加逐渐减小，说明剪切强度的循环弱化速率不断减小，剪切强度与循环剪切次数的衰退曲线为对数型函数。初始法向应力相同时，随着界面相对粗糙度的增加，剪切强度总衰减幅度越大。由图5.11可知，初始法向应力相同时，法向应力弱化规律与剪切强度随循环次数的衰减规律一致，且界面粗糙度越大，法向应力衰退速率越大。

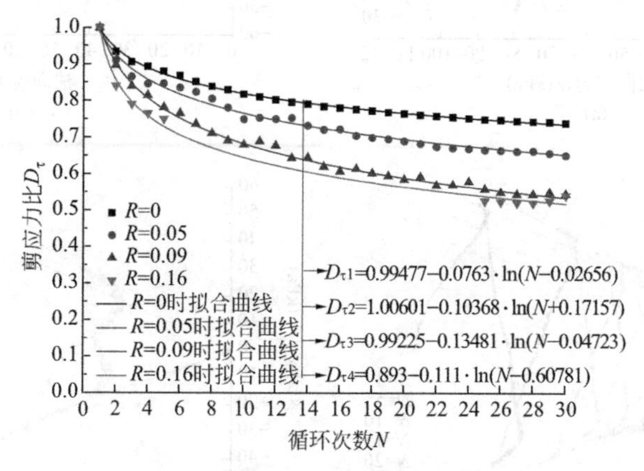

图5.10 界面剪切应力随循环次数变化

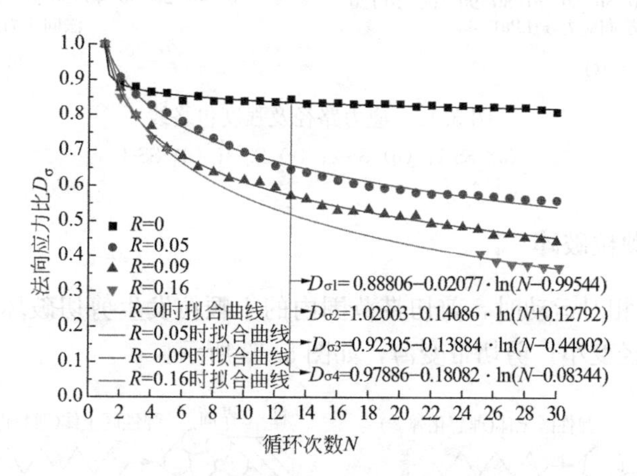

图5.11 界面法向应力随循环次数变化

5.2.4 循环剪切面摩擦角

图5.12(a)～(d)为粗砂与四种不同粗糙度钢板界面的应力路径曲线及强度包络线。从图中可见，应力路径曲线呈“蝴蝶环”状发展，且随粗糙度增加，相邻“蝴蝶环”趋于分离。循环剪切结束后，粗砂与钢板界面的摩擦角在29°～35°范围内，且随界面相对粗糙度的增加，界面摩擦角增大。这与Bolton（1986）的研究成果一致：随着法向应力的减小和界面处砂土密实度增大，摩擦角增大。

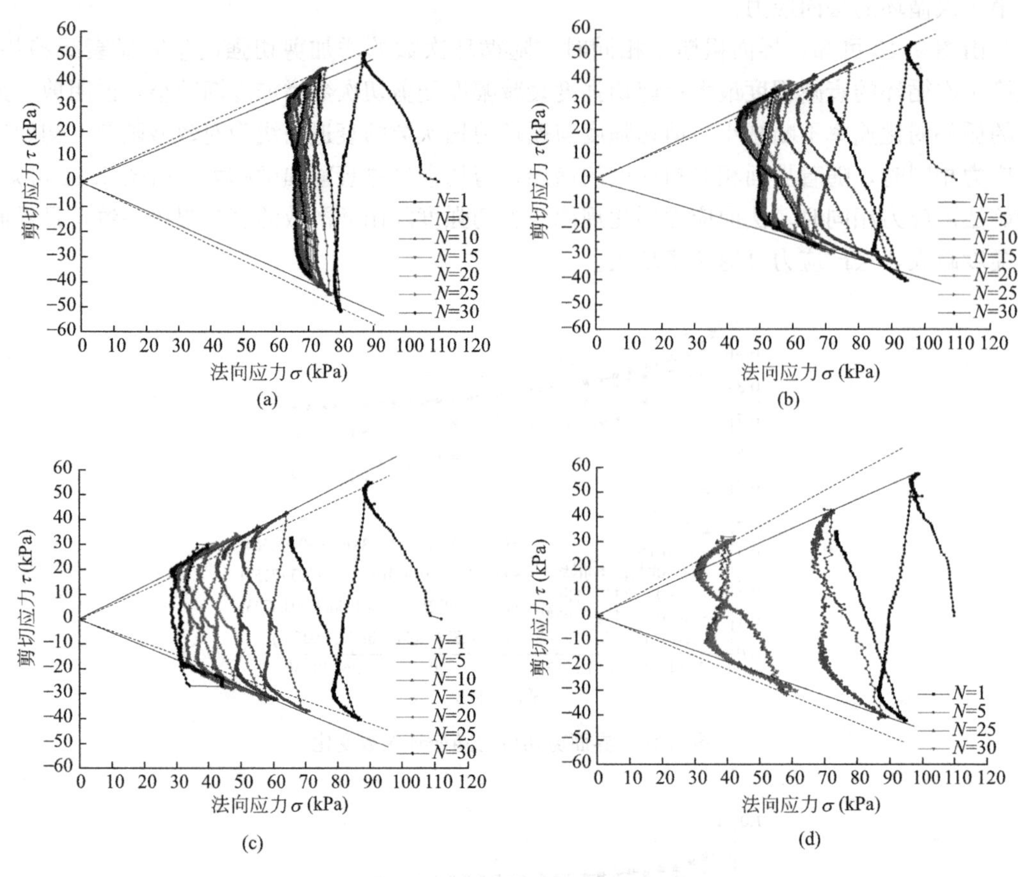

图 5.12　应力路径及强度包络线

(a) SS-1；(b) SS-2；(c) SS-3；(d) SS-4

5.2.5　剪切界面颗粒破碎

桩-土体系发生相对运动时，剪切带范围内的土颗粒发生剪切破坏，大颗粒破碎成小颗粒，颗粒平均粒径变小，剪切带变薄，如图 5.13 所示。

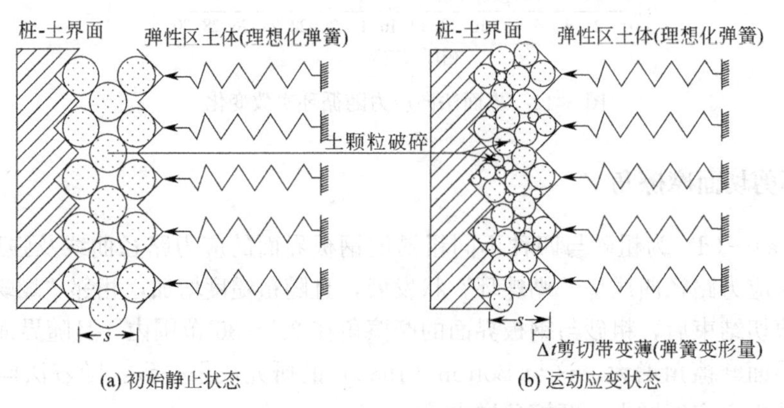

图 5.13　桩-土界面剪切带变薄

循环剪切试验结束后在距离界面 5cm 范围内土体每隔 1cm 进行取样，每层砂样进行颗粒筛分试验，获得其颗粒级配曲线，如图 5.14(a)～(d) 所示，以分析距离界面不同高度处颗粒粒径变化和颗粒破碎情况。由图可知，距离界面 0～1cm 范围内的土层颗粒级配发生明显变化，循环剪切后小粒径含量增多；其余范围砂样颗粒级配曲线与初始砂样颗粒级配非常接近。说明距离界面 1cm 高度范围内的土颗粒在界面剪切作用下发生明显破碎，颗粒组成随之改变。循环剪切结束时，相对粗糙度 $R=0$、0.05、0.09、0.16 的粗糙钢板 0～1cm 范围的土体中值粒径分别为 0.875mm、0.802mm、0.76mm、0.675mm，说明法向压力 110kPa 下，随着界面相对粗糙度增大，界面土颗粒的破碎越严重。

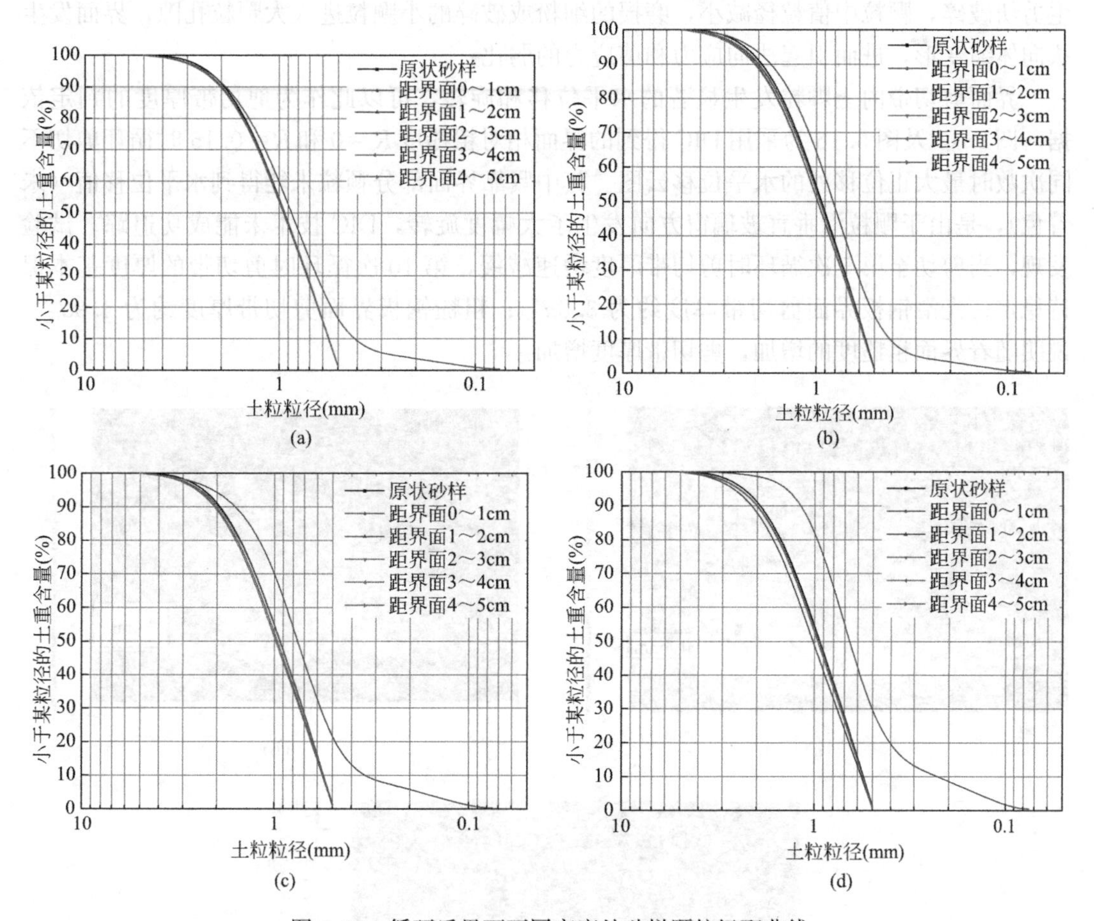

图 5.14　循环后界面不同高度处砂样颗粒级配曲线

(a) SS-1；(b) SS-2；(c) SS-3；(d) SS-4

为考虑颗粒级配曲线试验前后变化，定量分析界面颗粒破碎程度，本节引用 Hardin (1985) 提出的界面相对破碎率 B_r。

$$B_t=B_{po}-B_{pl} \tag{5.7}$$

$$B_r=\frac{B_t}{B_{po}} \tag{5.8}$$

式中，B_{po}、B_{pl} 分别为初始破碎势、最终破碎势；B_t 为破碎量；B_r 为相对破碎率。

表 5.5 所示为 4 种钢板界面 0～1cm 土层相对破碎率。随着界面相对粗糙度的增大，

颗粒相对破碎率从 1.86%增大至 10.25%。

界面相对破碎率　　表 5.5

界面相对粗糙度 R	0	0.05	0.09	0.16
相对破碎率 B_r(%)	1.86	3.62	5.25	10.25

5.2.6 剪切带厚度

剪切带厚度是进行桩-土界面变形分析的重要参数之一，循环荷载下剪切带内颗粒发生剪切破碎，颗粒中值粒径减小，磨损的细粉或破碎的小颗粒进入大颗粒孔隙，界面发生法向体缩变形，进而引起法向应力和剪应力的弱化。

界面剪切带内土颗粒发生显著的水平位移和旋转，可以此作为剪切带厚度的判定依据。图 5.15 及图 5.16 为采用 DIC 得到的界面相对粗糙度 $R=0$ 和 $R=0.16$ 时循环剪切不同次数时最大正位移处的水平位移云图。其中紧靠界面部分颗粒未能得到水平位移值（未着色），是由于颗粒沿垂直玻璃窗方向发生了大幅度旋转，DIC 技术未能成功追踪。试验发现，当剪切至第 5 次循环时剪切带厚度增速减缓，第 10 次循环时剪切带的厚度基本保持稳定；光滑钢板界面剪切带厚度约为 $3.8d_{50}$；粗糙钢板界面剪切带厚度约为 $4.9d_{50}$。说明随着界面粗糙度的增加，剪切带厚度增加。

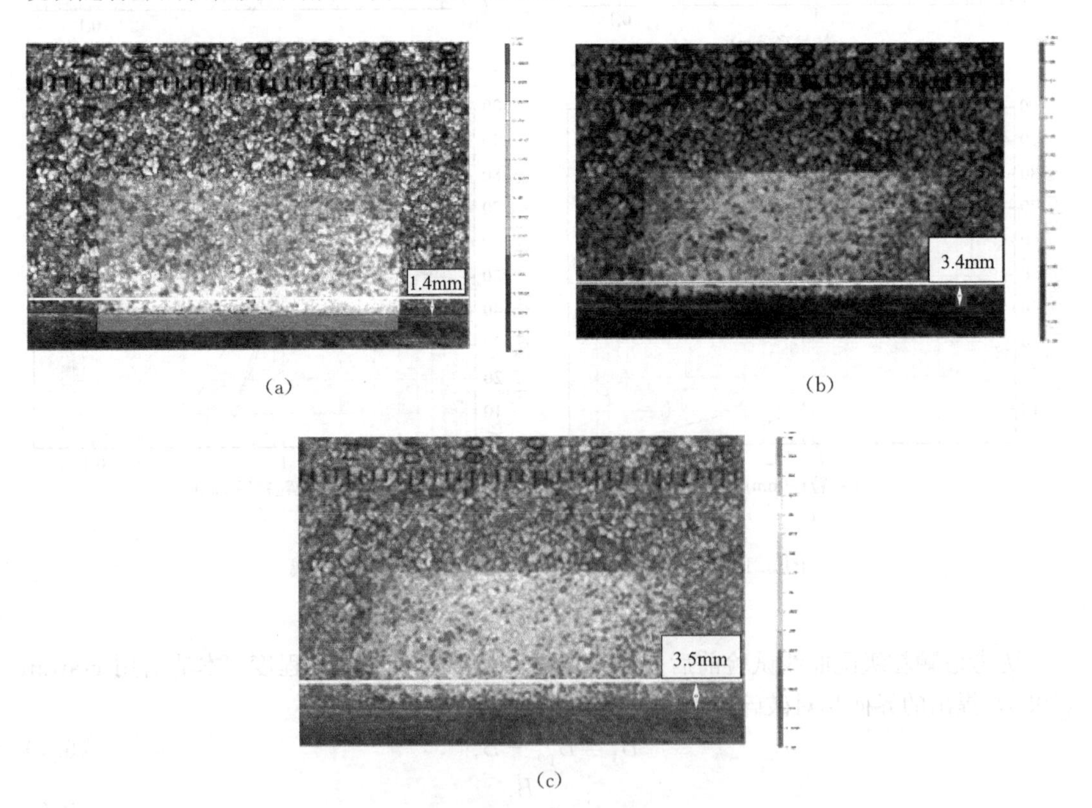

(a)　(b)　(c)

图 5.15　光滑钢板剪切过程中剪切带变化（$R=0$）

(a) $N=1$；(b) $N=5$；(c) $N=10$

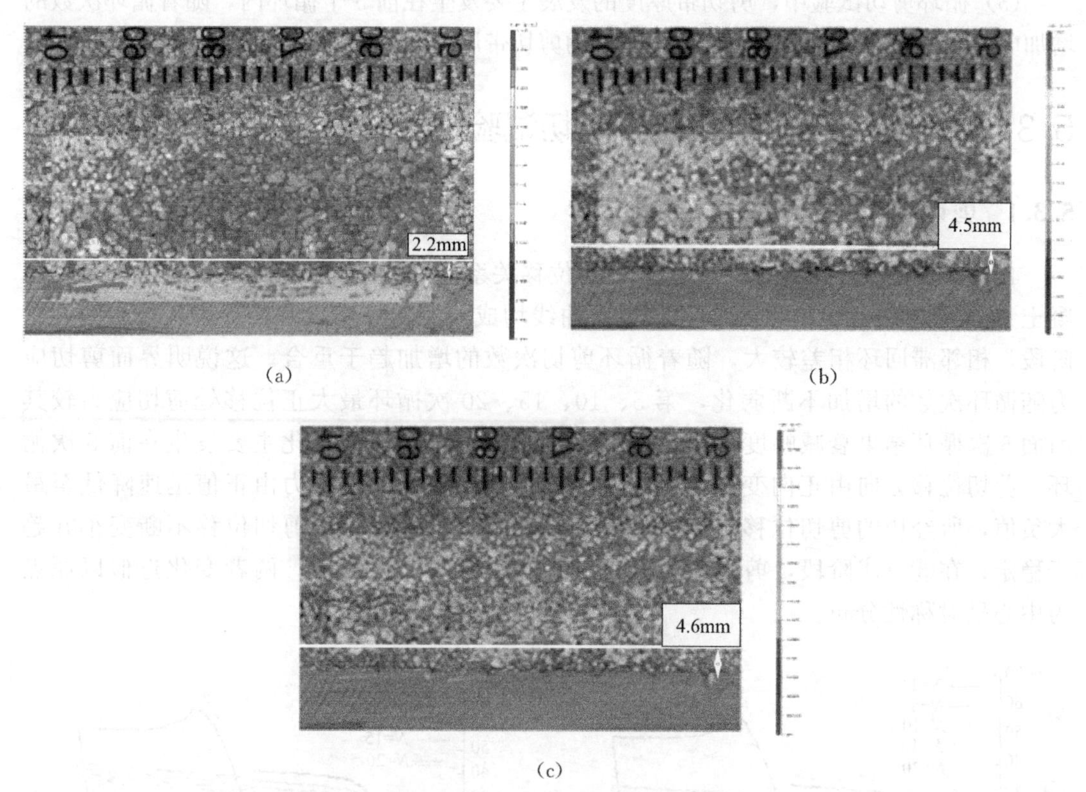

(a)

(b)

(c)

图 5.16　粗糙钢板剪切过程中剪切带变化（R=0.16）

(a) N=1；(b) N=5；(c) N=10

5.2.7　小结

本节利用自制的可视化界面剪切仪结合细观拍照和数字图像相关测量技术（DIC），进行砂土-钢板的可视化恒刚度循环剪切试验，探索桩-土界面循环弱化效应的宏细观机制。主要结论如下：

（1）粗砂与钢板界面的剪切应力与剪切位移关系曲线呈“闭合环”状，剪应力弱化主要发生在前5～10次循环，随着循环次数的增加，剪切应力弱化速率逐渐减小。

（2）粗砂与钢板界面的法向应力与剪切位移关系曲线呈大致对称“碟”状，循环剪切过程中，法向应力呈衰减趋势，且随着循环次数的增加衰减速率逐渐减小，最后趋于平稳。

（3）引入无量纲剪应力比 D_τ 和法向应力比 D_σ 描述界面剪应力及法向应力的弱化规律，剪应力比、法向应力比随循环剪切次数的变化曲线近似对数型函数关系。初始法向应力相同时，界面粗糙度越大，剪应力、法向应力衰退速率越大。

（4）循环剪切结束后，粗砂与钢板界面的摩擦角在29°～35°范围内，且随着界面相对粗糙度的增加，界面摩擦角增大。距离钢板界面0～1cm范围内，砂样中值粒径范围为0.68～0.88cm，相对破碎率为1.86%～10.25%，且随着界面相对粗糙度的增大，砂样中值粒径越小，相对破碎率越大。

（5）循环剪切试验中，剪切带厚度的发展主要发生在前5个循环内，随着循环次数的增加剪切带厚度趋于稳定。循环剪切试验的剪切带厚度约为（4～5)d_{50}。

5.3 混凝土-标准砂界面循环剪切试验结果及分析

5.3.1 剪切应力和剪切位移的关系

4组恒刚度剪切试验的剪切应力-剪切位移关系曲线如图5.17所示。由图可知，混凝土-标准砂界面剪切应力-剪切位移关系曲线均成“滞回环”状发展。循环剪切的初始阶段，相邻滞回环相差较大，随着循环剪切次数的增加趋于重合。这说明界面剪切应力随循环次数的增加不断弱化，第5、10、15、20次循环最大正位移处剪切应力较其前面5次循环结果衰减幅度如表5.6所示，可见剪切应力的弱化主要发生在前5次循环。剪切位移方向由正向变为负向（①→②阶段）时，剪切应力由正值迅速降低至最大负值，所经历的剪切位移较小，且随着循环次数的增加，此剪切位移不断变小并趋于稳定；在③→④阶段，剪切应力变化规律与①→②阶段相似，两者变化近似以原点为中心呈对称性分布。

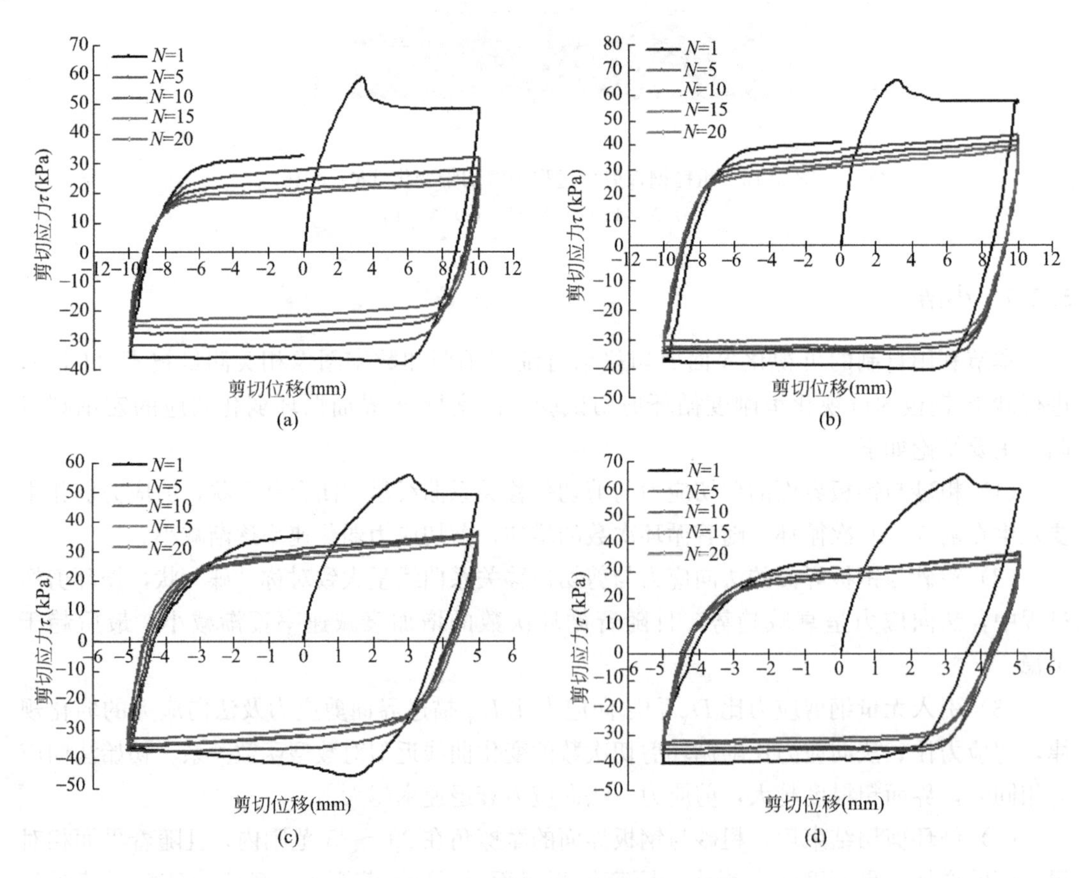

图5.17 剪切应力-剪切位移关系曲线

(a) CS-1；(b) CS-2；(c) CS-3；(d) CS-4

第 5、10、15、20 次循环剪切应力较前 5 次循环衰减幅度（%）　　表 5.6

试验编号	第 5 循环	第 10 循环	第 15 循环	第 20 循环
CS-1	34.5	12.09	9.85	6.92
CS-2	23.61	5.88	4.03	4.72
CS-3	24.83	3.68	3.82	3.56
CS-4	36.54	5.81	4.37	3.25

5.3.2　法向应力和剪切位移的关系

4 组试验的法向应力-剪切位移关系曲线如图 5.18 所示。由图可知，法向应力随剪切位移变化关系呈“蝴蝶结”状，在①阶段法向应力缓慢增加，在②、③、④阶段，法向应力变化规律均为先迅速减小后缓慢增加。随循环剪切次数的增加，界面法向应力呈衰退趋势。由 CNS 恒刚度剪切试验机理及公式(5.1) 可知，桩-土界面法向应力的变化与上剪切盒内部砂样竖向位移（Δt）成正相关，循环剪切作用下，桩-土界面剪切区砂颗粒发生结构性破碎，砂样产生明显减缩现象，且随循环剪切数增加砂样减缩速率逐渐变缓。在第 5、10、15、20 次循环最大正向剪切位移处（5mm）法向应力较其前面 5 次循环结果衰减幅度如表 5.7 所示，可见法向应力的衰减主要发生在前 5 次循环。

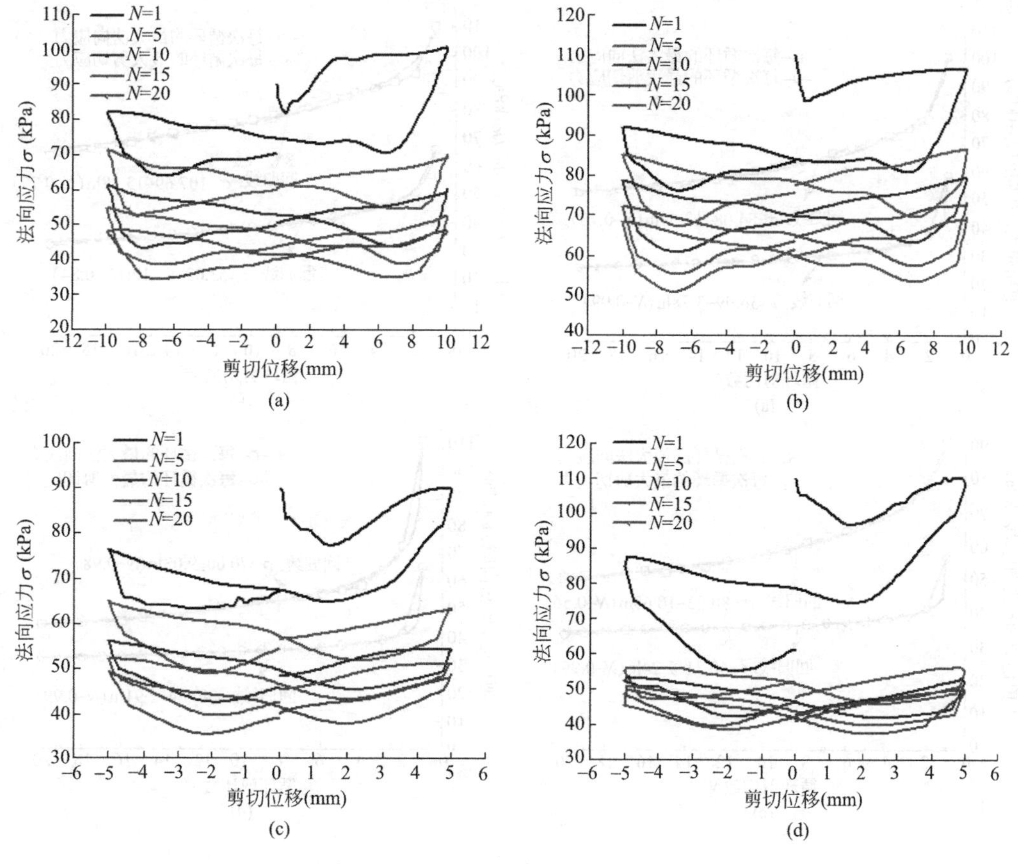

图 5.18　法向应力-剪切位移关系曲线

（a）CS-1；（b）CS-2；（c）CS-3；（d）CS-4

第 5、10、15、20 次循环法向应力较前 5 次循环衰减幅度（%） 表 5.7

试验编号	第 5 循环	第 10 循环	第 15 循环	第 20 循环
CS-1	30.34	13.66	13.20	8.03
CS-2	18.70	8.24	7.55	5.10
CS-3	29.51	14.02	5.73	4.46
CS-4	48.77	5.50	4.81	2.61

5.3.3 界面剪切应力与法向应力循环弱化分析

图 5.19 为混凝土-标准砂界面剪切与法向应力随循环次数变化曲线。由图可知，随着循环剪切次数 N 的增加，界面剪切应力和法向应力不断弱化，弱化主要发生在初始阶段，随着循环次数的增加弱化速率不断降低并趋于平缓。这主要是因为剪切过程中土体发生了减缩，分析认为土体减缩主要归因于颗粒的重新排列和破碎。未开始试验时颗粒长轴和短轴排列杂乱无章，循环试验过程中，颗粒长、短轴重新排列，颗粒长轴方向趋近于剪切方向；处于高位势的土颗粒降低到较低位势的状态；小颗粒进入到大颗粒间的孔隙，以上原因均减小了土体颗粒占用的体积空间。颗粒破碎是发生土体减缩的另一重要原因，部分大颗粒破碎为小颗粒，新形成的小颗粒进入大颗粒构成骨架的孔隙。无论是颗粒的重新排

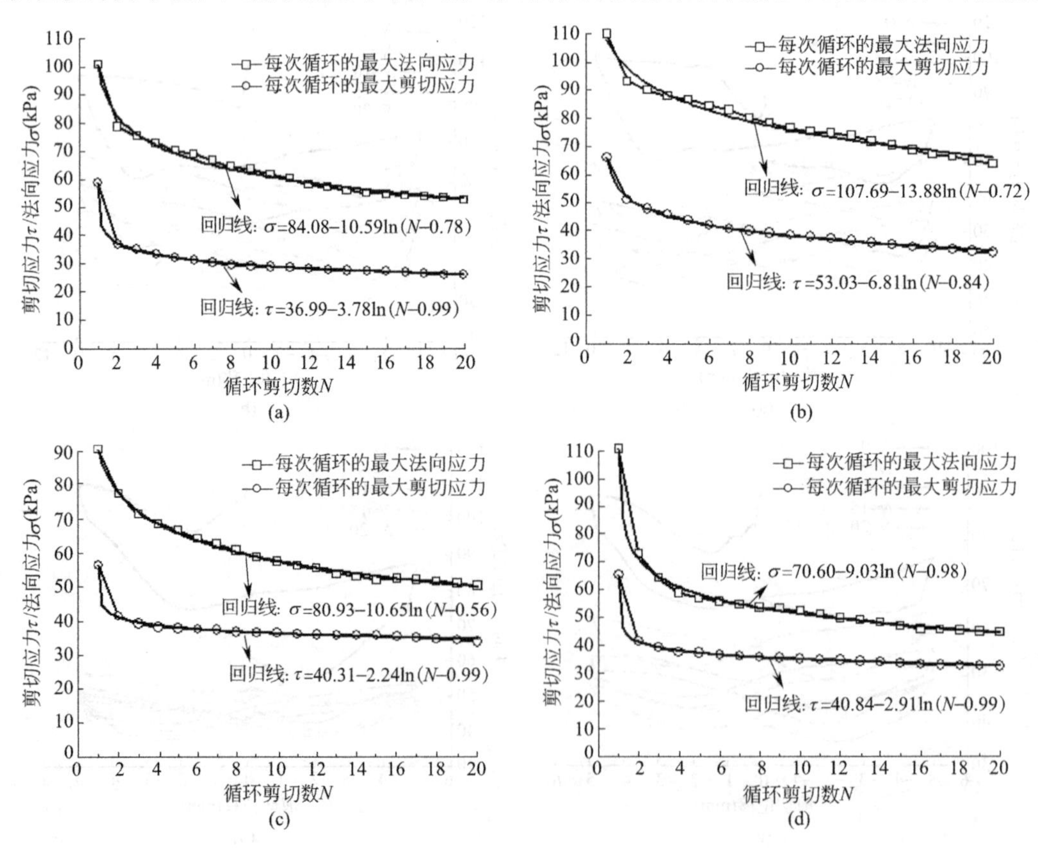

图 5.19 剪切/法向应力随循环次数变化

(a) CS-1；(b) CS-2；(c) CS-3；(d) CS-4

列，还是大颗粒的破碎均在剪切初始时较为显著，因此，剪切应力和法向应力的弱化主要发生在初始阶段，且初始法向刚度越大衰退幅度越大。

采用非线性对数公式对试验数据进行拟合，发现实测值衰减曲线与拟合对数方程吻合度非常高，拟合回归线方程如下式所示：

$$\tau = m - n\ln(N - l) \tag{5.9}$$

$$\sigma = a - b\ln(N - c) \tag{5.10}$$

式中，a、b、c、m、n、l 均为常数；N 表示循环剪切次数。

混凝土-标准砂界面剪切应力、法向应力与循环次数关系公式及系数汇总如表5.8所示。其中，剪切应力回归线方程中，m 取值与第1次循环剪切峰值剪切应力有关，n 取值与剪切应力循环衰减速率有关，l 取值均为小于1的数，表示剪切应力最大衰减值发生在第1次循环。法向应力回归线方程中，a 取值与初始法向应力有关，b 取值与法向应力循环衰减速率有关，c 取值均为小于1的数，表示法向应力最大衰减值发生在第1次循环剪切。

混凝土-标准砂界面剪切应力、法向应力与循环次数拟合公式系数　　表5.8

拟合公式	法向应力：$\sigma=a-b\ln(N-c)$			剪切应力：$\tau=m-n\ln(N-l)$		
试验分组	a	b	c	m	n	l
CS-1	84.08	10.59	0.78	36.99	3.78	0.99
CS-2	107.69	13.88	0.72	53.03	6.81	0.84
CS-3	80.93	10.65	0.56	40.31	2.23	0.99
CS-4	70.60	9.03	0.98	40.84	2.91	0.99

5.3.4　循环剪切面摩擦角

图5.20表示混凝土-标准砂界面应力路径图。由图5.20(a)和(b)可知，不同初始法向应力下界面应力路径形式较为类似，两组试验随着循环剪切次数的增加，桩-土界面砂样呈不断减缩趋势，界面法向应力不断降低，导致剪切应力不断降低。桩-土界面均在第1次循环剪切时达到强度包络线（图中灰色虚线），界面发生破坏，主要表现为桩-土界面的应变软化现象，即界面砂土颗粒的结构性破碎以及混凝土试块表面磨碎现象，此时CS-1、CS-2试验的界面摩擦角约为31°、32°；在第5次循环到第20次循环中，桩-土界面的剪切强度包络线（图中黑色虚线）接近于直线，即桩-土界面的剪切应力与法向应力大致呈线性关系，这与张嘎和张建民（2004）研究结论类似，此时界面摩擦角约为27°、28°，循环剪切作用下混凝土-标准砂界面摩擦角衰减幅度约为12.9%、12.5%。

由图5.20(c)和(d)可知，循环剪切位移幅值为5mm时第1次循环剪切时未达到强度包络线（图中灰色虚线），界面未发生破坏；随着循环剪切次数的增加逐渐接近并达到强度包络线，此现象与冯大阔等（2011）研究结论类似，原因可能是两组试验中砂土密实度均为90%，属于密砂范围，在多种试验条件耦合作用下，桩-土界面呈现一定剪胀性。此时CS-3、CS-4试验的界面摩擦角约为34°、35°。

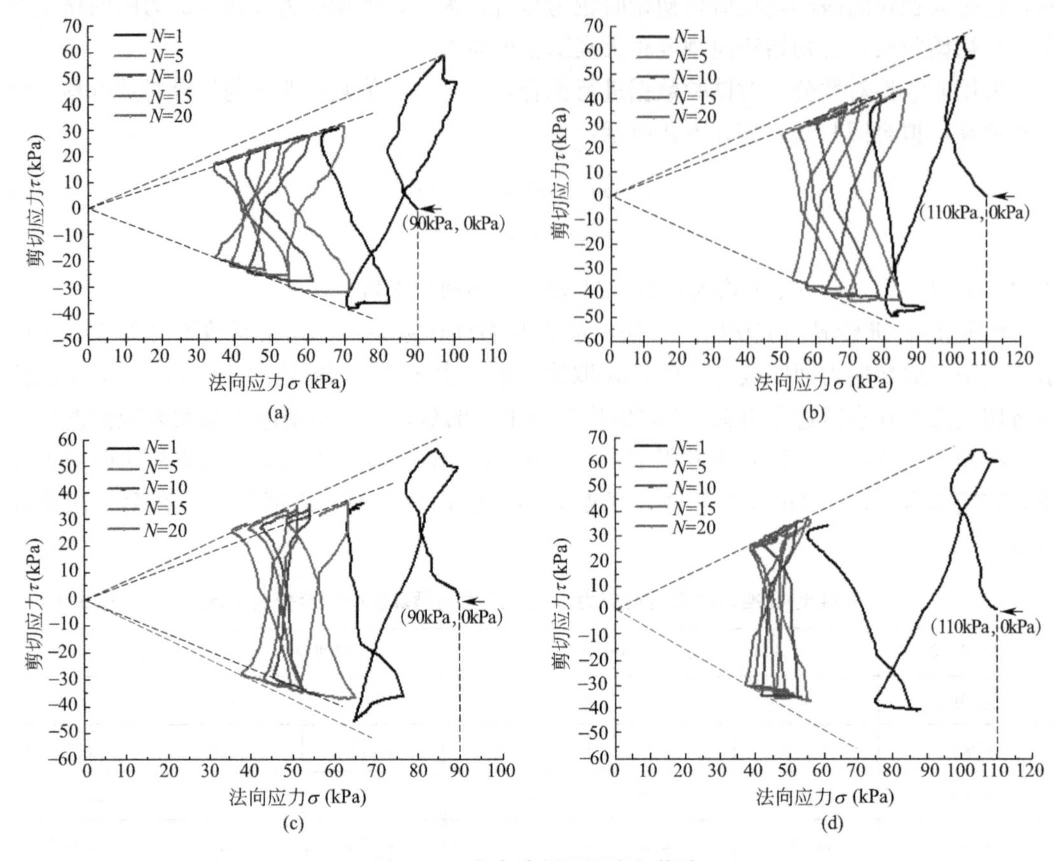

图 5.20　应力路径及强度包络线

(a) CS-1；(b) CS-2；(c) CS-3；(d) CS-4

循环剪切试验后分别利用应变式直剪仪测得距离桩土界面 1cm 范围内的砂土摩擦角。表 5.9 表示循环剪切后界面及砂样摩擦角。由表可知，各组试验后砂样的内摩擦角均比较接近，均维持在 35°左右，与原状砂相比，摩擦角降低幅度分别为 12.3%、11.9%、12.1%、10.9%，循环剪切后砂样摩擦角降低幅度范围为 10%～17%，混凝土界面 φ_{soil} 与 $\varphi_{interface}$ 比值取值范围为 0.76～1。

循环剪切后界面及砂样摩擦角　　　　**表 5.9**

试验分组	CS1	CS2	CS3	CS4
砂土摩擦角 φ_{soil}	35.4°	35.6°	35.5°	36.0°
界面摩擦角 $\varphi_{interface}$	27°	28°	34°	35°
$\varphi_{interface}$ 与 φ_{soil} 比值	0.76	0.78	0.95	0.97

5.3.5　剪切带内的颗粒破碎

Jardine 等（2010）研究发现模型桩桩周剪切带厚度与颗粒粒径尺寸有关，且该剪切带厚度为剪切区土体中值粒径 d_{50} 的 2～4 倍。White & Bolton（2004）指出桩端区域剪切带厚度为该区域桩周土体中值粒径的 4 倍。可见，桩-土界面剪切带的厚度及桩-土界面的力学特性与桩周土体的中值粒径密切相关。

图 5.21 为 4 组恒刚度循环剪切（$N=20$）试验结束后在距离桩-土界面高度 5cm 范围内每隔 1cm（取样范围底部距离桩-土界面距离分别为 4cm、3cm、2cm、1cm、0cm 处）取砂 150g 测得砂样的颗粒级配曲线。由图可知，桩-土界面不同距离处砂样颗粒粒径变化存在差异，距界面 0～1cm 范围内砂样级配曲线形状明显不同于其他取样点级配曲线。与循环剪切前粒径含量相比，颗粒主要集中在 0.1～0.5mm 范围内；而距界面 1～2cm、2～3cm、3～4cm、4～5cm 范围内砂样级配曲线几乎一致，未发生变化，说明循环剪切仅使毗邻桩-土界面 1cm 范围内的土颗粒发生变化。这与图 5.13 桩-土界面剪切带变薄现象一致，即毗邻桩-土界面 1cm 范围内的土颗粒发生严重结构性破碎，大颗粒破碎成小颗粒，颗粒间互相填充挤密，空隙变小。

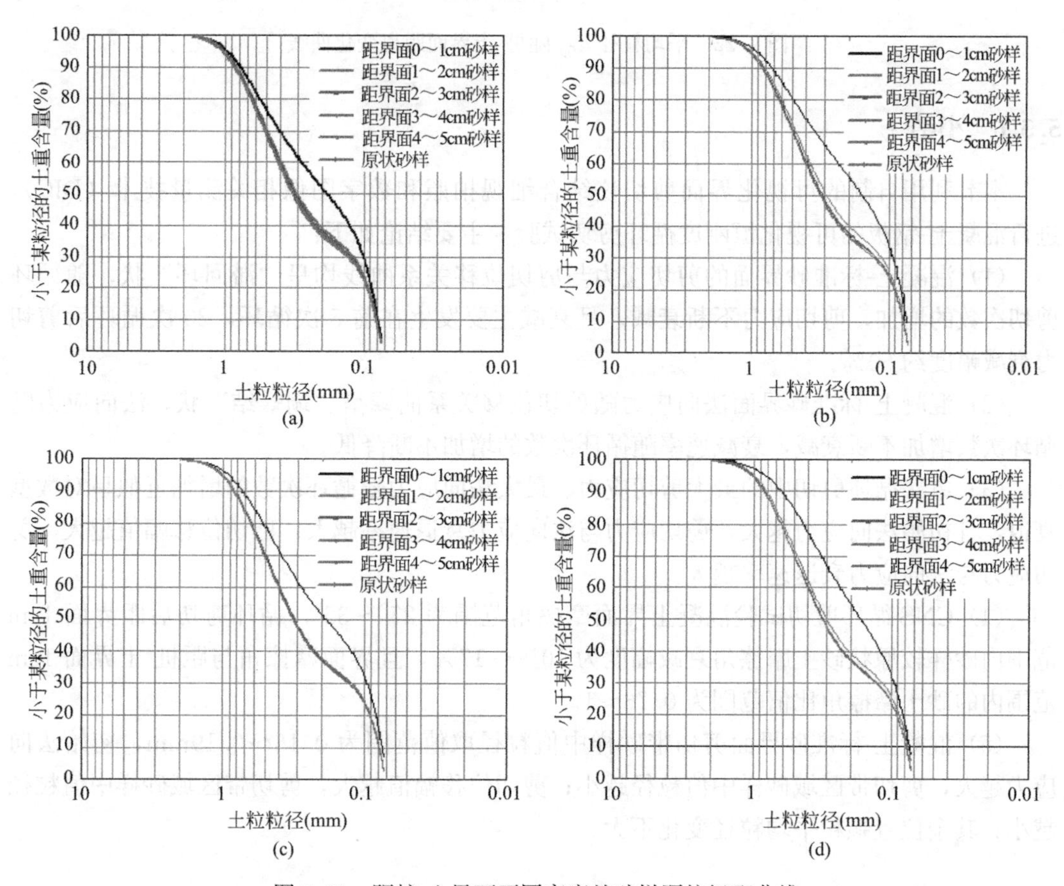

图 5.21　距桩-土界面不同高度处砂样颗粒级配曲线

归纳每组循环剪切试验不同高度范围内砂样的中值粒径 d_{50} 如图 5.22 所示。由图可知越靠近桩-土界面，中值粒径 d_{50} 值越小。CS-1、CS-2、CS-3、CS-4 试验 0～1cm 范围内砂样中值粒径分别为 0.18mm、0.16mm、0.19mm、0.17mm。可见，初始法向应力越大，剪切带区域砂样中值粒径越小；剪切位移幅值越大，剪切带区域砂样中值粒径越小；其余位置颗粒平均粒径变化不大。

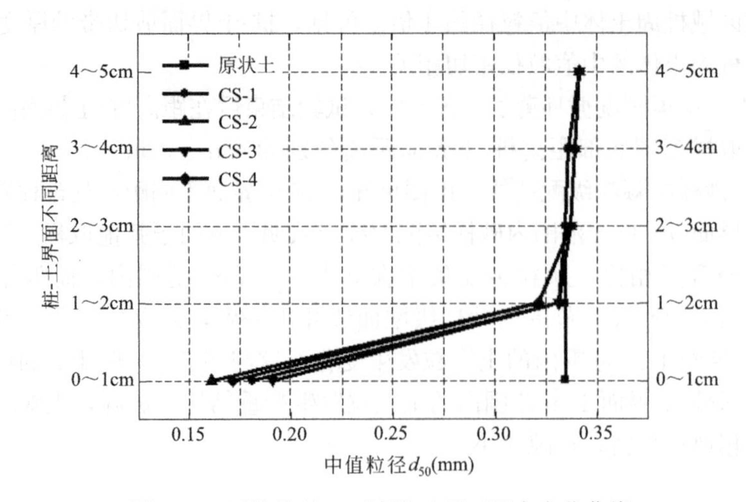

图 5.22 平均粒径 d_{50} 随桩-土界面距离变化曲线

5.3.6 小结

本节利用自制的可视化界面剪切仪结合细观拍照和数字图像相关测量技术（DIC），进行混凝土-钢板的可视化恒刚度循环剪切试验。主要结论如下：

（1）混凝土-标准砂界面的剪切应力与剪切位移关系曲线均呈“滞回环”状，随循环剪切次数的增加，剪切应力不断衰减，且衰减主要发生在前 5 次循环，20 次循环后剪切力衰减幅度约 50%。

（2）混凝土-标准砂界面法向应力随剪切位移关系曲线呈“蝴蝶结”状，法向应力随循环次数增加不断衰减，衰减速率随循环次数的增加不断降低。

（3）单次循环剪切中的最大剪切应力、最大法向应力随循环次数的增加近似呈对数型衰退，且初始法向应力越大，剪切应力与法向应力衰退速率越大；剪切位移幅值越大，剪切应力与法向应力衰退速率越大。

（4）CNS 循环剪切试验混凝土界面摩擦角范围为 27°～35°，循环剪切后距界面 1cm 范围内砂样较原状砂土摩擦角衰减幅度为 10%～17%，且界面摩擦角与距桩-土界面 1cm 范围内的砂土摩擦角比值范围为 0.76～1。

（5）混凝土-标准砂界面剪切带砂样中值粒径取值范围为 0.16～0.19mm，初始法向应力越大，剪切带区域砂样中值粒径越小；剪切位移幅值越大，剪切带区域砂样中值粒径越小；其余位置颗粒平均粒径变化不大。

参考文献

张忠苗．桩基工程［M］．北京：中国建筑工业出版社，2007.

Mortara G，Mangiola A，Ghionna V N. Cyclic shear stress degradation and post-cyclic behaviour from sand-steel interface direct shear tests［J］. Canadian Geotechnical Journal，2007，44（7）：739-752.

冯大阔，张嘎，张建民，等．常刚度条件下粗粒土与结构接触面三维力学特性试验研究［J］．岩土工程学报，2009，10：1571-1577.

Bolton M D. The strength and dilatancy of sands [J]. Geotechnique, 1986, 36 (1): 65-78.

Hardin B O. Crushing of soil particles [J]. Journal of Geotechnical Engineering, ASCE, 1985, 111 (10): 1177-1192.

张嘎，张建民．循环荷载作用下粗粒土与结构接触面变形特性的试验研究 [J]. 岩土工程学报，2004，26 (2)：254-258.

冯大阔，侯文峻，张建民．法向常刚度切向应力控制接触面动力特性试验研究 [J]. 岩土工程学报，2011，33 (6)：846-852.

Yang Z X, Jardine R J, Zhu B T, Foray P, Tsuha C H C. Sand grain crushing and interface shearing during displacement pile installation in sand [J]. Géotechnique, 2010, 60 (6): 469-482.

White D J, Bolton M D. Displacement and strain paths during plane-strain model pile installation [J]. Geotechnique, 2004, 54 (6): 375-397.

第6章 砂土地基中风电导管架群桩基础的承载特性

大型化、离岸化、深水化是当前海上风电场建设的主导方向。受限于服役期内风机安全运行严苛的变形和频率控制要求，发展适用于深远海环境的风机基础形式是推动我国未来海上风能开发的关键。四桩导管架是由上部导管架结构以及四根下部角桩组成，最初被用来支撑海洋油气平台。与后者不同的是，海上风机在服役期间将承受风、波浪、流等水平荷载作用，且循环加载次数可达百万次。长期循环荷载作用一方面使导管架基础产生循环累积变形，影响风机基础设备的正常运行；另一方面导致基础-海床土体接触刚度发生变化，改变风机结构的固有频率，诱使其与运行设备发生共振失效甚至倒塌破坏。此外，随着风机结构上水平荷载作业高度的增加，导管架基础承受巨大的倾覆弯矩，各个角桩也由复合承载模式向"拉-压"模式转变，即主要通过加载方向前、后角桩的上拔和下压共同抵抗上部传递的倾覆弯矩。此时，基础的整体抗弯刚度将主要由各个角桩的竖向抗力共同贡献，且受荷载条件、排水状态、桶壁-土体界面摩擦力、底部端承等多因素综合影响，特征十分复杂。

综上，本章开展了导管架基础水平静力和循环加载模型试验，得到了基础的承载模式及自振频率演化规律；进而开展单桩竖向循环加载试验，揭示了循环荷载作用下单桩的循环弱化效应，以期为我国深远海风能开发中的导管架基础设计提供理论依据和技术支撑。

6.1 导管架基础在水平循环荷载下的动力响应

6.1.1 导管架基础模型试验简介

6.1.1.1 相似理论

室内1g模型试验中的风机模型根据海上风机结构缩尺所得，应保证风机模型的尺寸、质量及频率等方面与实际工况具有一定相似性，以确保试验结果与实际工程相对应。Butterfield等（1999）指出模型试验及原型试验中的物理量可以用无量纲化的关系式表示。本节通过引入Bhattacharya等（2011）提出的有关海上风机无量纲化相似性关系，来确保本试验中风机模型与风机原型的无量纲化相似性关系基本保持一致。

（1）几何质量相似

海上风机主要由基础、塔架和顶部风机三部分组成（图 6.1）。小尺度模型的尺寸选择需要考虑在模型和原型中激发相似的振型。因此，相对于塔架高度 L 而言，桩基础相对间距需要保持一定，其几何尺寸对于确定等效荷载在模型上的作用点也非常重要。导管架基础的桩基除了需要保证长径比一致，还应保持桩长与桩间距的比值，见式(6.1)。为模拟海上风机振动特性，需要保留风机不同部分的质量分布，即基础与上部结构之间应满足式(6.2) 所给出的几何质量相似性关系。

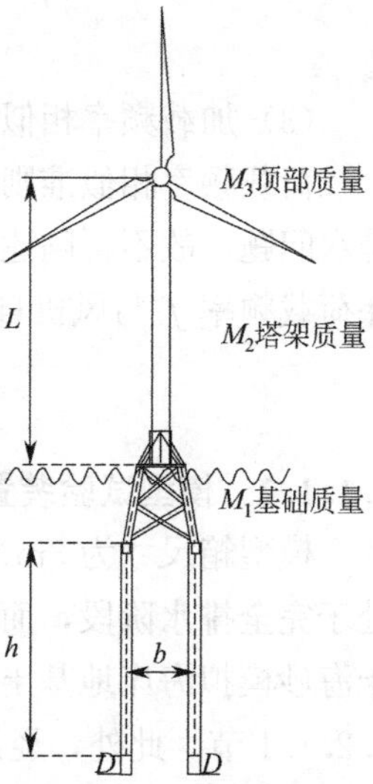

$$\left(\frac{L}{b}\right)_{\text{model}}=\left(\frac{L}{b}\right)_{\text{prototype}} \tag{6.1a}$$

$$\left(\frac{L}{D}\right)_{\text{model}}=\left(\frac{L}{D}\right)_{\text{prototype}} \tag{6.1b}$$

$$\left(\frac{h}{D}\right)_{\text{model}}=\left(\frac{h}{D}\right)_{\text{prototype}} \tag{6.1c}$$

$$(M_1:M_2:M_3)_{\text{model}}=(M_1:M_2:M_3)_{\text{prototype}} \tag{6.2}$$

图 6.1　海上风机多桩基础结构示意图

（2）加载高度相似

为简化分析，将海上风机在正常服役期间承受的各种荷载进行等效简化，简化过程如图 6.2 所示。图 6.2 给出了风机顶部荷载、风、波浪等周期性荷载及荷载在风机上的作用点高度。由于海上导管架式风机的结构形式决定了其基础在多种荷载耦合下的主要受荷形式是抵抗倾覆弯矩，因此，可根据基础顶面弯矩 M 相等将各部分荷载进行等效简化。需要确保室内模型试验中的等效荷载作用点高度（L_{H}）与模型塔架高度（L）之比与原型相似，即满足无量纲化关系如下式所示：

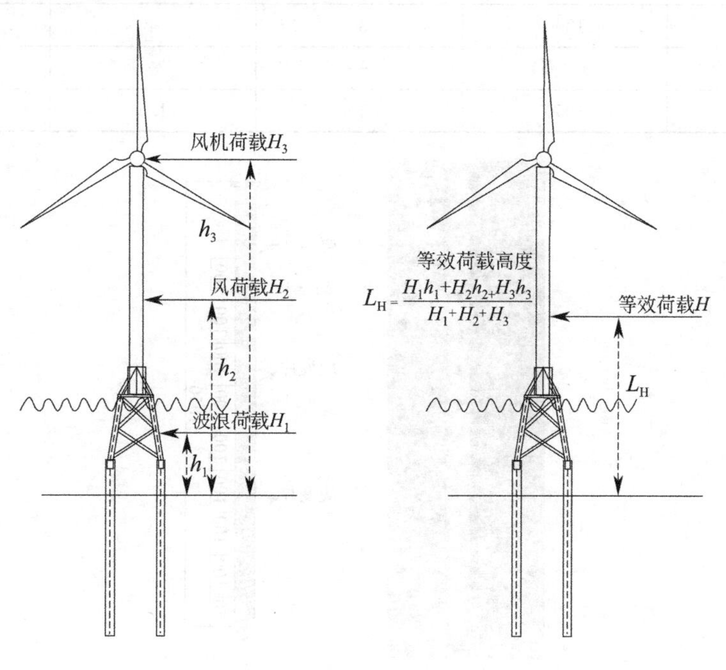

图 6.2　风机结构各部分荷载等效图

$$\left(\frac{L_{\mathrm{H}}}{L}\right)_{\text{model}}=\left(\frac{L_{\mathrm{H}}}{L}\right)_{\text{prototype}} \tag{6.3}$$

（3）加载频率相似

荷载频率相似准则与排水及结构动力响应相关，由于本模型试验土样为干砂，不涉及排水问题，故不再阐述。为研究外部循环荷载对风机支撑结构动力响应的影响规律，应确保荷载频率 f 与风机自振频率 f_{n} 的比值保持一致，动力相似关系如下式所示：

$$\left(\frac{f}{f_{\mathrm{n}}}\right)_{\text{model}}=\left(\frac{f}{f_{\mathrm{n}}}\right)_{\text{prototype}} \tag{6.4}$$

6.1.1.2　模型试验装置

模型箱尺寸为 3m×3m×2m（长×宽×高）；考虑长期水平循环荷载作用下砂土地基处于完全排水阶段，而干砂的剪切特性与饱和砂土排水剪切特性极为相似，因此采用青岛干海砂模拟海床地基土体。模型箱具体介绍、地基制备方法及砂土的物理力学参数均参见4.2.1.1节。此外，经过测量试验所用砂土的剪切波速为 $v_{\mathrm{s}}=90.91\mathrm{m/s}$，剪切模量为 $G=12.45\ \mathrm{MPa}$。

试验以某海上风电场海上导管架式风机为原型，采用 1∶50 的试验比尺，根据几何相似关系，桩体直径为 50mm，桩长为 1050mm，塔架高度为 1300mm，集中质量固定在塔架模型顶部，具体数据如表 6.1 所示。模型闭口桩的桩外壁对称布置 9 对 BE120-3AA-P1K 型电阻应变片传感器，如图 6.3 所示，用来测量水平荷载作用下桩身弯矩及侧摩阻力变化规律。

海上导管架式风机模型各部分尺寸　　　　**表 6.1**

部位	长度(mm)	直径(mm)	壁厚(mm)	质量(kg)
顶部质量块	—	—	—	2.4
塔架	1300	80	4	4.7
导管架平台	530(高)	—	—	3.32
模型桩	1050	50	1.5	3.32

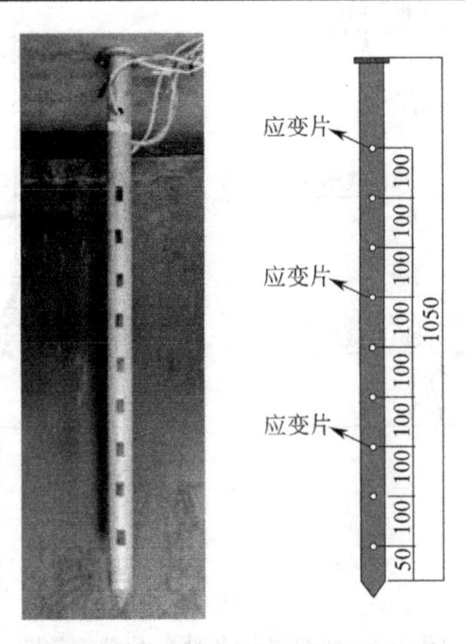

图 6.3　闭口模型桩及应变片布置

图 6.4 为导管架风机基础模型的试验装置图及示意图。试验时利用定滑轮、弹性绳索及质量块组合对风机模型施加水平静力荷载，利用自行设计的循环加载装置施加水平循环荷载。采用 BE120-3AA-P1K 电阻应变片测量桩身内力、加速度传感器测量分析结构自振频率及系统阻尼比变化、激光位移传感器测量塔架顶端及后排桩顶竖向位移、WT901C（232）型倾角传感器测量桩体顶部的水平倾角用于计算桩顶水平位移。

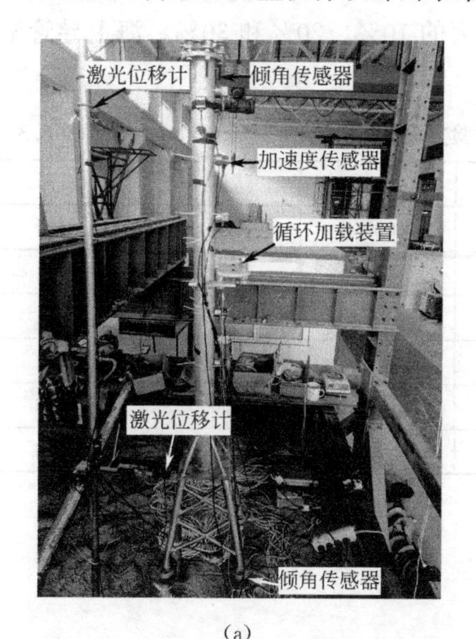

(a)

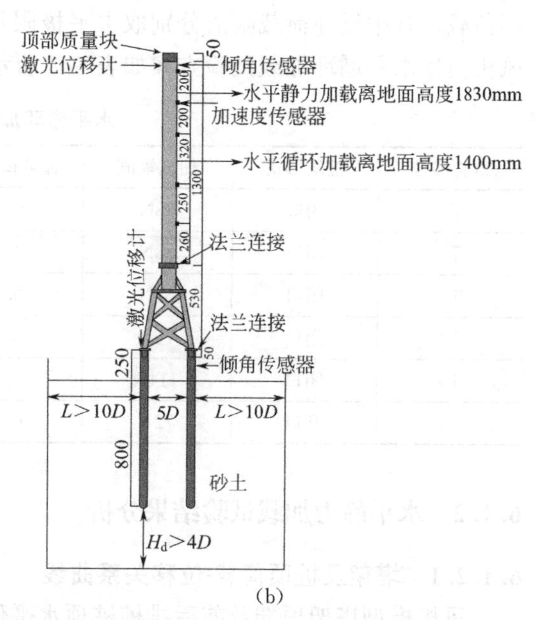

(b)

图 6.4 导管架式风机基础试验装置

根据上述理论公式及风荷载的计算方法，可将 Burbo Bank 风荷载作用高度换算到模型试验中，因考虑下部结构为导管架基础，承受风浪荷载较低，具体静载高度为 1.83m、水平循环加载高度为 1.4m。对于一个典型的 Vestas V90 海上风力发电机在正常运行下对应的 $f(1P)/f_n$ 为 0.37～0.82，$f(3P)/f_n$ 为 1.11～2.37。根据实际测量，本节风机模型在砂土中的自振频率为 10.4Hz，$1P$ 荷载频率为 6Hz 和 8Hz，$3P$ 的荷载频率为 12Hz，$f(1P)/f_n$ 介于 0.5769～0.7692 之间，$f(3P)/f_n$ 为 1.1538，在风机设计范围以内，故满足要求。表 6.2 为欧洲几座海上风机结构自振频率 f_n 及所受荷载频率 f 范围。

欧洲典型风机结构自振频率及荷载频率 表 6.2

海上风机电场	荷载频率 f(Hz)		f_n(Hz)	$f(1P)/f_n$	$f(3P)/f_n$
	$1P$	$3P$			
Blyth	0.18～0.41	0.54～1.23	0.41	0.44～1	1.32～3.0
Sheringham Shoal	0.08～0.22	0.24～0.66	0.85～0.96	0.08～0.26	0.25～0.78
North Hoyle	0.15～0.32	0.45～0.96	0.369	0.43～0.87	1.22～2.74
Kentish Flat	0.14～0.31	0.42～0.93	0.38	0.37～0.82	1.11～2.37
Irene Vorrink	0.45	1.35	0.546	0.82	2.47

6.1.1.3 试验流程及方案

试验流程如下：（1）首先将四根管桩固定在模型箱中，然后利用压桩装置将四根模型桩依次压入指定标高，桩体距模型箱内壁的距离大于 $10D$，桩端距离模型箱底部的距离始终大于 $4D$，从而可忽略边界效应影响。打桩完成后，将上部导管架以及塔架安装到桩上并用螺栓整体固定，然后将加速度传感器、激光位移传感器及角度传感器固定到指定位置，最后将整个地基放置 3d，尽量消除沉桩对桩周土体的扰动。(2) 在泥面以上 1.83m 处分级施加水平静力荷载，直至地基达到破坏为止。(3) 在泥面以上 1.4m 处施加水平循环荷载，其中循环荷载幅值分别取水平极限承载力的 10%、20%和 30%。海上导管架式风机模型水平循环加载试验方案如表 6.3 所示。

水平循环加载试验方案 表 6.3

试验编号	桩端形式	加载幅值	循环荷载比	频率	周期	加载形式
T1	闭口	38N	0.1	6Hz	120000	双向
T2	闭口	38N	0.1	8Hz	120000	双向
T3	闭口	38N	0.1	12Hz	120000	双向
T4	闭口	76N	0.2	12Hz	120000	双向
T5	闭口	114N	0.3	12Hz	120000	双向
T6	开口	72N	0.2	12Hz	120000	双向

6.1.2 水平静力加载试验结果分析

6.1.2.1 塔架及桩顶荷载-位移关系曲线

风机模型塔架顶端及前后排桩桩顶水平位移如图 6.5 所示。可以看出，随水平静力荷载的增加，桩基及塔架端的水平位移均随之增大。当水平荷载及桩端形式不变时，前后排桩桩顶水平位移基本相等，说明当塔架顶端产生较大位移时，底座之间的桩间距离基本保持不变。定义静力加载初始阶段的切线与风机模型破坏阶段的切线交点为导管架风机基础的水平极限承载力，由此可得到导管架风机基础下部桩基为闭口管桩和开口管桩时的水平极限承载力分别为 380N 和 360N。

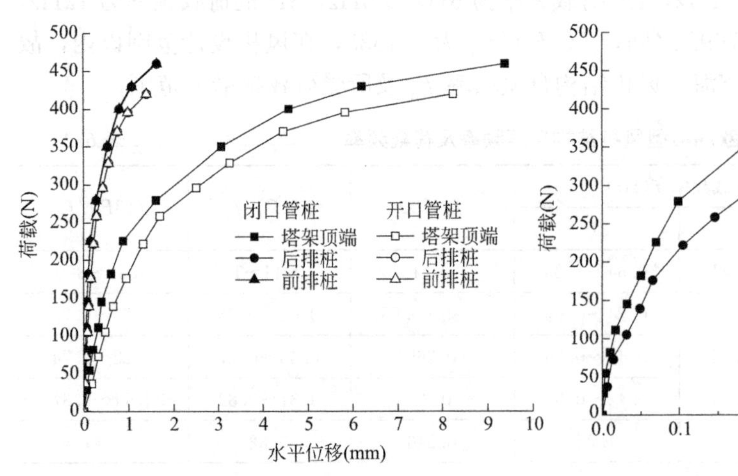

图 6.5 水平静力荷载-水平位移曲线

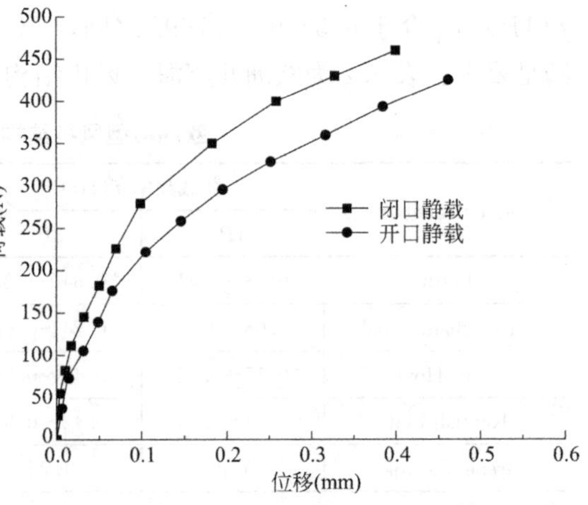

图 6.6 水平静力荷载-后排桩竖向位移曲线

图6.6为不同桩端形式的导管架风机基础后排桩（上拔桩）桩顶竖向位移随上部水平荷载变化曲线。导管架风机基础在水平静力加载过程中，后排桩受到向上拉力作用，位移向上增大，而前排桩受到向下压力作用，位移向下增大。由图6.6可知后排桩竖向位移随着水平荷载的增加不断向上拔出，从而产生更大的竖向位移，且下部桩基为闭口管桩时的竖向位移明显小于开口管桩，进一步说明导管架风机基础下部桩基为闭口管桩时具有更高的承载能力。

6.1.2.2　桩身弯矩

桩身弯矩是桩基工程设计中的重要参数之一，通过桩身外表面的9对应变片测得的桩身弯矩如图6.7所示。由图可知，随着水平静荷载的增大，沿桩身不同埋深处的弯矩整体呈现增大趋势，且最大弯矩点随荷载增大沿桩身逐渐向下移动。通过对比前后排桩桩身弯矩变化趋势，可知后排桩的桩身最大弯矩点在泥面以下$4D$～$5D$，而前排桩在泥面以下$3D$～$4D$，相比后排桩更浅一些；前排桩桩身弯矩在最大弯矩点以上位置时大于后排桩桩身弯矩，在最大弯矩点以下则小于后排桩桩身弯矩；前后排桩的桩身弯矩反弯点深度均为$11D$左右。造成前后排桩桩身弯矩存在差异的原因主要有以下方面：一是在加载过程中前后排桩桩顶产生弯矩及剪力的差异；二是群桩效应对其产生的影响，以及应该考虑桩-土-桩三者之间的相互作用，本模型试验中桩与桩之间的距离为$5D$，而我国《港口工程桩基规范》和API规范建议的群桩中桩间距在小于$8D$时应考虑群桩效应，因此应考虑群桩效应影响；三是前后排桩在加载过程中的桩身轴力分别为压力及拉力，轴力的差异改变了桩周土体的有效应力，从而造成了桩周土水平抗力的不同。由以上原因可知，水平静力荷载作用下，前后排桩的桩身弯矩变化并不相同，存在一定差异。

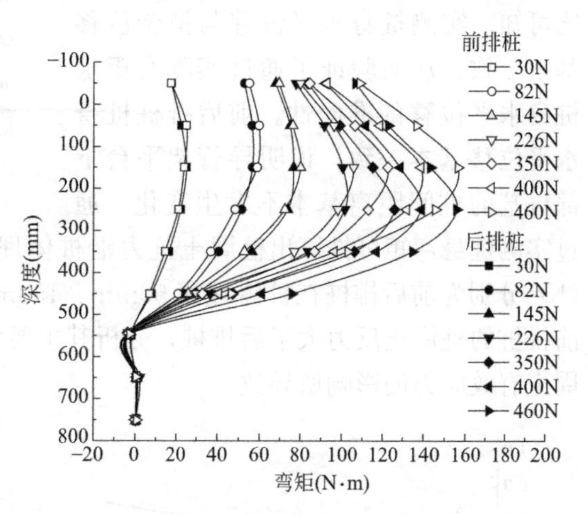

图6.7　前后排桩桩身实测弯矩

目前国内外研究现状中，p-y曲线是研究桩基水平非线性变形的有效分析方法之一。根据桩身轴力（N）、桩身水平位移（y）及桩周土反力（p）三者之间的关系：

$$EI\frac{\mathrm{d}^4y}{\mathrm{d}x^4}+N\frac{\mathrm{d}^2y}{\mathrm{d}x^2}=p(y) \tag{6.5}$$

及由桩身水平位移（y）和桩身弯矩（M）之间的关系$EI\frac{\mathrm{d}^2y}{\mathrm{d}x^2}=M$得到：

$$\frac{\mathrm{d}^2M}{\mathrm{d}x^2}+\frac{NM}{EI}=P(y) \tag{6.6}$$

因为本节模型试验中的NM/EI相比较于$\mathrm{d}^2M/\mathrm{d}x^2$较小，可以将其忽略不计。再根据桩端水平位移及泥面处土反力均为零的边界条件，可根据桩身应变片测得的桩身弯矩求出桩身变形曲线及桩周土反力曲线。利用Matlab软件对桩身实测弯矩进行六次多项式拟合，再根据弯矩求解位移公式，对其进行二次积分，即可得到导管架风机基础下部桩基的水平变形曲线，如图 6.8 所示，然后根据公式(6.6) 求解出桩周土反力，图 6.9 即为前后排桩在桩体埋深分别为 50mm、150mm 处的 p-y 曲线。

由桩身变形曲线图 6.8 可知，桩身水平位移随水平静力荷载的增加而逐渐增大，桩身发生主要变形处在泥面以下 9D 范围内，通过拟合位移与实际位移对比可知，实测桩身水平位移与拟合位移基本一致，从而验证了通过实测弯矩求桩身水平位移的准确性。前后排桩桩身水平位移基本一致，说明导管架平台下部桩基的桩间距离基本不发生变化。通过实测桩身弯矩可推算出桩周土抗力沿桩体埋深变化曲线接近双曲线形式，图 6.9(a)、(b) 分别为前后排桩在桩体埋深 50mm、150mm 处的 p-y 曲线，可知在 3D 桩体埋深内前排桩的桩周土反力大于后排桩，分析其主要原因为前后排桩的轴力差异和群桩效应对桩周土有效应力的影响所导致。

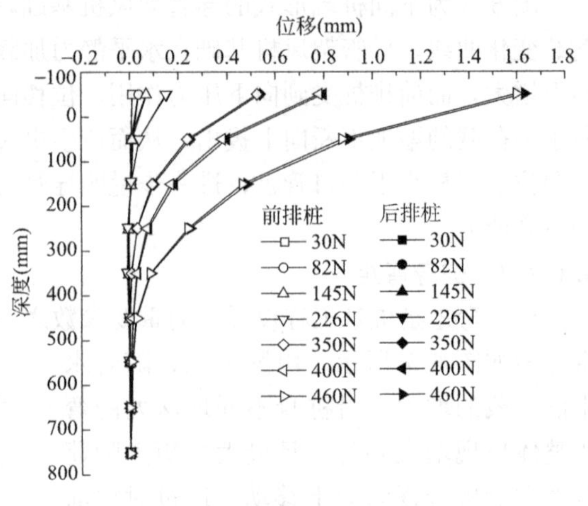

图 6.8 前后排桩桩身变形曲线

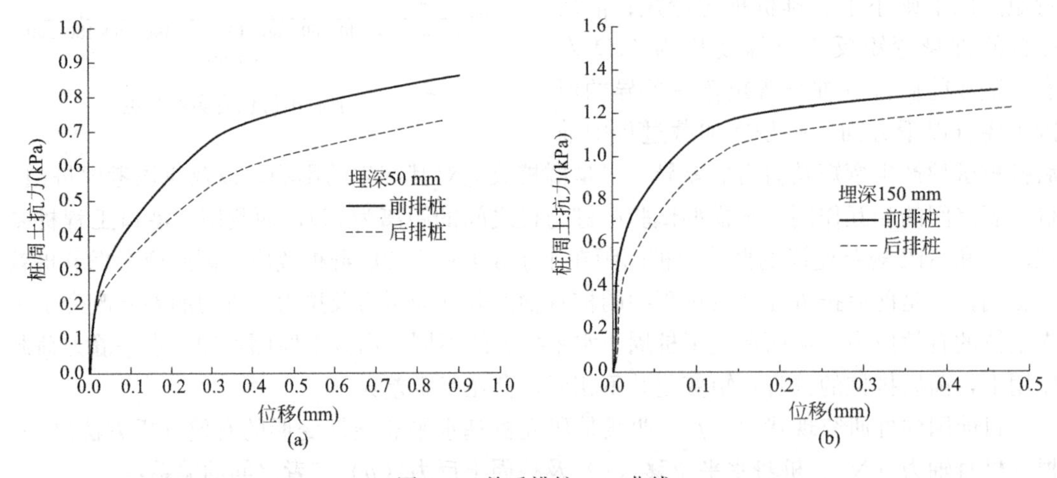

图 6.9 前后排桩 p-y 曲线

(a) 深度 50mm；(b) 深度 150mm

6.1.3 水平循环加载试验结果分析

6.1.3.1 循环位移

长期水平循环荷载作用会使海上风机下端桩-土体系发生改变，进而使塔架顶端产生水平位移，而循环加载中的顶端位移极值是确保海上风机在服役期间正常服役的关键性控制指标之一。由图 6.10 塔架顶端水平位移极值随循环次数变化曲线可知，T1～T6 六组模型试验中塔架顶端水平位移极值在 10000 次循环之前增加速率较快，随循环次数继续增加位移增加趋势变缓最终趋于稳定，其位移增量约占试验终止位移的 76.0%、79.7%、

87.0%、88.7%、87.1%、91.5%，这与 Rosquoet 等（2007）开展的离心模型试验发现单次循环位移增量随循环次数增加而逐渐减少的规律相似。当循环荷载比确定时，施加荷载频率越大，塔架顶端水平位移极值亦越大；相同循环加载频率下，随着循环荷载比的增大，塔架顶端水平位移极值也随之增大；在同一循环荷载频率和循环荷载比下，下部桩基为闭口管桩时水平位移极值要小于开口管桩。分析其主要原因为上部循环荷载频率及循环荷载比不同，导致下部桩周砂土受到不同程度的扰动，从而使塔架顶端的水平位移极值不同；又因闭口管桩较开口管桩在减小桩基沉降方面更具有优势，从而使风机模型下部桩基为闭口管桩时塔架顶端水平位移极值要小于开口管桩。

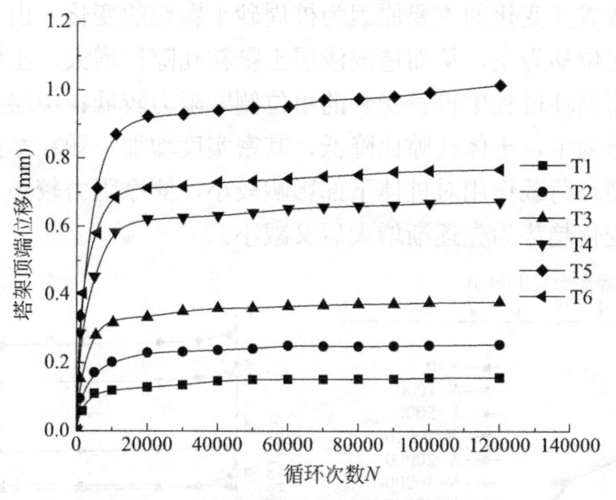

图 6.10　塔架顶端水平位移极值曲线

图 6.11 为后排桩桩顶竖向位移随循环次数变化趋势。从图中可以看出，桩顶竖向位移与塔架顶端水平位移极值发展趋势基本一致，均随循环次数增加逐渐增大，位移在 10000 次循环后逐渐达到稳定状态。当循环荷载比及荷载频率较小时，后排桩竖向位移极值较小，而随循环荷载比及荷载频率的增大，后排桩竖向位移极值亦随之增大，因此，在导管架海洋风机设计过程中应考虑极端循环荷载作用下，由前后排桩竖向位移变化引起的不均匀沉降。

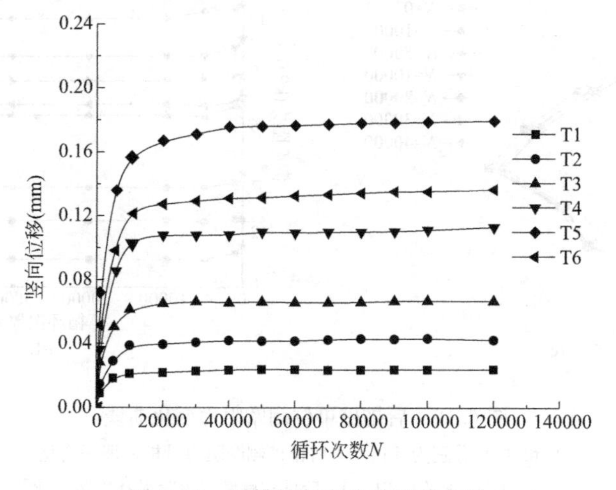

图 6.11　后排桩竖向位移极值曲线

6.1.3.2 桩身侧摩阻力

导管架海洋风机在水平循环荷载作用下，下部桩基不仅会受到水平荷载作用，亦会受到竖向荷载作用，且对于海上风机等高耸结构而言，环境荷载对下部桩基的竖向作用影响更大，从而使桩基在循环荷载作用下产生竖向位移，造成桩基在砂土中的侧摩阻力发生变化。水平循环荷载作用下后排桩桩身侧摩阻力沿桩体埋深变化曲线如图 6.12(a)、(c) 所示。对循环加载过程中的单位侧摩阻力进行分析，发现在循环 10000 次后桩身单位侧摩阻力趋于稳定，不再发生变化，因此，本节只对前 40000 次循环加载进行分析。由图可知，随桩体埋深增加，循环荷载作用下桩身单位侧摩阻力变化趋势基本一致，均沿桩体埋深先增大后逐渐减小。造成其变化的主要原因为桩周砂土颗粒的变化，由于表层砂土在沉桩过程中主要以竖向隆起位移为主，从而造成浅层土颗粒孔隙比增大，土体密实度下降，颗粒摩擦系数降低，因而循环过程中桩身受到的单位侧摩阻力较低；中层土体在沉桩过程中砂颗粒以径向压缩变形为主，土体孔隙比降低，其密实度增加，颗粒摩擦系数增加，因此侧摩阻力较大；由于循环荷载作用对桩体下部影响较小，侧摩阻力较小，因此桩身单位侧摩阻力沿桩体埋深的变化趋势为先逐渐增大后又减小。

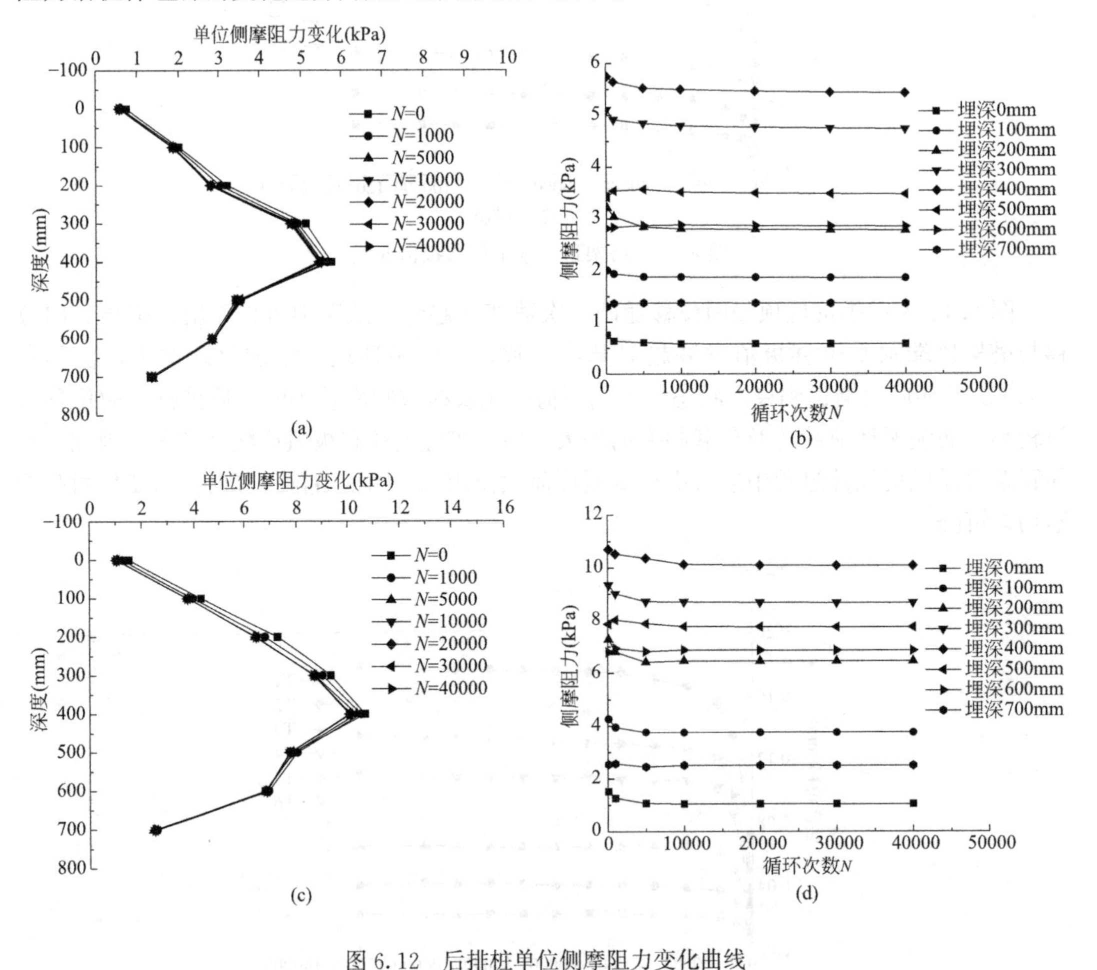

图 6.12 后排桩单位侧摩阻力变化曲线

(a) 和 (c) 分别为 T1、T4 后排桩侧摩阻力沿桩体埋深变化；
(b) 和 (d) 分别为 T1、T4 后排桩侧摩阻力随循环次数变化通过图 6.12(b)、(d) 中桩身侧摩阻力随循环加载次数变化趋势可知，桩身上部侧摩阻力随循环次数增加逐渐降低，在 10000 次循环后趋于稳定；而桩体下端侧摩阻力随循环次数增加先缓慢增大，5000 次后又逐渐减小最终趋于稳定状态。其原因主要为随循环次数增加，荷载对上部砂土造成的扰动程度较大，上部桩周砂土颗粒发生破坏以及产生径向位移，从而造成单位侧摩阻力降低；而循环加载前期桩体下部砂土颗粒还未达到破坏状态，因此随着循环次数的增加逐渐增大，桩周土体破坏后又逐渐降低，最后趋于稳定状态不再发生变化；桩端处的侧摩阻力因桩体对桩周砂土的扰动程度较小，并未造成砂土颗粒的破碎，故随循环次数增加基本不发生变化。

图 6.13(a) 和 (b) 分别为模型试验 T1～T5 中前后排桩的桩身总单位侧摩阻力随循环次数变化规律，可知随着循环次数的增加侧摩阻力均整体呈现减小趋势。在模型 T1～T5 中前排桩侧摩阻力总体减小了 4.1%、4.5%、5.1%、5.8%、6.5%，后排桩桩身侧摩阻力总体减小了 3.9%、4.4%、4.8%、5.5%、6.0%，且前后排桩的桩身侧摩阻力衰退趋势主要发生在前 5000 次循环，约占总体衰减量的 74%以上。对比分析前后排桩桩身总单位侧摩阻力的变化趋势，可知前排桩的单位侧摩阻力要大于后排桩，且其侧摩阻力的衰退幅度亦大于后排桩，其主要原因有群桩效应带来的影响，以及在一次循环加载过程中前后排桩桩身轴力不同造成的，进一步说明循环加载过程中下压桩（即前排桩）需要承担更多荷载。这与 Brown、陈三姗等（2013）研究结果相似：水平循环荷载作用下的各排桩荷载分配并不相同，前排桩承担荷载大于后排桩。

通过分析图 6.13 中模型试验 T1、T2、T3 可知，当循环荷载比相同时，桩身总单位侧摩阻力随着荷载频率的增加而增大，其在循环加载过程中减小的幅度亦增大，主要是因为荷载频率越大，加载过程中对桩周土的扰动程度越大，造成侧摩阻力衰弱幅度越大；而对模型试验 T3、T4、T5 分析可知，当荷载频率不变时，循环荷载比越大，桩身侧摩阻力越大，其衰退幅度亦增大，说明循环荷载比变化亦会使桩周土体产生更大扰动，使其侧摩阻力降低。

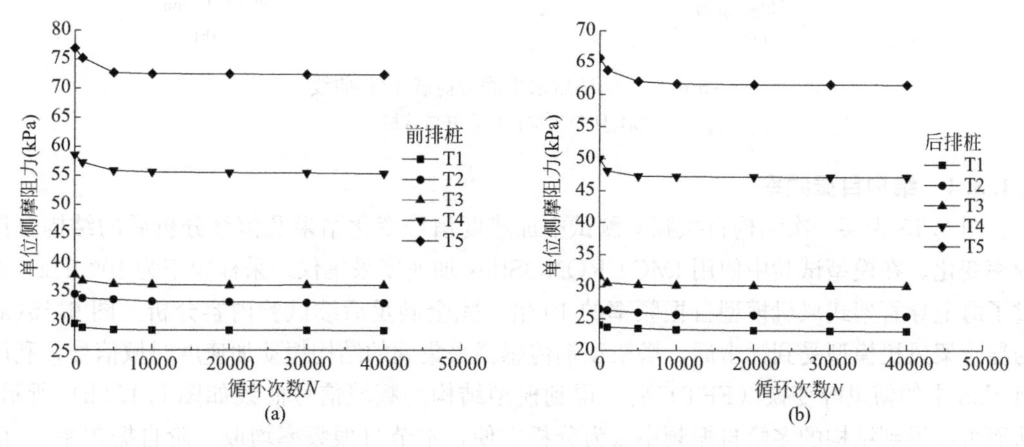

图 6.13　循环加载中前后排桩侧摩阻力变化

(a) 前排桩单位侧摩阻力；(b) 后排桩单位侧摩阻力

6.1.3.3　循环后静承载力

图 6.14 为闭口管桩及开口管桩在循环加载后静力加载过程中的塔架顶端荷载-位移变化曲线，其中闭口初始静载及开口初始静载分别为沉桩后的水平静载位移变化。由

图 6.14 可知，与初始静载过程中的荷载-位移曲线对比，经过 12 万次循环后海上导管架式风机基础的水平极限承载力均有一定程度的降低。下端桩基为闭口管桩时，循环后 T1～T5 分别降低了 5.3%、9.2%、14.3%、18.4%、25%；下端桩基为开口管桩时，T6 的水平承载力降低了 22%。其主要原因为水平循环荷载作用会对下端桩周土体产生不同程度的扰动，造成其孔隙比增加，密实度降低，使其水平承载力降低，降低幅度与循环荷载比、荷载频率及桩基的桩端形式密切相关。

由图 6.14(a) 可知：桩基为闭口管桩时，循环荷载比相同下，循环后的水平承载力随荷载频率的增加降低幅度逐渐增大；当循环荷载频率不变，循环后的水平承载力随循环荷载比的增加降低幅度逐渐增大，说明荷载频率及循环荷载比的改变都将影响风机在正常服役期间的运行。通过图 6.14(b) 开闭口管桩的静载-位移曲线对比可知，当循环荷载比及荷载频率相同时，开口管桩的水平承载力降低幅度要大于闭口管桩，循环加载对开口管桩的影响更大，其不仅使桩周土体产生扰动，也对管桩内的土塞造成影响，进一步说明导管架风机模型下端桩基为闭口管桩时具有更好的承载性能。

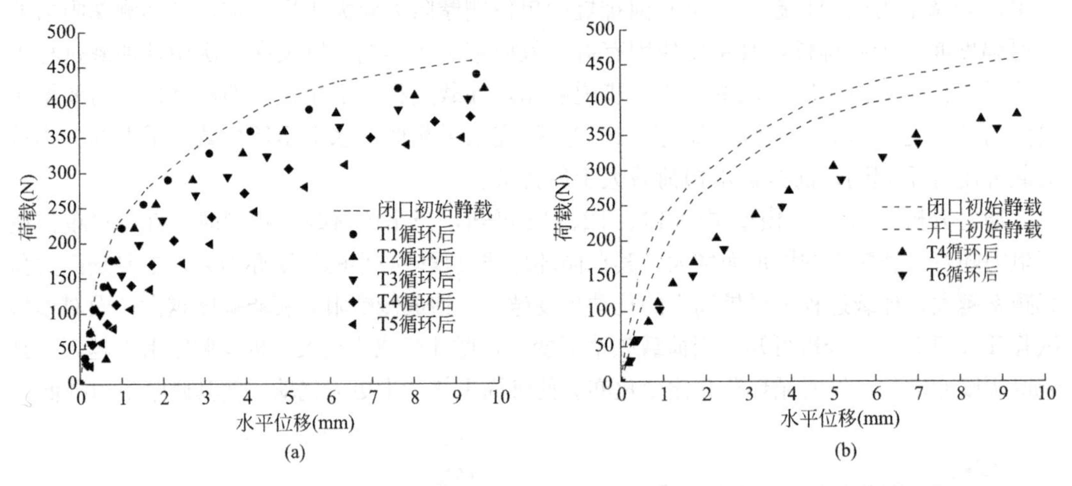

图 6.14　循环后水平静力荷载-位移曲线

(a) 闭口管桩；(b) 开口管桩

6.1.3.4　结构自振频率

图 6.15 为某一次结构自振频率测试中加速度信号变化结果及信号分析后的结构自振频率变化。在模型试验中使用 IMC CRONOSflex 加速度采集仪，采样频率为 1000Hz，超过了海上导管架式风机模型自振频率的 10 倍，完全满足后续试验内容分析。图 6.15(a) 为导管架风机模型受到锤击后，塔架顶端传感器采集到的结构振动加速度时域信号，利用 Matlap 中的傅里叶变换（FFT）后，得到模型结构的频域信号曲线如图 6.15(b) 所示，从而可以得到结构的多阶自振频率（为分析方便，本节自振频率均取一阶自振频率）。由频谱图可以得到结构的一阶及二阶自振频率，可以看出二阶频率的大小约为一阶自振频率的 5 倍，这与余璐庆（2014）研究结果一致。本节在水平循环加载试验中，加速度的测试过程均为每隔一定循环次数后停止加载然后进行锤击测试，试验结束后利用 FFT 获得风机模型循环加载后的结构自振频率，用以研究海上导管架式风机结构在周期循环荷载作用下的动力响应。

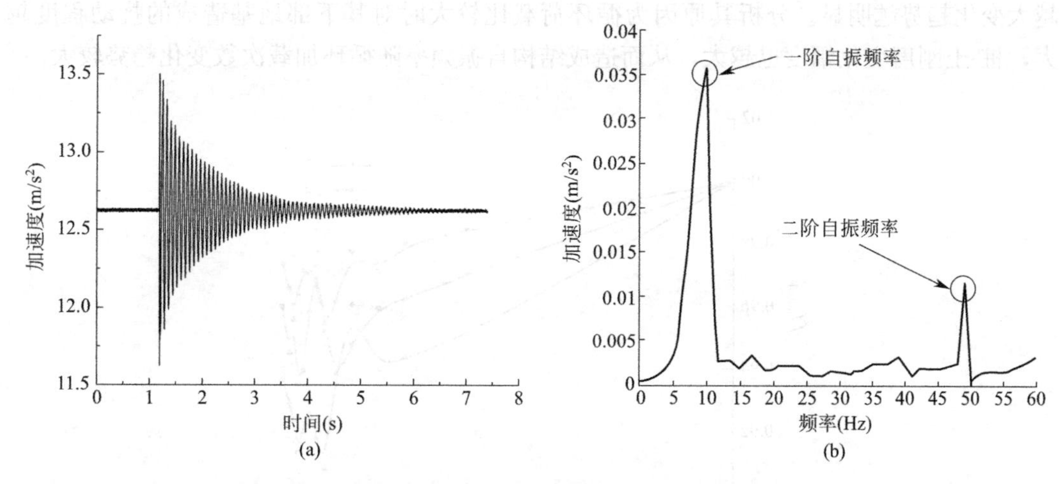

图 6.15　结构加速度测试及信号分析

(a) 加速度信号；(b) 结构的自振频率

图 6.16 为 T1、T2、T3 三组模型试验中结构自振频率随循环次数的变化规律，用以考虑荷载频率变化对风机模型结构自振频率的影响。每组试验循环次数均超过 10^5 次，且试验期间停止 10 次以上。由图 6.16 可以看出荷载频率为 6Hz 时，随着循环加载次数的增加，风机模型在循环加载停止后的自振频率呈现明显上升趋势，但当荷载频率为 8Hz 时，随着循环荷载的继续施加，结构自振频率呈现先下降后上升的趋势；而在 12Hz 的循环荷载作用下，结构自振频率在循环加载前期即呈现明显的下降趋势，在 10000 次循环后结构自振频率在固定范围内上下波动。其原因主要由循环荷载频率所导致，在风机模型结构自振频率上下两侧对其施加低频和高频两种循环荷载作用，其桩-土动力响应有很大区别。

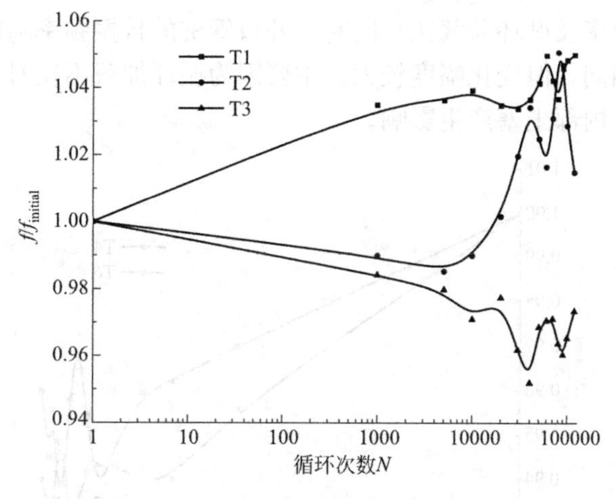

图 6.16　荷载频率对结构自振频率的影响

为了分析循环荷载比对风机模型结构自振频率的影响，本节设计了 T3、T4、T5 三组模型试验进行对比分析。由图 6.17 可知 12Hz 循环荷载作用下，结构自振频率在循环加载前期呈现下降趋势，但随循环次数的增加结构自振频率呈现上升趋势，且循环荷载比越大变化趋势越明显。分析其原因为循环荷载比较大时对其下部地基造成的扰动程度越大，桩-土刚度变化幅度也越大，从而造成结构自振频率随循环加载次数变化趋势较大。

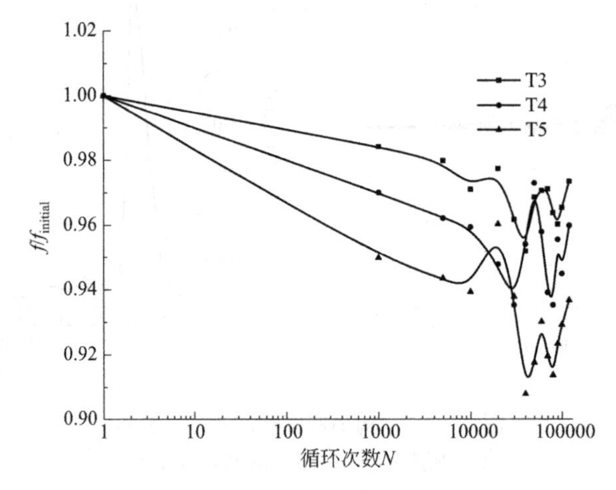

图 6.17　循环荷载比对结构自振频率的影响

由临界状态土力学可知，在砂土未达到最大密实度之前，随着风机模型上部循环荷载作用，下端桩周砂土颗粒不断受到循环剪切作用，砂土的密实度不断增加直至趋于临界状态，但随循环荷载继续作用，砂土达到最大密实度后会出现剪胀现象。从而可知，随着循环次数增加，下端桩周砂土密实度及应力应变状态随之发生变化，变化趋势与循环荷载比及荷载频率密切相关。T1 试验的循环荷载频率及循环荷载比较小，在加载过程中桩周土体的密实度增加，但并未发生剪胀现象；T2～T5 试验在加载过程中对桩周土体扰动较大，砂土密实度变化较大，结构自振频率降低，而随循环荷载的继续施加，桩周土的密实度趋于稳定，从而导致结构自振频率先减小后在固定范围内上下波动。

图 6.18 为风机模型下部桩基为开、闭口管桩时结构自振频率随循环次数的变化曲线。由图可知，当荷载频率及循环荷载比相同时，开口管桩的自振频率随循环次数增加变化趋势与闭口管桩大致相同，但变化幅度较大。主要因为循环加载不仅对开口管桩的桩周土体产生影响，亦会对其内部土塞产生影响。

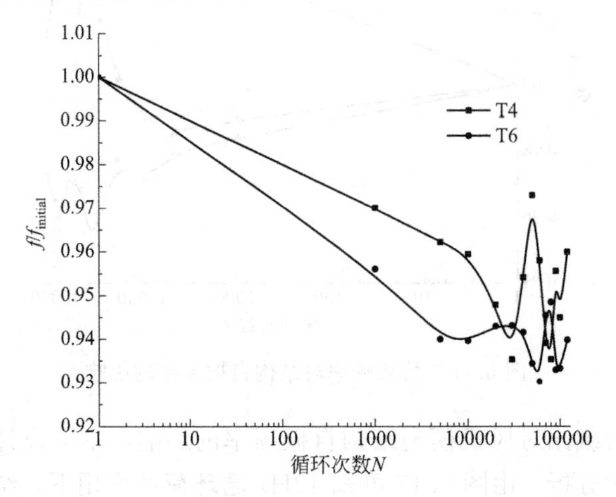

图 6.18　桩端形式对结构自振频率的影响

针对以上六组模型试验可知，在密实砂土中对海上导管架式风机模型长期施加水平循环荷载作用，将会导致结构的自振频率发生变化。当循环荷载比及荷载频率较小时，海上导管架式风机模型的结构自振频率随着循环次数的增加整体呈现增大趋势，但当荷载频率及循环荷载比较大时，结构的自振频率有明显的下降趋势，但经过一定循环次数后，自振频率在固定范围内上下波动，变化幅度较小。

6.1.3.5　系统阻尼比

系统阻尼是表征结构动力特性的主要参数之一，其计算方法主要有半带宽法、对数衰减法及功率谱密度法等。本节利用对数衰减法计算试验中风机模型的系统阻尼比，研究其在循环荷载作用下的变化规律。该方法使用循环加载停止后模型结构受到小幅度激振后的加速度信号进行分析计算。系统阻尼比的计算公式如下式所示：

$$\zeta=\frac{1}{2\pi n}\ln\frac{x_0}{x_n} \tag{6.7}$$

式中，ζ 为系统阻尼比；x_0、x_n 分别为加速度信号衰减曲线上的 n_1、n_2 两个波峰对应的加速度值，如图 6.19 所示，且 $n=n_2-n_1$。

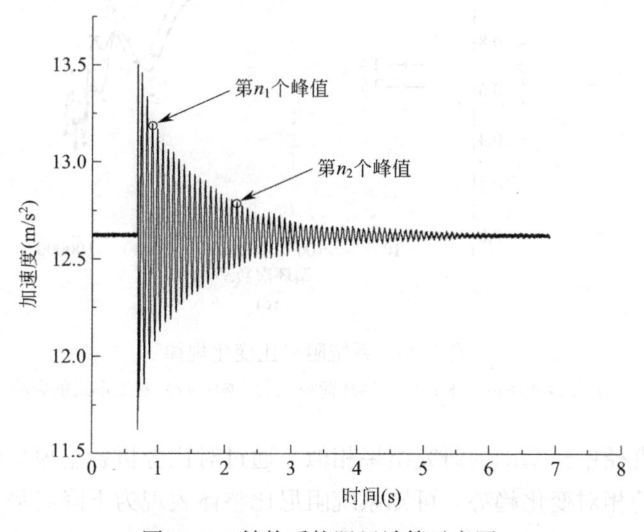

图 6.19　结构系统阻尼计算示意图

利用模型试验中测试结构自振频率时的加速度信号计算系统阻尼比，为了便于分析系统阻尼比随循环次数的变化规律，使用 $\zeta/\zeta_{\mathrm{initial}}$ 对系统阻尼比进行表示，如图 6.20 所示。由图可知，系统阻尼比随循环次数的增加整体呈下降趋势，且最大下降幅度出现在开口管桩模型试验上，可达 70%。当循环加载频率低于结构自振频率时，系统阻尼比呈现减小趋势，且荷载频率为 6Hz 时的系统阻尼比下降幅度要小于 8Hz 的系统阻尼比；而循环加载频率高于结构自振频率时，系统阻尼比表现为加载前期小幅度增长后期大幅度下降；而循环加载对开闭口基桩的影响规律基本一致，均是先增大后降低。其主要原因为循环加载过程中荷载频率、循环荷载比及桩端形式的不同对桩周土体产生不同的影响，但变化趋势都是随着循环次数的增加桩周土体逐渐密实化，海上风机模型-砂土系统阻尼比随之降低。

通过对比分析可以发现，砂土中结构系统阻尼比与结构自振频率变化幅度相差较大，如图 6.21 所示。由图可知，系统阻尼比的上下变化幅度较大，最高可到 70%，这与黄玉

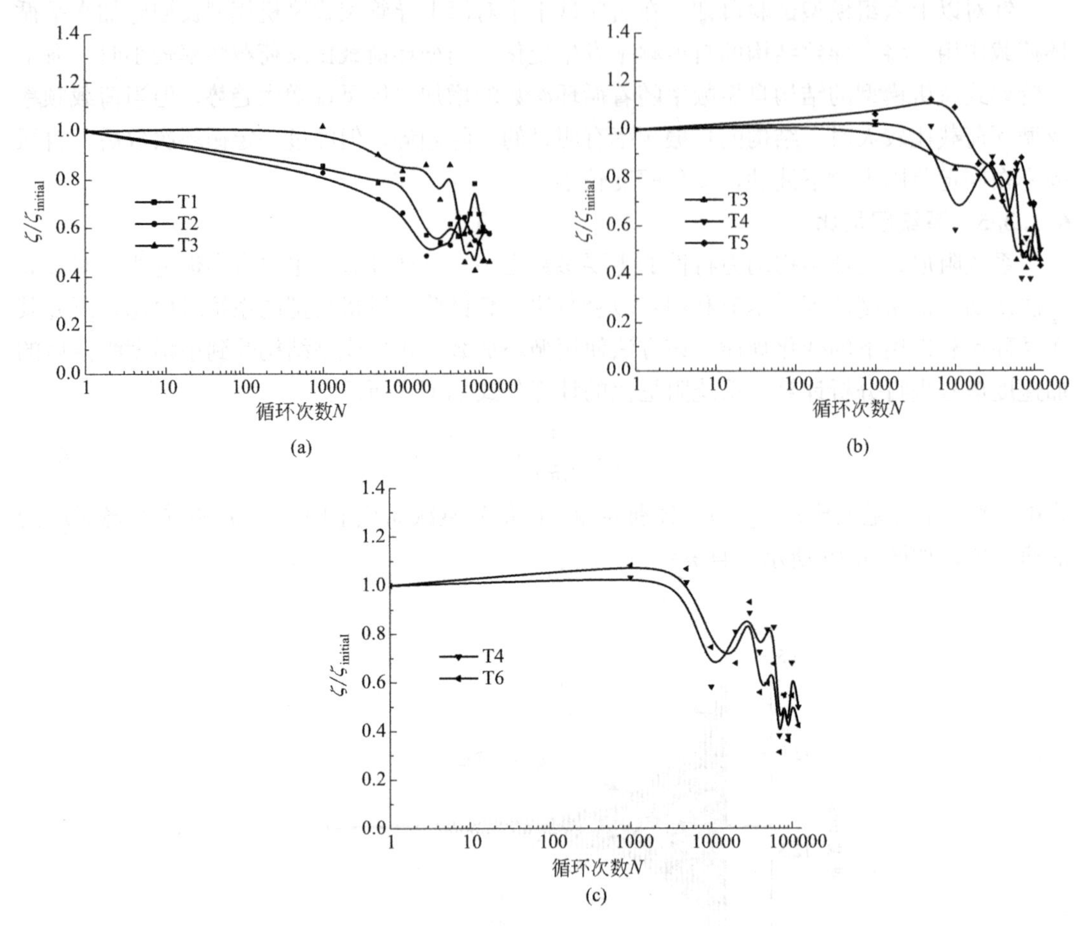

图 6.20　系统阻尼比变化规律

（a）荷载频率的影响；（b）循环荷载比的影响；（c）桩端形式的影响

佩（2017）对大直径单桩基础的研究结果相似。通过对比分析各组模型试验中结构自振频率及系统阻尼比的相对变化趋势，可知系统阻尼比整体表现为下降趋势，主要是由循环加载导致桩周砂土逐渐密实化引起的；而当结构自振频率上升时，阻尼比呈现降低趋势，当结构自振频率稳定不变时，系统阻尼比仍然为降低趋势；通过细微对比，可发现当结构自振频率下降时，系统阻尼比呈现上升趋势，但随循环次数增加整体表现为下降趋势。与导管架风机模型结构自振频率的变化幅度相比，系统阻尼比的变化幅度增大了一个量级，海上风机设计过程中，如果根据规范可使其结构自振频率避开 $1P/3P\pm10\%$，基本能够避免风机在长期周期荷载作用下由结构自振频率变化造成的风险，因此风机正常服役过程中系统阻尼比的变化至关重要。

6.1.4　小结

本节通过在砂土地基中开展室内模型试验分别研究了水平静力荷载及循环荷载作用下海上风机导管架式基础的承载特性。主要结论如下：

（1）在水平静力加载过程中，随水平静荷载的增大，塔架顶端水平位移不断增大；水

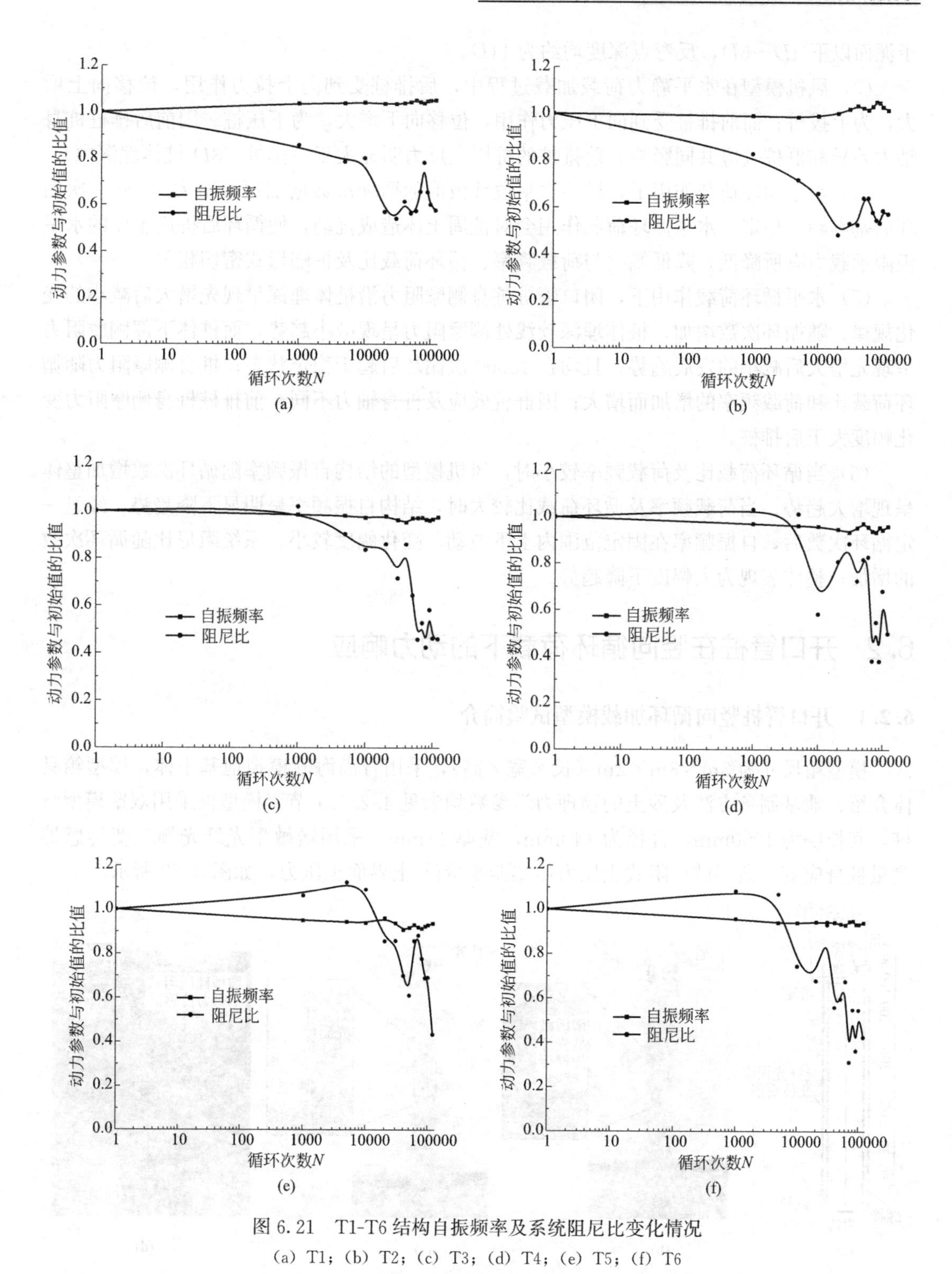

图 6.21　T1-T6 结构自振频率及系统阻尼比变化情况

(a) T1；(b) T2；(c) T3；(d) T4；(e) T5；(f) T6

平荷载相同时，导管架桩基为开口管桩时的水平位移大于闭口管桩。

（2）沿桩身不同埋深处的弯矩随水平静荷载增加整体呈现增大趋势，最大弯矩点也随荷载的增加沿桩身逐渐向下移动；前排桩最大弯矩点位于泥面以下 $3D \sim 4D$，而后排桩位于泥面以下 4D～5D，反弯点深度均约为 11D。

（3）风机模型在水平静力荷载加载过程中，后排桩受到向上拉力作用，位移向上增大，为上拔桩；而前排桩受到向下压力作用，位移向下增大，为下压桩。因前后排桩桩身轴力差异和群桩效应共同影响，前排桩的桩周土反力明显大于后排桩（3D 桩体埋深内）。

（4）水平循环荷载作用下，塔顶水平位移极值随循环次数增加逐渐增大，10000 次循环后基本趋于稳定；水平循环荷载作用会对桩周土体造成扰动，使循环后桩周土体的水平极限承载力有所降低，降低幅度与荷载频率、循环荷载比及桩端形式密切相关。

（5）水平循环荷载作用下，闭口管桩桩身侧摩阻力沿桩体埋深呈现先增大后减小的变化规律；随循环次数增加，桩体埋深较浅处侧摩阻力呈现减小趋势，而桩体下部侧摩阻力呈现先增大后减小的发展趋势，且均在 10000 次循环后趋于稳定状态；桩身侧摩阻力随循环荷载比和荷载频率的增加而增大；因群桩效应及桩身轴力不同，前排桩桩身侧摩阻力变化幅度大于后排桩。

（6）当循环荷载比及荷载频率较小时，风机模型的结构自振频率随循环次数增加整体呈现增大趋势；当荷载频率及循环荷载比较大时，结构自振频率呈明显下降趋势，经过一定循环次数后，自振频率在固定范围内上下波动，变化幅度较小。系统阻尼比随循环次数的增加，整体表现为大幅度下降趋势。

6.2 开口管桩在竖向循环荷载下的动力响应

6.2.1 开口管桩竖向循环加载模型试验简介

模型箱尺寸为 3m×3m×2m（长×宽×高），采用青岛海砂模拟地基土体，模型箱具体介绍、地基制备方法及砂土的物理力学参数均参见 4.2.1.1 节。模型桩采用双壁模型管桩，其长度为 1000mm，直径为 140mm，壁厚 13mm。采用增敏型光纤光栅应变传感器测量桩身应变、微型硅压阻式土压力传感器测量桩-土界面土压力，如图 6.22 所示。

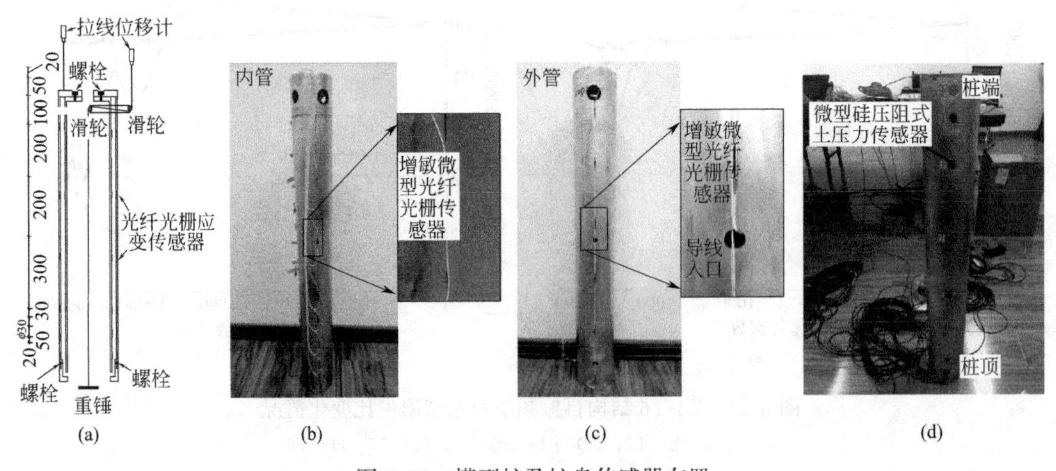

图 6.22 模型桩及桩身传感器布置

试验分别采用油缸和伺服加载装置进行压桩和施加竖向循环荷载，其中伺服加载电机行程为 400mm，最大输出 35MPa，荷载为 50kN，动载频率范围为 1～20Hz，可以实现正弦波和 M 形波的循环加载方式。在静载试验结果基础上开展动载试验，选择循环荷载比（循环荷载幅值与桩竖向极限承载力的比值）分别为 0.1 和 0.2，单桩动载试验方案如表 6.4 所示。采用拉线位移传感器测量桩体沉降位移和土塞高度、YWD-100 位移传感器测量桩周表层土的位移变化、压力传感器测量竖向荷载，采用 FS2200RM 光纤光栅和 CF3820 高速静态两台数据采集设备进行数据采集。试验装置及传感器布置如图 6.23 所示。

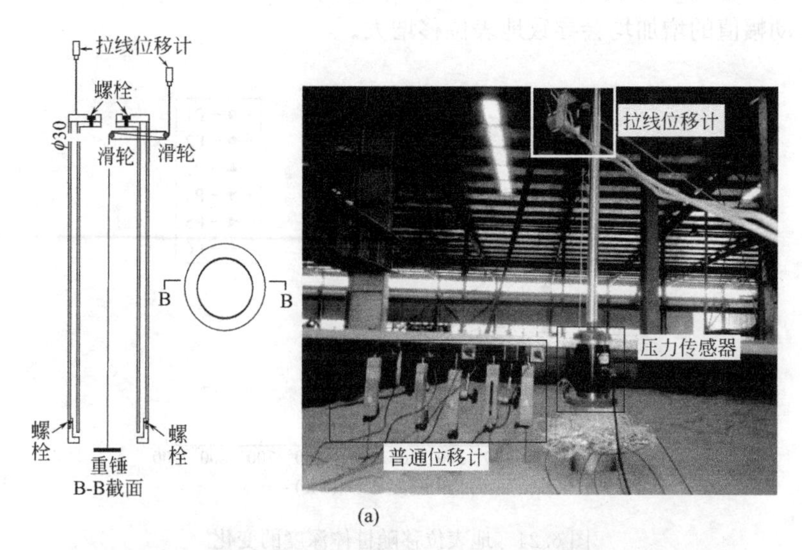

(a)

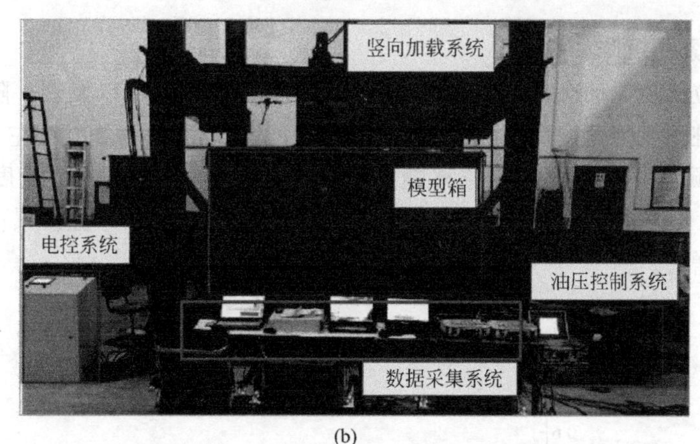

(b)

图 6.23　试验装置及传感器布置

单桩竖向动力加载试验方案　　表 6.4

试验编号	桩形状	加载幅值	动载半幅值	波形	频率	周期
P1	开口	1.5kN	1.5kN	正弦波	3Hz	1000
P2	开口	1.5kN	1.5kN	正弦波	5Hz	1000
P3	开口	1.5kN	1.5kN	正弦波	10Hz	1000
P4	开口	3kN	3kN	正弦波	3Hz	1000
P5	开口	3kN	3kN	正弦波	5Hz	1000
P6	开口	3kN	3kN	正弦波	10Hz	1000

6.2.2 试验结果分析

6.2.2.1 桩周土体位移

模型试验共分为 P1、P2、P3、P4、P5、P6 六组，地表位移随桩体深度的关系如图 6.24 所示。由图可知，动载试验下地表位移随着距桩体距离的增加而减小，动荷载振动频率或振动幅值的增加均会导致地表位移增大。

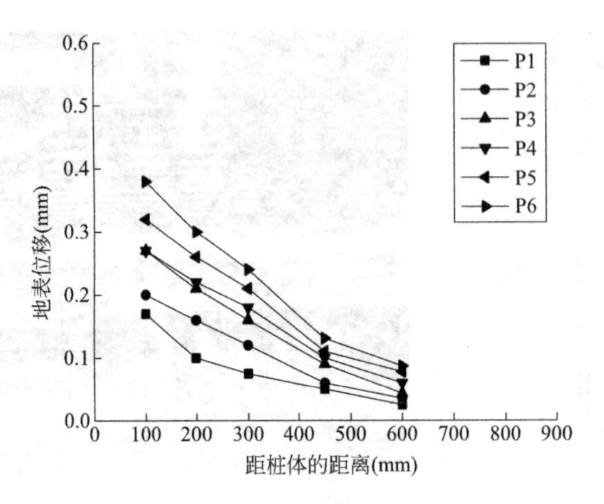

图 6.24 地表位移随桩体深度的变化

6.2.2.2 桩顶累积沉降

桩顶累积位移随振动次数的关系如图 6.25 所示。从图中可以发现，随着动荷载振动次数的增加，桩顶沉降速度呈现先快后慢发展趋势，振动次数为 200 次左右时沉降趋于稳定。相同振动频率下，桩顶累积位移随振幅增加随之增大并且沉降速度也增大，这与 Chan & Hanna (1980) 的试验所得结论相似；相同振动幅值下，桩顶累积位移随振动频率的增加逐渐增大。

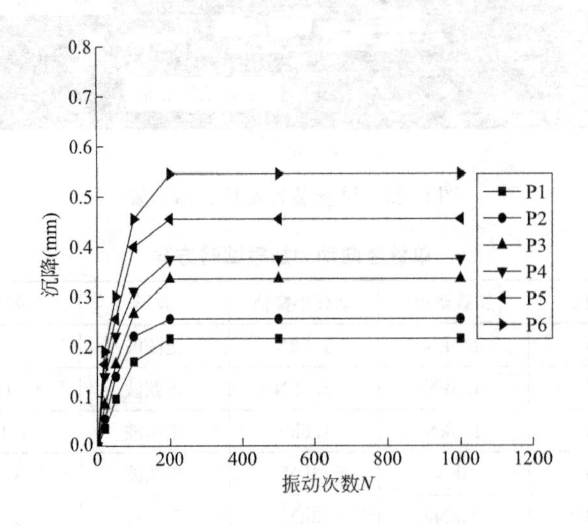

图 6.25 桩顶累积位移随振动次数的变化

6.2.2.3 荷载-位移关系曲线

动荷载下桩顶竖向荷载与竖向位移随振动次数的关系如图 6.26 所示。随着动荷载的施加，竖向位移增加先快后慢，最后达到稳定。P1～P6 试验竖向累积位移值分别为 0.23mm、0.26mm、0.34mm、0.38mm、0.46mm、0.55mm。相同振动频率下，增大振动幅值导致竖向累积位移的增大；振动幅值相同时，振动频率越大竖向累积位移越大，说明动载频率或荷载幅值的增大均导致桩体位移增大。

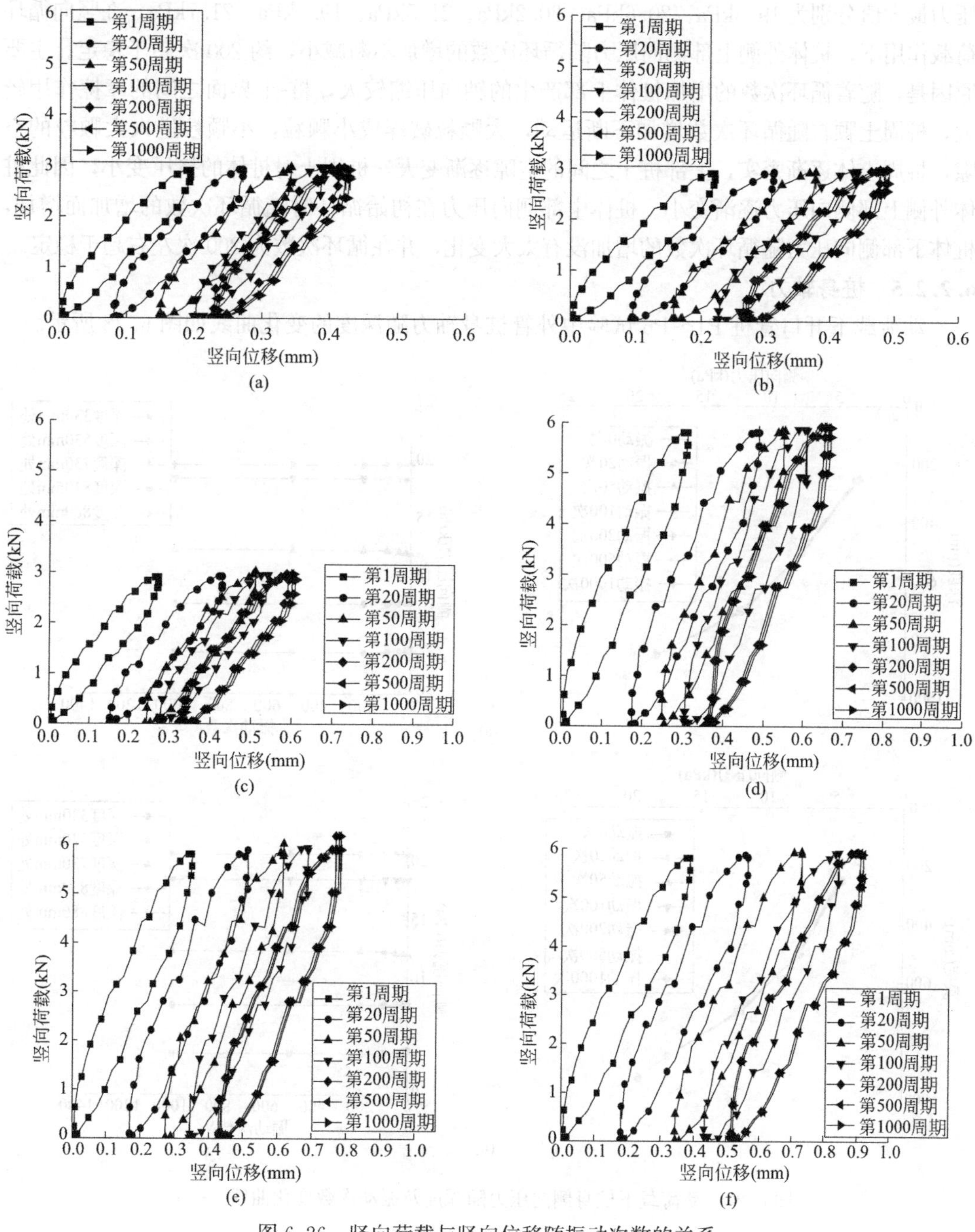

图 6.26 竖向荷载与竖向位移随振动次数的关系

(a) P1；(b) P2；(c) P3；(d) P4；(e) P5；(f) P6

6.2.2.4 桩身侧向压力

图 6.27 为动荷载下桩身侧向压力沿桩体深度的关系曲线以及桩体不同深度截面处桩身侧向压力随振动次数的关系曲线。由于六组试验得到的试验结果变化规律相似，故选取 P1～P4 四组试验结果进行分析。

由管桩外侧的侧向压力分布可知，循环荷载作用下，管桩外侧的侧向压力沿深度大致呈增加趋势，且同一试验下循环周期对侧向压力值基本无影响；P1～P6 试验中桩体外侧侧向压力最大值分别为 19.6kPa、20.6kPa、20.2kPa、21.5kPa、19.2kPa、21.7kPa。在竖向循环荷载作用下，桩体外侧上部侧向压力随循环次数的增加不断减小，约 200 次趋于稳定。主要原因是，随着循环次数的增加桩体上部产生的轴向压缩较大，桩-土界面之间的摩擦作用较大，桩周土颗粒随循环次数增加不断运动，大颗粒破碎成小颗粒，小颗粒进入大颗粒的空隙，桩周土体逐渐密实，上部桩土之间的空隙逐渐变大，桩周土对桩体的挤压变小，因此桩体外侧上部侧向压力逐渐变小。桩体中部侧向压力在初始循环时随循环次数的增加而增加，桩体下部侧向压力随循环次数的增加没有太大变化，并在循环次数为 200 次左右趋于稳定。

6.2.2.5 桩身轴力

动荷载下开口管桩 P1～P6 试验中外管桩身轴力随深度的变化曲线如图 6.28 所示。

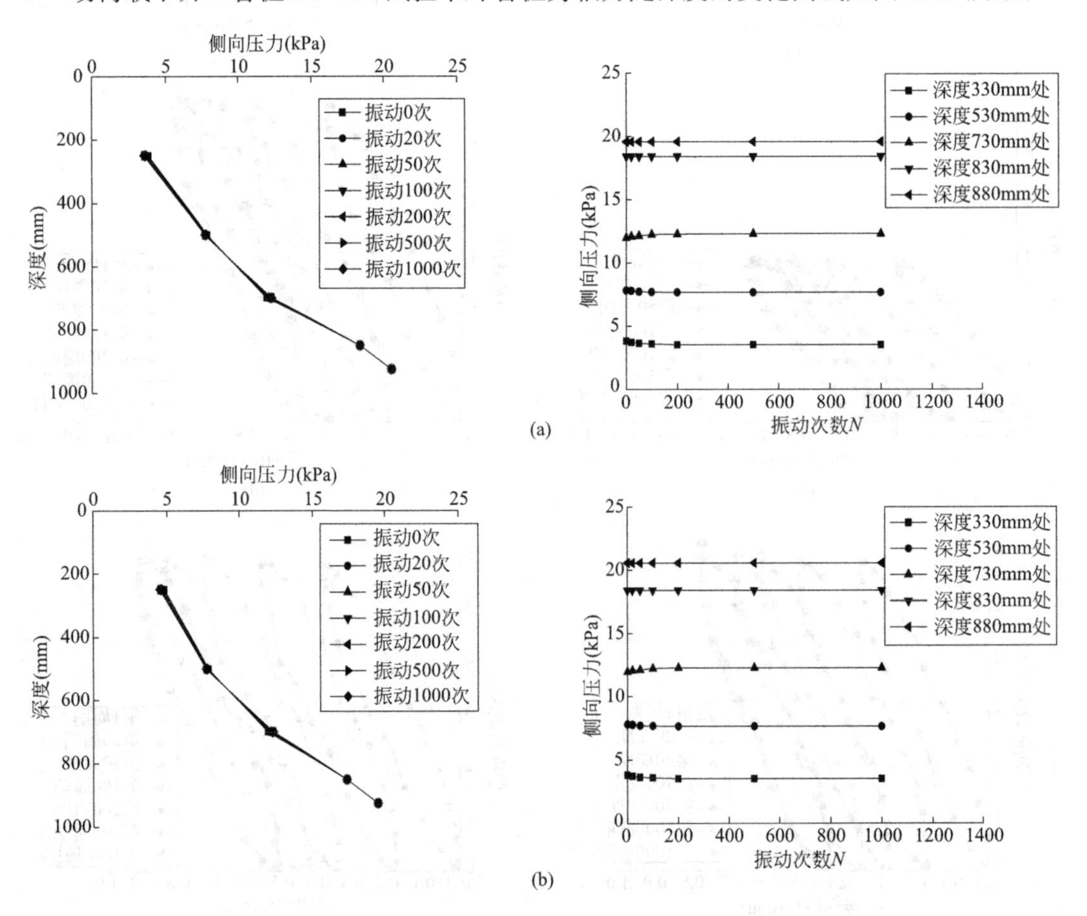

图 6.27 动荷载下桩身侧向压力随深度及振动次数变化曲线（一）

(a) P1；(b) P2

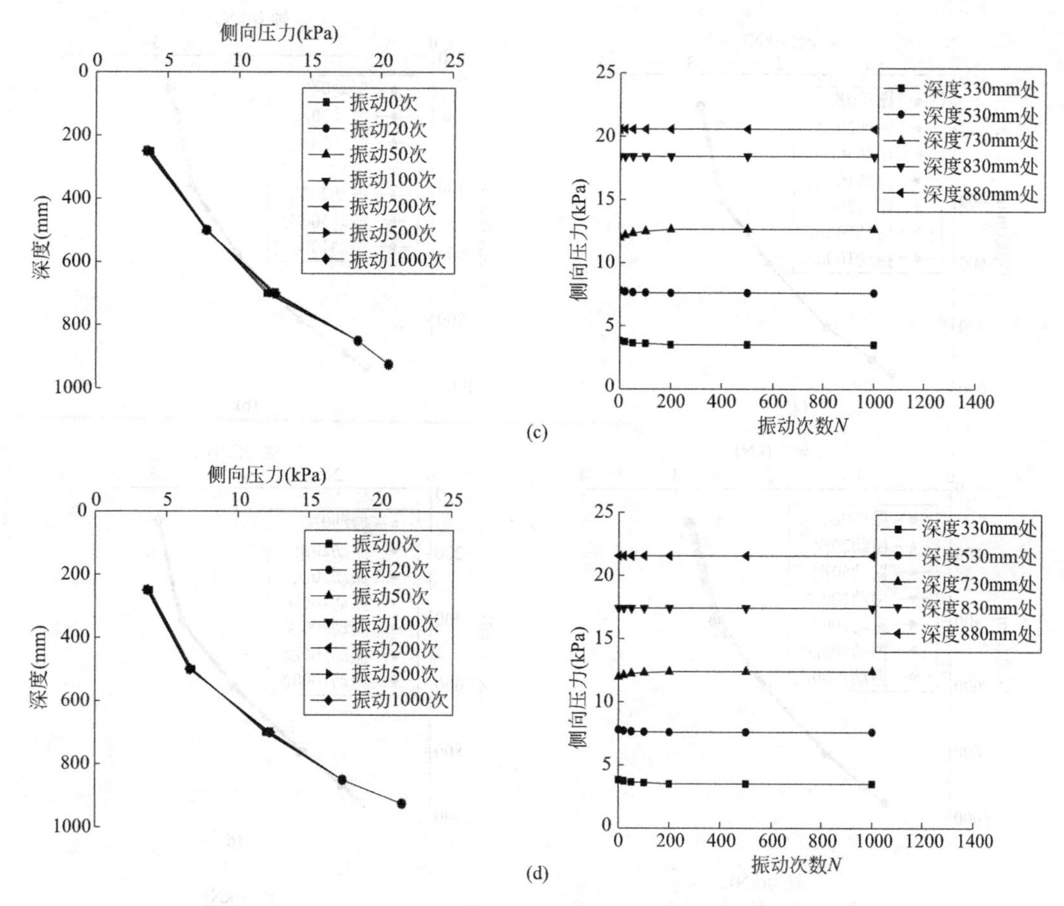

图 6.27　动荷载下桩身侧向压力随深度及振动次数变化曲线（二）

（c）P3；（d）P4

由图可知，动荷载作用下开口管桩外管轴力随深度均呈非线性减小变化。原因主要是，桩体在竖向循环荷载作用下，竖向荷载沿桩身轴力方向传递，桩体产生轴向压缩，荷载在传递过程中需要不断克服侧摩阻力，故桩身轴力逐渐减小。P1 试验最后一个循环较第一个循环外管桩身轴力从上到下分别增加了 1.4%、1.8%、1.9%、1.6%、1.7%、1.1%；P2 分别增加了 1.57%、1.95%、2.3%、1.6%、1.77%、1.2%；P3 分别增加了 1.65%、2.18%、2.5%、1.7%、1.9%、1.25%；P4 分别增加了 0.9%、1.4%、2.6%、3.4%、4.1%、4.5%；P5 分别增加了 0.91%、1.45%、2.7%、3.5%、4.3%、4.7%；P6 分别增加了 0.95%、1.5%、2.8%、3.6%、4.4%、4.8%。可见，随着循环次数的增加桩身轴力逐渐增加，但增加的幅度较小。荷载幅值和振动频率越大，桩身轴力增加越多。

动荷载下开口管桩 P1～P6 试验中内管桩身轴力随深度的变化曲线如图 6.29 所示。由图可知，P1 试验最后一个循环较第一个循环内管桩身轴力从上到下分别增加了 0.26%、0.26%、0.32%、0.33%、0.43%、0.45%，P3 分别增加了 0.3%、0.3%、0.33%、0.35%、0.47%、0.53%，P6 分别增加了 0.45%、0.45%、0.47%、0.5%、

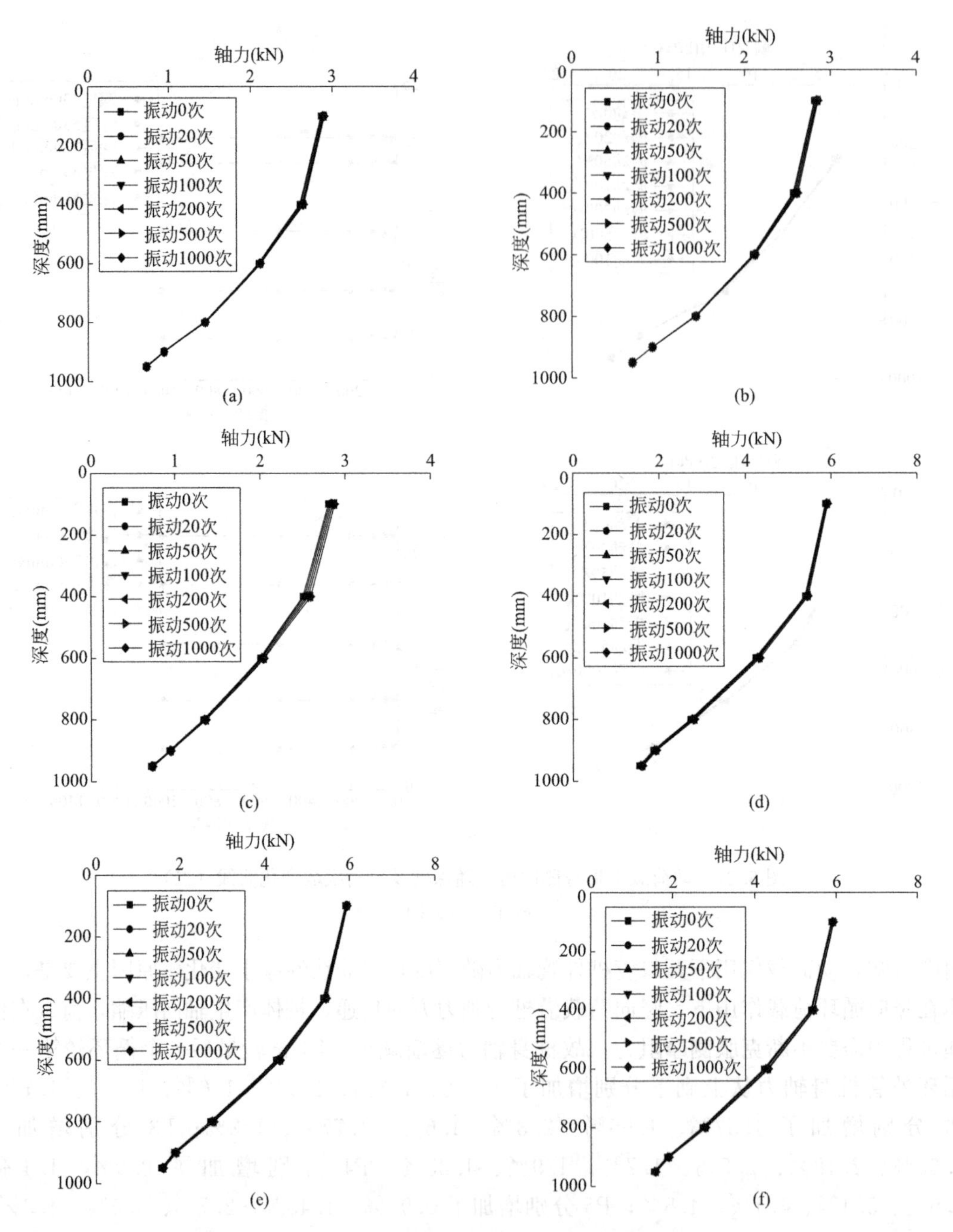

图 6.28 动荷载下开口管桩外管桩身轴力随深度的变化曲线

(a) P1；(b) P2；(c) P3；(d) P4；(e) P5；(f) P6

0.53%、0.57%。由此可见，循环荷载作用下，开口管桩内管轴力有所增加且增加幅度较外管轴力更小。荷载幅值和振动频率越大，桩身轴力增加越多。

6.2.2.6 桩身内、外侧摩阻力

动荷载下六组试验的桩身外侧摩阻力随深度的变化及桩体外侧不同深度截面处侧摩阻力与振动次数的变化规律较为相似，故选取 P1～P4 的试验结果进行分析，如图 6.30 所示。循

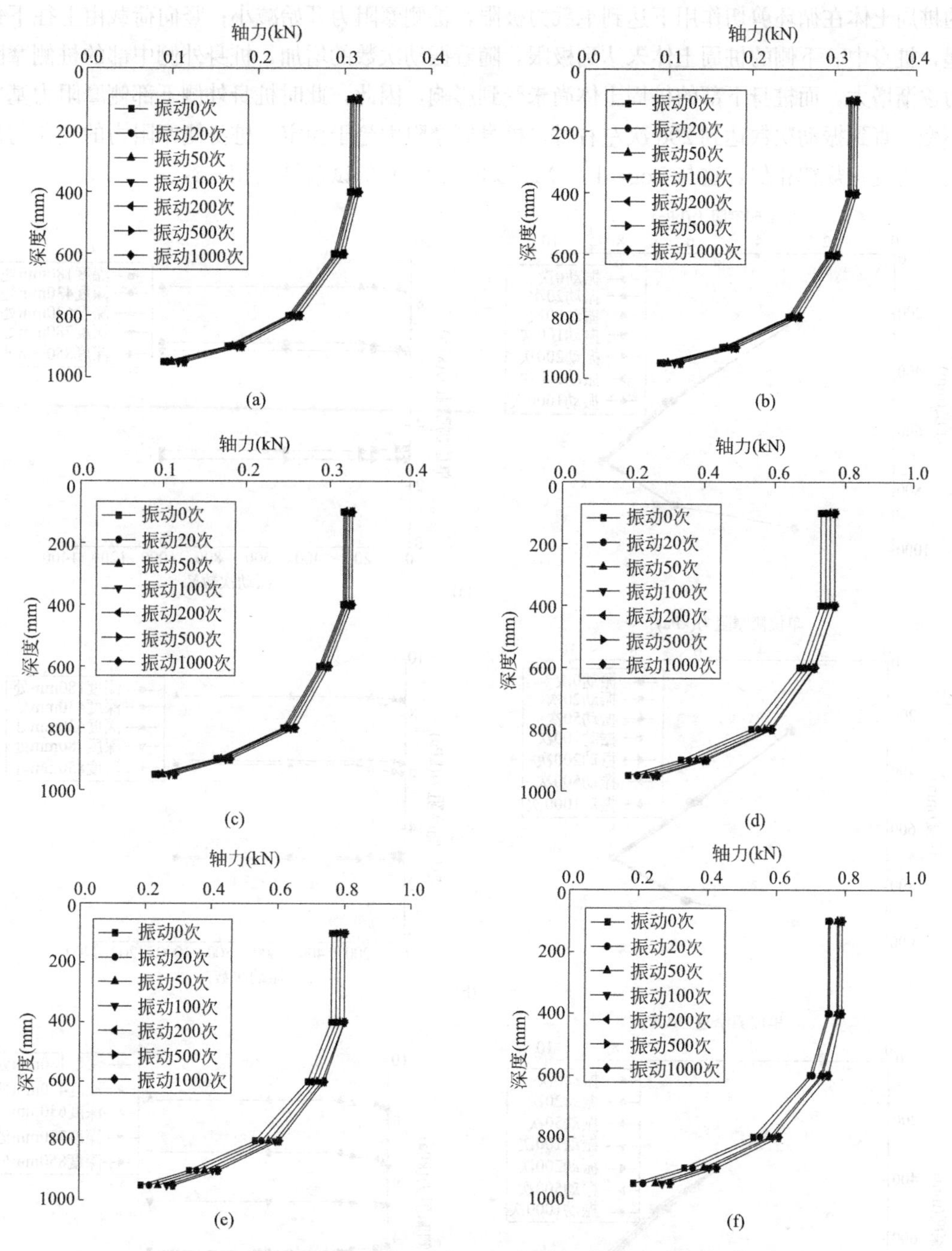

图 6.29　动荷载下开口管桩内管桩身轴力随深度的变化曲线

(a) P1；(b) P2；(c) P3；(d) P4；(e) P5；(f) P6

环荷载下开口管桩外侧摩阻力随深度的变化规律基本一致，桩身外侧侧摩阻力沿桩身呈现先增加后减小的非线性分布。随着循环荷载的进行，桩体较浅深度截面处外侧摩阻力在循环荷载初期明显下降，然后随振动次数的增加逐渐趋于平稳；桩体中部深度截面处外侧摩阻力在循环荷载初期有明显上升趋势，然后随振动次数的增加逐渐趋于平稳；桩体下部截面处外侧摩阻力几乎不发生变化或变化量很小。分析其原因，主要是随着振动次数的增加，桩身上部的桩周土体在循环剪切作用下达到承载力极限，桩侧摩阻力开始减小；竖向荷载由上往下传递，桩身中、下侧的桩周土体未达到极限，随着振动次数的增加，桩身外侧中部的桩侧摩阻力逐渐增大，而桩身下部的桩周土体尚未受到影响，因此，此时桩身外侧下部侧摩阻力基本不变，直到振动次数达到200次左右时，桩身侧摩阻力趋于稳定。桩身侧摩阻力的变化与侧向压力变化规律相似，这与Bogard & Matlock（1979）的试验结论相一致。

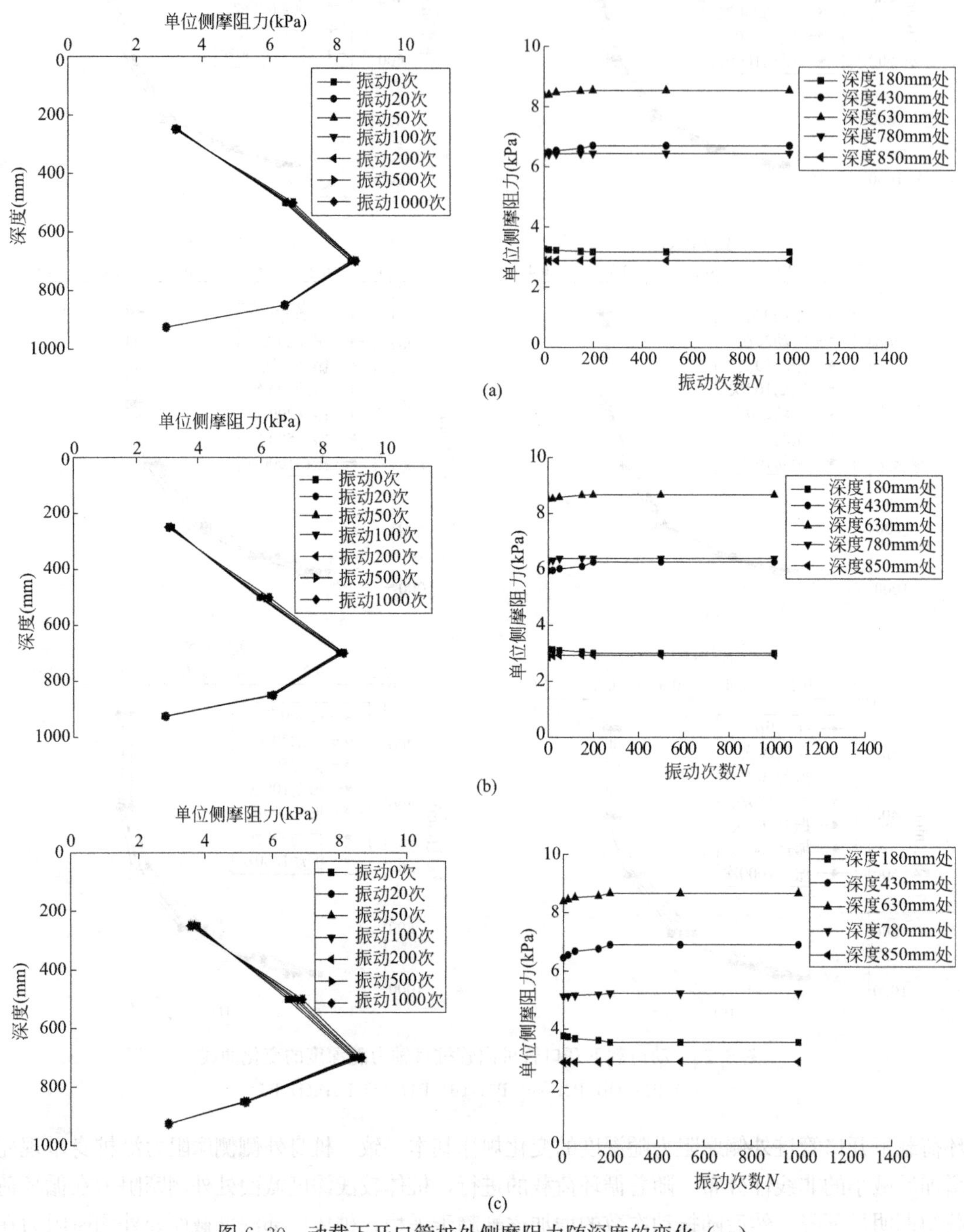

图 6.30 动载下开口管桩外侧摩阻力随深度的变化（一）

(a) P1；(b) P2；(c) P3

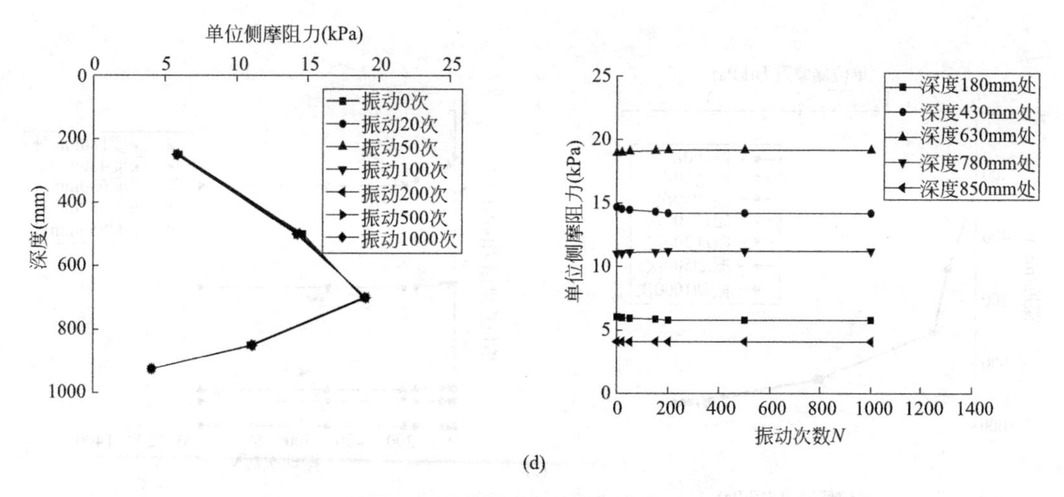

图 6.30 动载下开口管桩外侧摩阻力随深度的变化（二）

(d) P4

图 6.31 为动荷载下 P1～P4 试验桩身内侧摩阻力随深度的变化规律及桩身内侧不同深度截面处侧摩阻力与振动次数的关系。由图可知，循环荷载作用下，开口管桩内侧侧摩阻力沿深度变化规律基本相同，随深度增加单位侧摩阻力均有所增加，且增加的速度越来

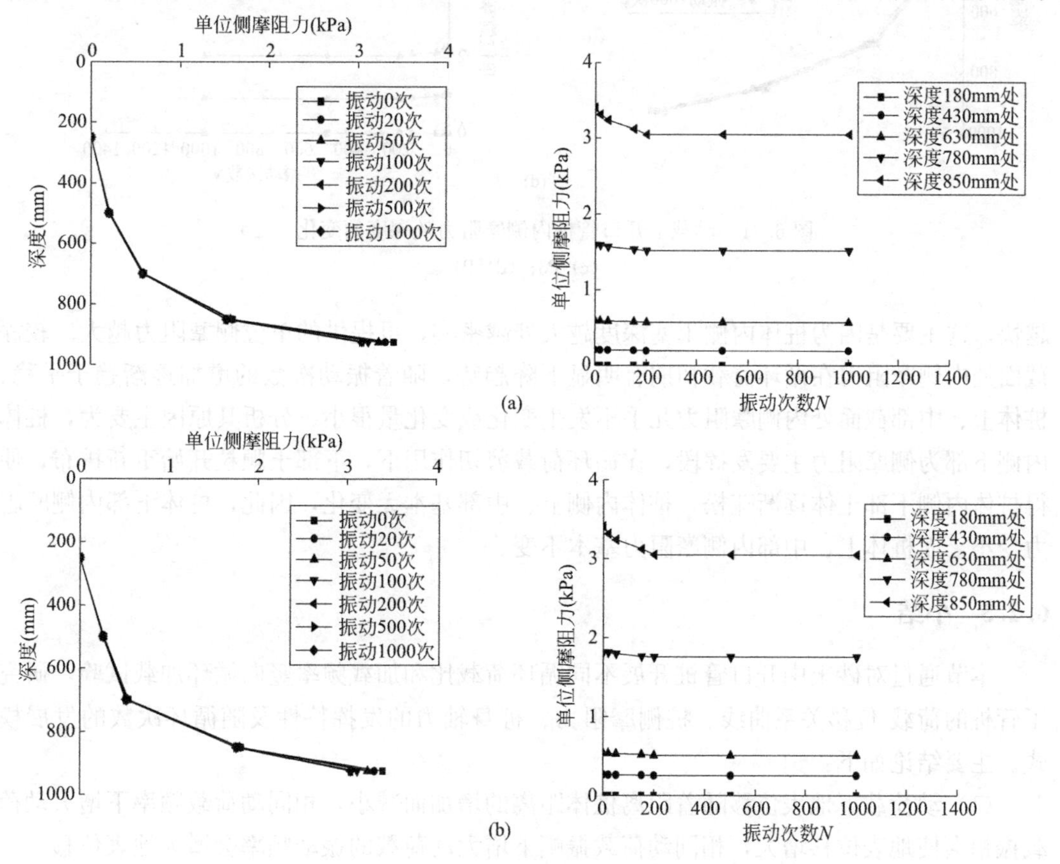

图 6.31 动载下开口管桩内侧摩阻力随深度的变化（一）

(a) P1；(b) P2

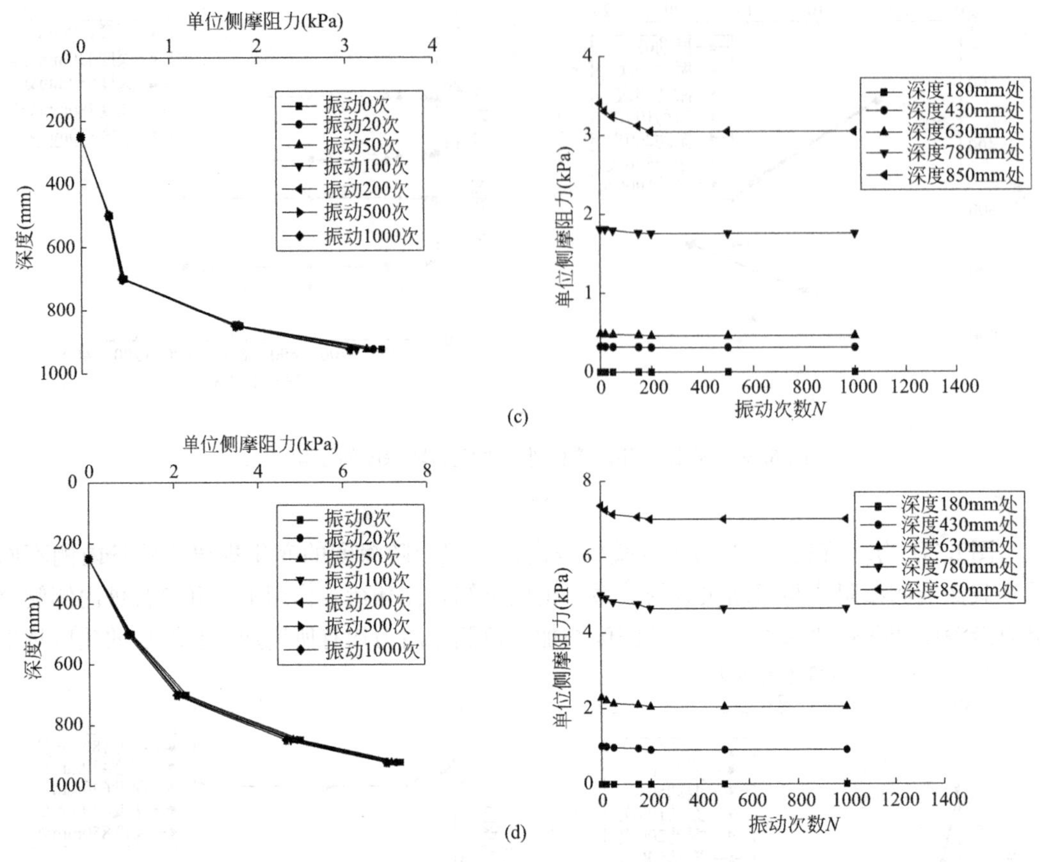

图 6.31 动载下开口管桩内侧摩阻力随深度的变化（二）

（c）P3；（d）P4

越快，这主要是因为桩体内侧土塞深度越大处越密实，可提供的单位侧摩阻力越大。较深截面处内侧摩阻力在循环荷载初期有明显下降趋势，随着振动次数的增加逐渐趋于平稳；桩体上、中部截面处内侧摩阻力几乎不发生变化或变化量很小。分析其原因主要为，桩体内侧下部为侧摩阻力主要发挥段，在循环荷载剪切作用下，下部土颗粒开始重新排布，使得桩体内侧下部土体逐渐疏松，桩体内侧上、中部基本无变化，因此，桩体下部内侧摩阻力变小，而桩体上、中部内侧摩阻力基本不变。

6.2.3 小结

本节通过对砂土中开口管桩开展不同循环荷载比和加载频率竖向循环加载试验，研究了管桩的荷载-位移关系曲线、桩侧摩阻力、桩身轴力的发挥特性及随循环次数的发展模式。主要结论如下：

（1）动荷载下地表位移随着距离桩体距离的增加而减小，相同动荷载频率下增大动荷载振幅会使地表位移增大，相同动荷载振幅下增大动荷载的振动频率会增大地表位移。

（2）随动荷载振动次数的增加，桩顶沉降的速度先快后慢，增大频率或增大竖向循环荷载的幅值均会增大桩体位移；在竖向循环荷载作用下，桩体上侧侧向压力随着循环次数的增加不断减小，在循环次数为 200 次左右趋于稳定，桩体中部侧向压力在初始循环时随着循环次数的增加而增加，并在循环次数为 200 次左右趋于稳定，桩体下部侧向压力随循环次数的增加基本不发生变化。

（3）动荷载作用下开口管桩外管轴力随深度增加逐渐减小呈现非线性变化，且减小的速度先逐渐增加后变小。随循环次数的增加桩身轴力逐渐增加，但增加的幅度较小。荷载幅值和动载频率的增加均会使桩身轴力增大。随着循环荷载的进行，桩体较浅深度截面处外侧摩阻力在循环荷载初期有明显下降趋势，随着循环次数的增加逐渐趋于平稳；桩体中部深度截面处外侧摩阻力在循环荷载初期有明显上升趋势，随着循环次数的增加逐渐趋于平稳；桩体下部截面处外侧摩阻力几乎不发生变化或变化量很小。

参考文献

Butterfield R. Dimensional analysis for geotechnical engineers [J]. Géotechnique, 1999, 49 (3): 357-366.

Bhattacharya S, Lombardi D, Wood D M. Similitude relationships for physical modelling of monopile-supported offshore wind turbines [J]. International Journal of Physical Modelling in Geotechnics, 2011, 11: 58-68.

Rosquoet F, Thorel L, Garnier J, Canepa Y. Lateral cyclic loading of sand-installed piles [J]. Soils and foundations, 2007, 47 (5): 821-832.

陈三姗，陈峰．循环水平荷载作用下的群桩性状分析 [J]. 土工基础，2013，27 (04)：100-103.

余璐庆．海上风机桶形基础安装与支撑结构动力特性研究 [D]. 浙江大学，2014.

黄玉佩．大直径单桩基础海上风机支撑结构动力性状 [D]. 浙江大学，2017.

Chan S F, Hanna T H. Repeated loading on single piles in sand [J]. Journal of Geotechnical Engineering Division, ASCE, 1980, 106 (GT2): 171-178.